本书获得湖北省社会科学基金项目
“上市公司环境绩效评价研究”（2012059）资助

上市公司环境绩效评价研究

Research on Environmental Performance Evaluation of Listed Companies

胡曲应 著

中国社会科学出版社

图书在版编目（CIP）数据

上市公司环境绩效评价研究/胡曲应著．—北京：中国社会科学出版社，2015.5
ISBN 978－7－5161－6075－6

Ⅰ．①上…　Ⅱ．①胡…　Ⅲ．①上市公司—环境管理—企业绩效—评价—研究—中国　Ⅳ．①X322.02 ②F279.246

中国版本图书馆 CIP 数据核字(2015)第 094908 号

出 版 人　赵剑英
责任编辑　卢小生
责任校对　周晓东
责任印制　王　超

出　　版　中国社会科学出版社
社　　址　北京鼓楼西大街甲 158 号
邮　　编　100720
网　　址　http：//www.csspw.cn
发 行 部　010－84083685
门 市 部　010－84029450
经　　销　新华书店及其他书店

印　　刷　北京市大兴区新魏印刷厂
装　　订　廊坊市广阳区广增装订厂
版　　次　2015 年 5 月第 1 版
印　　次　2015 年 5 月第 1 次印刷

开　　本　710×1000　1/16
印　　张　18.75
插　　页　2
字　　数　316 千字
定　　价　60.00 元

序

自20世纪末以来，随着1992年里约热内卢环境与发展大会、2009年哥本哈根气候大会、2012年“里约+20”峰会、2013年第六届世界环保大会等一系列环境会议的召开，国际社会提出了绿色经济和可持续发展理念，旨在以平衡的方式，实现经济发展、社会发展和环境保护。企业作为整个经济社会生活的重要组成部分，将担负更多的环境保护责任。那么，企业在履行环保义务与责任的前提下，如何运用政府环保补贴、税收优惠，将节能减排、低碳发展等生态理念融入经济发展战略决策之中，实现自身财务可持续价值的提升，成为业界和学界共同关注的重要话题。为此，企业需要披露环境绩效信息来反映其环保责任的履行情况，权衡环境保护的成本与效益，以综合评价自身的环境绩效，由此衍生出对上市公司环境绩效评价的专门研究。

随着循环经济、绿色经济和可持续发展逐渐成为时代的主流，相关国际组织、欧美发达国家、印度等部分发展中国家为推动企业积极的环境绩效管理行为，成立了专门机构开展企业环境绩效评价的相关理论研究与实践探索，取得了丰硕的成果。这不仅为企业打破绿色贸易壁垒、保持可持续竞争能力提供了条件，还为政府加强宏观环境管理，保持经济、社会和环境可持续发展提供了保障。

基于以上研究背景与研究现状，胡曲应博士对上市公司环境绩效评价展开了有益的探索和研究。其独著的这本《上市公司环境绩效评价研究》综合运用经济学、管理学、统计学等多学科的基本理论和研究成果，结合理论与实证研究方法，系统研究了上市公司环境绩效评价问题，对环境绩效评价的理论基础、理论体系、国际进程、上市公司环境绩效信息披露现状、上市公司环境绩效与财务绩效相关性以及上市公司环境绩效评价指标体系设计与运用等进行了较为深入的研究，在此基础上提出了有针对性的政策建议。该书的特点主要体现在如下几个方面：

第一，理论研究深入系统，文献资料全面翔实。作者探讨了与上市公司环境绩效评价相关的理论基础，构建了上市公司环境绩效评价的理论体系：明确界定了环境绩效评价的内涵，系统研究了环境绩效评价的主体、客体、目标、作用、方法、评价标准及环境绩效报告等基本理论问题，构建了企业环境绩效评价的理论框架。此外，系统梳理了相关国际组织、主要发达国家、部分发展中国家和我国在推动企业环境绩效评价方面的工作成果，找到了环境绩效评价的一般规律。

第二，实证研究视角独特，研究结论意义深远。作者基于利益相关者学说和资源基础理论，深入研究了我国上市公司环境绩效信息披露现状，发现我国当前上市公司的环境绩效信息披露还处于法规遵从的初级阶段，定量数据缺乏。在此基础上，以每元营业收入的排污费（内部管理绩效）和 ISO 14001 环境管理体系（外部认可绩效）为研究视角，发现上市公司财务绩效在一定时期内会随着公司环境绩效的改善而提高，但当环境投资的边际收益等于边际成本时，财务绩效增长的速度不再显著。这些研究结论有助于上市公司认清一个问题，即环境管理投资并不一定导致财务绩效的恶化；相反，积极主动地实施环境政策与污染预防技术的开发，将有助于公司持续竞争力的培养，从而带来环境与经济的“双赢”。

第三，评价指标体系科学完整，政策建议合理可行。作者针对我国当前环境绩效信息披露与评价现状，依据国际社会环境绩效评价的一般规律，构建了包含环境经营绩效、环境管理绩效、环境财务绩效等内容的适合我国特点的环境绩效评价指标体系。通过钢铁行业数据验证了该体系的理论科学性与实践可行性，并发现了万元产值综合能耗的综合性。最后，从政府、市场和公司三个层面提出了推进上市公司环境绩效评价工作的政策建议，这些建议切实可行，具有较强的理论与实践指导意义。

综上所述，该书从理论上深化了我国现阶段会计理论的研究内容，丰富了环境绩效与财务绩效相关性的实证研究结论，丰富和完善了环境绩效评价指标体系。实践中，为上市公司开展环境绩效评价提供理论指导与实证证据，为政府加强对企业的宏观环境管理提供了参考依据，为推动绿色证券的实现奠定了基础。

本书另辟蹊径，试图通过上市公司环境绩效评价研究去触及企业环境管理的根本问题，虽然尚属初步，但本书的开创性是毋庸置疑的。希望作者以此为基础，能对我国上市公司环境绩效评价研究进行有益的补充，在环境会计领域取得更多卓有成效的研究成果。

胡曲应博士的著作出版，正值党的十八届三中全会胜利召开后的开局之年，符合紧紧围绕建设美丽中国、深化生态文明体制改革、加快生态文明制度建设的时代背景，体现了“及时公布环境信息，加强社会监督”的要求，该书的出版对促进生态文明建设具有一定的基础性作用，也体现出作者的社会责任。

缘此为序。

郑 军

2014 年 3 月

摘　要

世界发展史及发达国家工业化的进程表明，绿色会计控制是发展绿色经济，保持社会、经济和环境可持续发展的有效途径。绿色会计不仅是国际会计领域的研究热点，也是我国会计学会确定的“十一五科研规划”重点课题之一，它需要综合考虑环境绩效与财务绩效，其实现离不开环境绩效评价。环境绩效评价实质上是确定组织环境绩效是否符合管理当局所制定标准与目标的一种管理活动。上市公司作为国民经济的中坚力量，必须在保护生态平衡、促进国民经济健康有序发展方面发挥重要作用。研究上市公司环境绩效评价不但有利于解决我国新形势下的社会发展矛盾，而且可为国家制定环境保护的政策方针、利益相关者做出合理决策等提供重要依据。不仅如此，完善的环境绩效评价体系还能鼓励上市公司开展经常性的自我环境行为评价，及时强化内部环境管理，从而提高环境绩效，获得可持续的财务竞争优势。因此，研究上市公司环境绩效评价具有非常重要的理论及现实意义。

本书在广泛调研有关环境绩效评价的国内外研究动态的基础上，融合会计学、经济学、统计学等相关学科专业知识，以利益相关者理论、资源基础理论等为研究基础，采用规范研究与实证研究相结合的方法，对我国上市公司的环境绩效评价进行了系统的理论与实践研究。除导论及结语之外，全书主要开展了以下六个方面的工作。

第一，环境绩效评价的理论基础研究。研究认为，利益相关者理论、资源基础理论、绩效理论、循环经济理论是环境绩效评价的主要理论基础。其中，从环境会计的角度而言，利益相关者包括投资者、债权人、社会公众、企业员工、政府部门、供应商和顾客等，他们对环境问题的关注将促使企业加强环境管理，从而获得财务绩效的提升。根据资源基础理论，污染预防措施、清洁生产技术、环保声誉是保持可持续竞争优势的贵重资源。在绩效理论中，绩效测量、员工管理等管理思想是环境绩效评价的根本依据。此外，循环经济理论为环境绩效评价提供了概念指导与理论分析框架。

第二，环境绩效评价的基本理论研究。系统论述了环境绩效评价的内涵、必要性、主体与客体、目的与作用、评价指标和评判标准、评价方法和报告八个基本理论问题。本书认为，环境绩效评价是研究与评价组织是否实现环境目标的一种管理活动；企业环境绩效的评价主体是其主要利益相关者，客体包括环境质量状况、环境法规与政策遵守、环境责任履行的财务效果、环境风险控制等；开展环境绩效评价的根本目的是通过整体环境绩效状况的改善，达到环境业绩与财务业绩的“双赢”，以此来满足不同利益相关方的利益需求；环境绩效指标是表明企业环境绩效各方面状况的标准和尺度；评价者一般依据相关、合法、适用等原则来选取环境绩效评价标准，但目前尚未形成统一的企业环境绩效评价标准；评价方法包括层次分析法、数据包络分析法、人工神经网络分析法等多种方法。在整个环境绩效评价系统中，环境绩效评价指标的构建具有关键作用。利益相关者根据评价目标确定相应的绩效评价指标，采用合适的评价方法，依据选定的指标体系对客体进行评价，并将得到的评价结果与相应的评价标准进行比较，最后形成环境绩效报告，用于帮助评价主体形成正确的决策。

第三，上市公司环境绩效评价国际进程的比较分析。ISO 等相关国际组织、美英日等西方主要发达国家以及印度、菲律宾等部分发展中国家在探索企业环境绩效评价标准与实践方面做出了很大贡献，其成果体现出环境与财务“双赢”观、生命周期观、物质能量守恒、标准化与个性化相结合的原则。我国近年也发布了上市公司环境信息披露、环保核查等与环境绩效评价有关的文件规范，对上市公司开展环境绩效评价起到了一定的促进作用，但仍需充分借鉴上述国际理论与实际经验，引入财务业绩评价指标，将环境信息公开和环境绩效评价制度法制化，建立环境绩效信息指标数据库与评价标准，以打破绿色贸易壁垒，缩小与发达国家的环境管理差距。

第四，上市公司环境绩效信息披露现状评析。研究过程中，全面收集了我国重污染行业上市公司招股说明书、年度财务报告、社会责任报告或可持续发展报告中的环境绩效信息，发现我国上市公司的环境绩效信息披露基本符合法律法规的要求，但还处于法规遵从的初级阶段，披露内容与方式、指标口径、及时性、一贯性等方面均存在较大问题。表明我国上市公司的环境绩效信息披露主要基于政府强制力推动，自愿性动机不强。上述研究发现为寻找环境绩效替代变量和构建环境绩效评价指标体系提供了现实依据。

第五，上市公司环境绩效与财务绩效相关性研究。探讨了国内 A 股上市公司环境绩效与财务绩效的相关关系。研究发现，上市公司环境绩效的变化将导致财务绩效的变化。在控制了公司的一些基本特征之后，环境绩效与财务绩效存在显著正相关关系。并且，随着环境绩效的改善，上市公司的财务绩效随之改善，但当环境绩效的边际收益等于边际成本时其财务绩效不再呈上升趋势，而存在边际效益递减现象，其原因可能是公司为此支付了过多的环境管理成本。研究还发现，获得 ISO 14001 环境管理体系认证的公司其财务指标明显优于其他同类企业，但市场对企业是否获得 ISO 14001 认证的反应并无显著差异。研究结论为上市公司开展环境绩效评价提供了合理的财务解释与经济数据支持。

第六，上市公司环境绩效评价指标体系设计与运用。针对我国现有环境绩效指标存在内容片面、性质单一、形式非标、披露不公开等问题，制定了包含环境经营绩效、环境管理绩效、环境财务绩效等内容的评价指标体系。随后，运用 DEA 方法对我国钢铁行业上市公司环境绩效进行了评价。结果表明，财务绩效较好的公司往往环境绩效较高；资源消耗类指标之间以及污染物排放指标之间存在正相关关系；资源消耗指标与污染物排放指标之间存在正相关关系，所设定的环境绩效指标体系可以基本描绘我国钢铁行业环境管理现状。此外，本书还提出了完善政府立法监管与加大资金支持，建立强制与自愿相结合的环境信息披露制度，推行环境报告奖励计划及开展第三方环境绩效信息审验，综合环境管理绩效与财务绩效以提高企业环境管理的财务效应，加强环境意识培训与宣传以刺激环境绩效信息的市场需求等实现可持续发展的政策建议。

关键词： 环境绩效　财务绩效　评价　指标体系　可持续发展

目　录

导　论

一　研究背景和选题意义

（一）研究背景

发达国家的经济发展历程表明，经济增长与环境变化之间存在一个共同的规律：在工业化进程中，环境污染会随着国内生产总值（Gross Domestic Product，GDP）的高速增长而加重，到重工业时代时达到顶峰；但当GDP继续增长到达一定程度时，环境污染水平在产业结构高级化和居民环境支付意愿增强等条件下，会随着GDP的增长戛然向下，直至重新回到环境容量之下，这就是所谓的环境库兹涅茨（Environmental Kuznets Curve，EKC）曲线。

作为世界第二大经济体的中国，也摆脱不了重工业发展带来环境严重污染的命运。改革开放以来，我国在经济增长方面取得了举世瞩目的成就，但由此也带来了越来越严重的资源环境问题，并且已明显危害到人民身体健康和国民经济的持续发展，造成了巨大的经济损失，威胁着社会的进一步稳定发展。环境问题不仅影响着中国的可持续发展，在一定条件下也可变成吞噬经济成果的恶魔。目前，中国许多城市仍在盲目加快工业化进程，不合理的工业经济结构与粗放式的增长方式导致了巨大的资源浪费和环境破坏。因此，在2009年的瑞士达沃斯世界经济论坛上有人预言，如果再不加以整治，在不久的将来，库兹涅茨曲线顶峰必然会引起突发性的环境危机，对中国经济、社会体系带来严重的破坏。

事实上，这一预言目前正在小范围内发生。2010年7月3日和23日，国内最大的黄金生产企业——紫金矿业位于福建上杭的紫金山（金）铜矿两次突发污水渗漏环保事故，共约9500立方米含铜毒水流入汀江。

事故造成当地棉花滩库区及沿江上杭、永定等地378万斤鱼类大面积死亡和中毒，附近渔民被迫转产，上杭居民的饮用水源也受到严重影响。根据信宜市三防办提供的截至2010年9月25日6点的报告，事故致4人死亡，直接经济损失约1900万元人民币。[①] 究其原因，紫金山（金）铜矿采用了低成本重污染的冶金方法，环保投入不足，陷入低成本金矿开采的环保困境。[②] 这次事故的教训异常深刻。

西方发达国家工业化时间较早，因而环境保护的经验也较丰富，它们主要通过事前的环境影响评价、事中的环保法律约束和全方位的环境会计管理三种方式来进行环境管理。事实证明，前两种途径收效并不是很显著，泰滕伯格·H. 托马斯（Tietenberg，1998）认为，对于减少污染而言，环境信息数据比管制规定更为有效，它将成为人类环保史上继指令性控制手段和市场经济手段后的第三次浪潮。基于此，很多著名国际企业从20世纪90年代开始自觉引入环境会计，并披露环境会计信息。联合国国际会计与报告标准政府间专家工作组（ISAR）一直广泛关注与环境会计有关的问题，并发布了若干相关文件。国际标准化组织（ISO）也颁布了一系列环境管理的标准，最具代表性的是1999年发布的ISO 14031环境绩效标准，受到了世界各类组织的广泛关注。在实践中，许多企业意识到环境管理系统不仅能提高企业符合环保法规要求的能力，而且还能带来各种效益。但如何系统有效地进行环境绩效评估，仍是一个值得探讨的问题。

20世纪末期以来，随着国际社会1992年里约热内卢环境与发展大会、2009年哥本哈根气候大会等一系列环境会议的召开，我国于2009年提出要建立"资源节约型和环境友好型"的社会，"发展低碳经济、构建生态和谐社会"等战略措施。2010年10月18日中国共产党第十七届中央委员会第五次全体会议通过的《国民经济和社会发展第十二个五年规划纲要》提出要"树立绿色、低碳发展的理念"。我国2011年3月召开的"两会"也将循环经济和环境保护作为三大议题之首[③]，其中，环保问

---

① 曾福斌：《紫金矿业溃坝致使4人死亡 直接经济损失1900万元》，《东方早报》2010年9月27日，全景网，http：//www. p5w. net/stock/news/ah/201009/t3213226. htm。

② 网易新闻，"紫金矿业有毒废水泄漏"，http：//news. 163. com/。

③ 两会是指"全国人民代表大会"和"中国人民政治协商会议"。2011年两会的三大议题分别是"节能环保，循环经济"、"加强水利建设，改变农业靠天吃饭的局面"和"新兴产业布局"，http：//istock. jrj. com. cn/，2011－03－02。

题被认为是民生“晴雨表”。[1] 这些都说明，我国已经将资源环境问题视为一个事关国计民生的政治议题。事实上，我们作为一个在全球资源、市场基本被瓜分完毕后崛起的发展中国家，不可能等到环境恶劣到极点后再来治理，而是要在经济发展的同时将环境控制好。因此，我们要充分吸取西方国家在经济发展过程中的黑色教训，积极开展环境保护与环境管理工作。

上市公司作为推动我国国民经济发展的“助推器”和中坚力量，相比中小企业而言，其环境管理工作对于整个国家的环境保护具有重要的影响。对已上市企业进行环境绩效评估并向投资者披露企业环境绩效内容，不仅有利于加强上市公司的环境管理水平，对促进整个社会的生态环境改善也具有重大意义。2008 年，财政部王军副部长提出，会计理论研究能否围绕“生态环境控制指数”的设计与研究[2]；环境保护部潘岳副部长也指出我国现有的经济指标考核体系只是单纯考核经济的增长，而忽视了能源、生态等指标。[3] 当年，环保部也发文《关于加强上市公司环境保护监督管理工作的指导意见》，其第三条就是强调要开展上市公司环境绩效评估的研究与试点工作。[4] 这些都说明对环境管理的研究需要将财务业绩和环境业绩有机地嵌合和协调，加紧制定各种环境会计方面的准则，全面实施国家、地区和企业等各层次的环境绩效评价，以促进企业、社会和环境的共同可持续发展。

我国有关环境绩效评价方面比较规范的指标就是环保总局于 2003 年发布的《“国家环境友好企业”指标解释》，国家统计局于 2006 年发布的《“循环经济评价指标体系”研究》及国家环保部 2010 年发布的《上市公司环境信息披露（征求意见稿）》。理论界研究较多的是 WBCSD（世界可持续发展工商理事会）生态效益指标架构、ISO 14031 环境评估体系等，并且多集中于介绍国外标准与实践，虽有探讨某行业的环境绩效评价模式，但是还未有文献具体统计与报告我国上市公司环境绩效信息整体现

---

① 中国网，http：//www. china. com. cn/，2010－03－02。

② 王军：《解放思想　再铸辉煌——财政部副部长王军在全国会计工作座谈会上的讲话》，http：//219. 143. 74. 24：8080/asc/NewsDetail. jsp？nid＝1212，2008－06－12。

③ 何磊：《我国制定绿色 GDP 核算体系　与干部考核体系挂钩》，《中国青年报》2003 年 12 月 8 日，参见人民网，http：//www. people. com. cn/，2008－07－20。

④ 参见中国国家环境保护部网站，http：//www. mep. gov. cn/，2008－02－22。

状，将财务业绩与环境业绩相结合，建立适合我国行业特色、可操作性强的环境绩效评价体系也不多见。

正基于此，本书将进行我国上市公司环境绩效评价的专门研究，拟在深入分析上市公司环境绩效评价的理论基础和基本理论体系之后，分析国内 A 股上市公司环境绩效信息披露现状，在深入探讨上市公司环境绩效与财务绩效关系的基础之上，构建一套嵌合财务业绩指标的环境绩效评价指标体系、方法、程序与规范，以推进环境绩效评价工作在上市公司的深入进行。希望通过上市公司环境绩效和财务绩效的有机结合，激发上市公司开展环境绩效评价、加强内部环境管理的自觉性，进而促进整个社会的可持续发展。

（二）选题意义

环境会计问题不仅是国际会计领域的研究热点，也是我国会计学会“‘十一五’科研规划”确定的重点课题之一。研究我国上市公司环境绩效评价有助于国家制定关于环境保护的大政方针，也有利于利益相关者（包括股东、职员、客户以及部分公众）做出合理的相关决策。不仅如此，完善的环境绩效评价体系还有利于鼓励上市公司积极开展自我评价，及时采取行动强化内部环境管理，提高环境绩效，从而带来企业经济绩效的提高。因此，研究上市公司环境绩效评价，并将其与财务业绩评价的有关指标有机地结合起来，具有重要的理论及现实意义。

1. 建立社会主义和谐社会的必然要求

和谐社会的基本要求与根本目的是人与自然和谐相处，这不仅符合广大中国人民的根本利益，也是应对外部挑战的重要条件。为解决传统社会发展模式中经济发展和环境保护之间的固有矛盾，我国政府提出了构建和谐社会的战略举措，并将发展循环经济作为推动可持续发展战略的一种优选模式，其根本目的是实现环境效益和经济效益的“双赢”。因此，开展上市公司环境绩效评价研究，不仅符合全球可持续发展的战略规划，也是适应党的十六届三中全会提出的“统筹人与自然和谐发展”的科学发展观的需要。推动上市公司的环境绩效评价实践工作，不仅有利于我国社会主义和谐社会的建立，对于深化我国现阶段会计改革和发展，为会计和环境资源等学科找到学科交叉点，为国家宏观经济管理和企业微观经济活动的观点融合也可提供新的思路。

2. 增强我国企业可持续竞争力的内在需求

我国传统的经济发展模式是一种粗放型模式，它以资源消耗高、资源利用率低、废弃物排放量多为基本特征，严重损害了企业经济发展的生态环境基础。上市公司环境管理的自觉性不够高的根本原因在于没有清醒认识环境绩效与财务绩效的相关关系。企业面临国际社会的绿色贸易壁垒、国家环保法规日益严格、绿色信贷政策的实施、绿色消费观念的日益盛行、商界日益增加的环保责任意识以及内部节能降耗成本降低的盈利驱动，迫切需要转变那种以资源消耗为代价的盈利模式。

对此，有远见的企业家选择开展环境绩效评价，通过建立完善的环境管理体系来保持可持续盈利能力的竞争优势，如获得 ISO 14001 环境管理体系认证向消费者传递对环境负责的企业其产品也能对消费者负责的信息。完善的环境管理不仅有助于提高企业产品的环境价值，进而提升企业的环保形象，还可以在一定程度上消除企业产品的绿色贸易壁垒，提高企业产品的国际竞争力。

3. 深化我国现阶段会计改革和发展的需要

国际国内的经济发展态势已经表明环境保护工作对于经济发展的重要性。会计作为一门管理学科，必须适应外部环境，与时俱进，将环境相关内容纳入相关的研究范畴。由于中国的环境会计研究起步晚，理论和实践研究还处于发展过程之中，尚未建立起专门的环境绩效信息数据库，也未形成完善的环境绩效评价体系。通过对上市公司环境绩效评价的研究，可深化对环境绩效评价、环境信息披露的认识，为我国企业会计改革与发展提供思路和参考模式。

首先，在理论研究方面，建立环境绩效评价的理论模型，为上市公司开展环境绩效评价找到了理论依据。本书将深入分析环境绩效评价产生的理论基础，结合我国现阶段国情和绩效评价的有关知识，创建包括环境绩效评价的内涵、需求、主体与客体、目标与作用、指标与标准、评价方法与报告等要素的环境绩效评价基本理论模型，研究成果不仅会丰富环境绩效评价工作的理论内容，也可为国家和企业层面环境绩效评价体系的建立和环境绩效评价实践工作的开展提供理论指导与学术借鉴。

其次，在会计研究模式上，通过国际化和国家化相结合的方式，将从国际国内环境绩效规范文件与国内上市公司环境绩效评价依据——环境绩效信息披露两个方面研究规范上市公司环境绩效评价的前提。第一步，通过深入比较分析国际组织、发达国家、部分发展中国家和我国现有环境绩效评价文件规范的基础上，试图找出环境绩效评价指标设定的潜在规律性，为规范环境绩效指标体系设定提供直接依据。第二步，将通过调查我国重污染 A 股上市公司在资本市场中公开披露的环境绩效信息，分析比较这些环境绩效数据的种类与来源，试图给我国上市公司环境绩效评价的依据——绩效数据信息提供一个大体轮廓，然后根据其成绩与缺陷对症下药，提出有针对性的改善建议。研究成果将为规范上市公司环境绩效评价工作和指标体系设定提供直接信息支持，还可为政府部门从整体上把握我国上市公司整体环境绩效信息披露状况、制定宏观环境管理政策提供客观参考资料。

最后，在实证研究方面，丰富了环境会计的研究结论。传统会计观念认为，开展环境保护必将花费较多的成本，从而对盈利造成负面影响。这种观点未深刻认识到清洁生产、污染预防及环保形象所带来的潜在的竞争优势，因而不够全面。本书将以我国 A 股上市公司的实际环境业绩和财务业绩数据为依据，利用格兰杰（Granger）检验、多元线性回归分析、方差分析等数理统计分析方法，多角度探讨上市公司环境绩效与财务绩效的相关关系，以进一步明确环境绩效与财务绩效究竟谁的影响更大，良好的环境管理是否会带来较好的财务业绩，环境绩效在多大程度上会影响财务绩效、影响机理等基本问题。研究结论不仅能丰富我国关于环境绩效与财务绩效相关性问题的实证研究资料，也能为上市公司环境绩效评价的开展提供动因解释与支持。

4. 有利于加快绿色证券的实现

绿色证券是指上市公司在上市融资和再融资过程中，要经由环保部门进行环保审核。目的是通过构建一个内容包括绿色市场准入、绿色增发和配股，以及环境绩效披露制度的绿色证券市场，从资金源头上遏制高耗能、重污染企业资本的无序扩张，维护广大投资者和公众利益，促进金融市场和环境的双向互动发展。业内认为，拉动中国绿色证券发展的“三驾马车”分别是上市公司环保核查、上市公司环境信息披露和上市公司环境绩效评估三项制度。当前，我国的环保核查已初显成效，但对上市公司环境信息披露的监管还不够，环境绩效评估也有所欠缺，“绿化”证券市场之路还仅仅迈出第一步。因此，必须加大对上市公司环境绩效评价的研究力度，采取多样化的方式促进企业提升环保水平，从而达到优化产业结构、保护生态环境的目的。

5. 有利于加强政府对企业的宏观环境管理与指导

我国环境会计发展不完善的根本原因在于未建立完善的环境信息数据库，也未形成统一的上市公司环境绩效评价指标体系等技术标准，使得环境保护工作缺乏统一指导。对环境绩效与财务绩效相结合的上市公司环境绩效进行评价研究，将通过规范与实证研究，严格依照指标的制定程序与步骤，遵从指标设定的特点与要求，试图构建比较完善的、能体现环境行为财务效果的、具可操作性的环境绩效评价指标体系。研究成果不仅为利益相关者评价上市公司的环境绩效提供可操作性的技术依据，也为上市公司自身环境管理体系的完善提供了路径指示，还可为政府指导企业内部环境管理与信息披露提供政策制定依据，从而加强政府对企业的环境管理指导。

总之，本书期望通过整合上市公司的环境业绩与财务业绩，试图改善上市公司实施环境保护的内外部环境，通过企业自觉的环保行为，促进企业经济发展模式的转型。在不断增强企业综合竞争力的前提下，引导企业将维护生态平衡、优化生态环境作为会计管理对象，督促企业通过自身的经济活动去保护各种社会及自然资源，维护生态环境的良性循环。

二　国内外环境绩效评价研究综述

（一）国外研究现状

最先提及环境绩效评价的是美国环境保护署（EPA），它于1969年公布了《关于推动产业界采用系统化环境影响评估程序》的国家环境政策法案，但并未有实施的具体记载。直到20年后的1989年，挪威的Norsk Hydro公司才发布了全球第一份环境报告。此后，各国际组织和学术界先后开展了许多与环境绩效评价相关的研究工作。虽然它们纷纷发布自己的环境报告指南规定环境绩效的评价标准，但仍然没能形成统一规范的环境绩效评价标准。20多年来，国外学者围绕这一主题的研究，大致涉及五个方面的内容。

1. 关于环境绩效评价标准的制定

国外对环境绩效评价进行系统化的研究始于20世纪90年代，并取得了较为丰硕的成果。1994 年以后，国际标准化组织（ISO）为了帮助企业建立和完善环境管理系统，陆续制定了一些有关环境绩效评价的国际标准，并于 1999 年完成了 ISO 14031《环境管理——环境绩效评价指南》的正式公告。该指南为组织内部设计和实施环境绩效评价提供了一个“环境绩效指标库”，它将环境绩效评价指标分为环境状态指标（ECIs）和环境绩效指标（EPIs），后者又分为管理绩效指标（MPIs）与经营绩效指标（OPIs），对每一类指标都列举了反映绩效的具体评价指标。ISO 14031 标准提供了环境绩效评价的综合框架，并为指标的获取和加工计算提供了可操作性的指南。但是该指南没有设立具体的环境绩效指标，企业需根据实际情况自行选择。

联合国贸易与发展会议下属的国际会计和报告标准政府间专家工作组（ISAR）于 1990 年、1992 年和 1994 年分别对各国企业的环境信息披露状况进行了调查，相继发布了《环境成本和负债的财务报告》、《企业环境业绩与财务业绩指标的结合》和《生态效率指标编制者和使用者手册》三份关于环境会计的文件。ISAR 于 1998 年确定了八个关键性的环境业绩指标，2000 年设立了反映排放量和反映财务影响的环境业绩指标体系，2004 年又将每单位净增加值与能源、水、全球变暖、臭氧损耗和废弃物联系，分别计算、确认、计量、披露与评价每单位净增加值的五种环境变量的财务影响，这些工作极大地推动了环境会计报告标准化的发展。

2000 年，世界可持续发展工商理事会（WBCSD）提出了生态效率（公式表示为“产品或服务的价值/环境影响”）指标的量化结构，以此来衡量企业的环境绩效。其目标是用最少的资源，同时减少对环境的不利影响来获得最大的价值。生态效益指标首次将环境业绩与财务指标相联系，是企业与其他内外部利益相关者之间重要的沟通工具。将其用于企业的环境绩效评估，几乎对所有的企业都适用，但对特定企业而言并不具有同等价值和重要性。

全球报告倡议组织（GRI）专门从事可持续性报告的编制设计标准并且提供全球适用的指导准则，它分别于 2000 年、2002 年、2006 年和 2011 年发布了四版《可持续发展报告指南》，从经济、环境和社会三方面，制定了包括核心指标和附加指标两个层次的反映企业可持续发展的业绩指标体系。GRI 于 2006 年在荷兰阿姆斯特丹发布的第三版《可持续发展报告指南》（也称 2006 年版指南，G3），推荐的环境绩效指标包括原料、能源、水、生物多样性、废气污水和废弃物、产品和服务、法律遵从成本、运输、环保投资9大方面，分为17个核心指标和13个附加指标。核心指标被认为与大多数组织和利益相关者相关，因而是必须披露的；附加指标可能仅为少数特定报告人需要，编报者可根据需要自行选择。各种不同类型、规模、行业和地域的组织都可以运用该指南，但它不是一种行为守则和业绩评价准则，而且，它并不为企业或者组织提供编制报告的方法，而是关注报告内容。2011年的G4版指南，核心的、原则性的内容如内容界定原则（利益相关方包容、可持续发展背景、实质性、完整性）和报告质量原则（平衡性、可比性、准确性、及时性、清晰性、可靠性）在G3的基础上有所保留，但新增了标准披露部分，包括企业的常规标准和分类标准的披露。G4的新变化聚焦了对实质性议题的披露。对利益相关方来说，标准披露可增加可持续发展报告的透明性和价值。

除了上述国际组织，加拿大、日本等发达国家也积极投身于环境绩效评价标准的探索，取得了丰硕的成果。加拿大特许会计师协会（CICA）在《环境绩效报告》（1994）中，列举了7种行业、15个方面的环境绩效指标，内容包括野外环境和野生动物的保护、破坏和恢复的土地、提取、获得或更新的资源、污染预防、固体废弃物管理、危险废弃物管理、能源保护、空气方案、水资源方案、自我监测系统、环境责任程序、科技革新、员工环保意识、法律法规遵从、信息交流、环境绩效分析等方面。报告中的指标设定主要考虑了企业外部利益相关者的信息需求，不一定完全适用于内部环境管理的需要，因此企业可以结合自身的实际情况有重点地进行选择。日本于2003年提出了环境政策优先指数（JEPIX），它是评估企业整体环境绩效的方法。它涉及的环境内容包括温室气体、消耗臭氧气体、有毒物质、光化学氧化剂、氮氧化物、飘尘、生化需氧量、化学需氧量、氮、磷、开垦荒地和道路噪声12个方面。该法强调透明、简单和易懂，也可反映企业对环境法律的遵从，虽不是精确的、模型化的研究，但受到了许多日本企业的欢迎，被认为是生命周期影响评价方法的补充（Miyazaki and Siegenthaler，2003）。

2. 关于环境绩效评价理论问题的研究

环境绩效评价理论研究与环境绩效评价标准研究成果相比，稍显逊色，主要体现在环境绩效内涵和环境绩效评价指标研究等方面。

西方学者认为，很多研究工作没有澄清环境绩效的概念。英国会计学家罗伯·H. 格雷（Rob H. Gray，1993）从信息披露的角度认为，环境绩效应包括企业所采取的环境政策、相应的环境计划和结构框架、涉及的财务事项、发生的环境活动和可持续发展方面的管理五个方面。科贝特（Corbett，2002）从环境管理的效果角度认为，企业环境绩效是企业进行环境管理所取得的成效，其内涵应包括两个方面：一是企业的生产经营活动对环境造成的直接影响；二是企业的管理制度、企业文化、人力资源开发等所体现的环保意识的程度。传统的环境绩效的定义，主要是指第一方面的内容，而忽视了第二方面的内容，因而是不全面的。

在环境绩效评价指标方面，很多学者从重要性、评价方法、作用和内容等方面进行了卓有成效的研究，但尚未取得一致性意见。Henri 和 Journeault（2008）认为，环境绩效指标能提供针对环境问题的关键数量信息，并从环保法规、环保目标和政府补贴三个方面探讨了环境绩效指标的需求和使用。Diakaki（2006）利用风险评估方法提出了一套环境绩效评价的数量指标，每个指标都有相应的环境风险评估与之相对应，并且用来识别指标的优先性以及组织考虑最多的环境因素。Figgie（2002）也认为，有目的地报告环境绩效指标是企业战略发展的前提。Tyteca（1996）认为，人们迫切需要环境绩效指标这类工具对环境绩效进行适当客观的测量。詹姆斯（James，1994）提出了一套能反映公司在协调公司绩效和监测关键环境业绩方面的努力程度的环境绩效指标体系，并认为指标及其之间的联系对组织的长远战略具有决定性的作用。有些公司已经制定出各种各样的环境绩效指标（如 Greeno and Robinson，1992；Snyder，1992；Hocking and Power，1993；Azzone and Manzini，1994；James，1994），但很少在文献中清楚地表达。

3. 关于环境绩效计量模型的研究

西方学者对环境绩效计量做出了较大贡献，主要从以下三个方面进行了研究：

第一，从企业内部环境绩效管理角度研究环境绩效计量 EPM（EPM）模型。如 Well（1992）、Wolf 和 Howes（1993）认为，EPM 模型包括程序改进、环境结果和顾客满意度三项，Eckel 和 Fisher（1992）则认为，EPM 包括政策和目标、绩效测量、信息收集和报告系统、持续监测四项，Young 和 Welford（1998）认为 EPM 包括环境政策、环境管理系统、工艺、产品或服务对环境的影响等，Thoresen（1999）认为，EPM 包括产品生命周期绩效、管理系统绩效、制造经营绩效等。

第二，从绩效评价应包括的内容界定计量模型。如 Metcalf 等（1995）认为，EPM 包括环境管理体系和 EPM 体系，Azzone 等（1996）认为，环境绩效系统应对外报告环境状况、公司环境政策、环境管理系统以及产品和工序对环境的影响等信息，Azzone 和 Noci（1996）认为，EPM 包括外部环境效力、公司环境政策的有效性、公司的“绿色”形象以及公司对环境的适应性等，Epstein（1996）提出了环境政策实施途径，包括环境政策、在产品设计中考虑环境因素、识别、组织、管理环境影响的体系、内部环境报告系统、内部环境绩效审计系统、资本预算系统，在绩效评价中考虑环境影响和公司环境政策实施 10 项。

第三，部分学者从第三方评价的角度提出了 EPM 的内容。如欧盟绿色圆桌组织（European Green Table，1996）认为，EPM 包括环境管理指标、能力和经营环境绩效指标，Ilinitch 等（1998）认为，EPM 包括组织系统、股东关系、对法规的执行程度以及环境影响，Jung 等（2001）认为，EPM 包括一般环境管理、输入、程序、输出和结果，Curkovic（2003）认为，EPM 包括战略管理系统、经营管理系统、信息系统和环境管理结果，等等。

4. 关于环境绩效与经济绩效的关系研究

国外关于环境绩效与经济绩效关系的研究比较早见，主要包括正相关、负相关和不相关三种观点。研究者们发现，环境保护方面的领先可为企业获得竞争优势创造有利条件，从而获取较大经济绩效。Hart（1995）、Klassen 和 McLaughlin（1996）、Russo 和 Fouts 等（1997）的研究结果表明企业环境绩效与财务绩效（如股票市场价格）之间存在正相关关系。此后，另一些学者通过实证研究证明环境绩效与经济绩效存在负相关关系（Walley and Whitehead，1994；Stanwick，1998）。同时，也有许多学者认为，环境绩效与经济绩效之间不存在显著的相关关系（Rockness，1985；Freedman and Jaggi，1992）。总之，学术界对环境绩效与经济绩效关系问题并没有达成一致的意见。

5. 关于环境绩效评价的应用研究

学者们关于环境绩效评价应用研究紧跟理论研究步伐，探讨得较多的是环境税收政策应用（Mitchell，2009）、项目环境绩效评估（Yu，2004）等，为环境绩效评价的理论研究提供了丰富的经验。Cook 等（2006）提出了一个两层结构的电厂效绩评价问题，Amirteimoori 和 Kordrostami（2005）提出一种具有链式结构的决策单元的环境绩效评价问题，Hermann 等（2007）利用 COMPLIMENT 模型对泰国果肉制品行业进行了评价，Bahr 等（2003）对瑞士、挪威和芬兰的六个水泥行业的排放物、烟尘、二氧化硫和氮氧化合物进行了分析，结果显示利用排放物指标能有效比较不同企业的环境绩效。Brent（2005）探讨了生命周期模型在南非供应链管理中的环境绩效评价问题。Lee（2008）对韩国 142 家中小供应商 2005 年的数据进行了调查，利用分阶段的线性回归验证中小供应商资源参与绿色供应链的动机。这些实践应用数据为环境绩效评价的理论研究奠定了良好的基础，为推动环境绩效评价的全面发展也起到了不可忽视的作用。

（二）国内研究现状

国内的环境绩效研究文献直到 1997 年才开始出现，到 2000 年之后逐渐增多并成为研究的一个热点。参与研究的学者既包括环保管理系统职员及高等院校环境相关学科的科研人员，也包括不少高校商学院研究企业管理、会计与审计等领域的学者。相对于国外丰富的环境绩效评价文献，国内研究主要集中于国外评价标准评述、国内评价现状与问题、环境绩效评价理论探讨与实践应用、环境绩效与财务绩效相关性研究及其他相关研究成果等几个方面。

1. 关于国外研究成果的评述性研究

国内学者分别从环境绩效评价的规范、方法和历史发展对相关国际组织和发达国家的研究成果进行了较为详细的介绍与说明。钟朝宏（2008）、刘丽敏等（2007）、彭婷（2007）、刘永祥等（2006）通过介绍 ISAR 的三份报告、GRI 的《可持续发展报告指南》、ISO 14031 环境绩效评价标准、WBCSD 的生态效益评价标准、CICA 的《环境绩效报告》和日本、英国、加拿大等国家发布的相关规范，得出企业环境绩效评价应遵循的基本原理等。曹东等（2008）介绍了联合国经济合作与发展组织（OECD）环境绩效评估的目标、内容和方法、主要程序、指标的遴选以及大湄公河次区域（GMA）环境绩效评估的目标、作用和步骤、方法。陈静和林逢春（2005）比较了 ISO 14031 指标体系和生态效益指标体系。谢芳等（2006）从评价指标的发展历程角度，探讨了从最初的单一环境绩效评价到生态效益再到包括社会责任层面的可持续平衡计分卡的环境绩效评价标准的演进及整合过程。薄雪萍（2004）概述了加拿大、欧洲、ISAR 等的环境会计发展现状。

2. 关于中国环境绩效评价现状与对策研究

我国学者对国内环境绩效评价的规范和实践现状分析比较深入，主要有：王莉等（2008）针对中国企业绩效评价存在的不能适应循环经济发展的问题，提出合理地运用环境绩效指标评价体系促进循环经济发展的方法；钟朝宏（2008）分析了环境绩效评价与财务绩效评价在评价主体、评价客体、评价方法和评价目的等方面的不同特点，得出我国既要建设重视环保的市场竞争环境，也要加强环境绩效评价的能力建设的结论；陈汎（2008）在系统分析国际环境绩效评价进展、国内环境绩效评价实践的基础上，提出了法制化、引入量化指标、调整评判标准及推广 ISO 14031 标准和企业环境报告制度等环境绩效评价的发展方向；李虹（2008）认为，应从资源能源效率、生态效率和循环经济实现程度三方面，从目标层、准则层和基础层三个不同层面反映企业的基本环境绩效。

3. 关于环境绩效评价的理论研究

国内关于环境绩效评价的理论成果比较系统，主要可以分为以下几个方面：

第一，环境绩效内涵。对环境绩效内涵的认识，不同的学者有不同的观点，主要是从环境绩效管理目的、管理实质、评价内容和管理效果等角度进行的界定。卞亦文（2009）、陈静等（2006）从实施环境绩效目的的角度，认为环境绩效是一种考虑环境问题的生产效率评价指标，环境绩效评估是环境主管部门对企业环境绩效进行考核的一种手段。曹东等（2008）、郑季良和邹平等（2005）从环境绩效管理的实质角度，认为环境绩效的实质是人们在防治环境污染、改善环境质量方面所取得的成绩，或是环境目标的实现程度。曹东等（2008）、胡嵩（2006）、许家林和孟凡利等（2004）从环境绩效评估所包含的内容角度，认为环境绩效评估主要包括识别环境问题、构建指标体系和环境制度缺陷分析三个阶段，是对环境、环境财务业绩和环境质量业绩的总称。刘德银（2007）、魏素艳等（2006）、乔引华（2006）、张承煊（2006）、刘永祥（2006）、杨东宁等（2004）从环境管理效果角度，认为环境绩效是指政府或组织进行环境管理所取得的经济上和环境质量上的效果，或是企业在从事环境管理活动过程中所取得的环境效益和社会效益，并应从企业行为对自然环境的影响和企业环境行为对企业自身组织能力的影响两个维度对企业的环境绩效进行考察。

第二，环境指数。从环境指数的角度研究环境绩效评价标准的学者主要有：宋晰宇（2008）介绍了环境损害指数（E）这个新的指标中各因子的选用及指数因子间调整关系；谢双玉等（2007）提出使用环境集约度变化指数（Environmental Intensity Change Idex，EICI）作为企业环境操作绩效评价的基准，利用200多家日本企业的数据检验了EICI及其在不同行业间的可比性，表明EICI是一个公平合理的企业环境操作绩效评价基准；周一虹（2005）介绍了生态效率指标，认为它是结合财务业绩指标和环境业绩指标的方法，可以帮助企业的投资者和其他利害关系人通过该指标评价企业的发展战略结果。

第三，环境绩效评价指标的选取原则。对选取环境绩效评价指标应遵循的原则进行研究的主要有：胡健等（2009）认为，中小企业评价指标体系建立要依据科学性、相关性、综合性、动态性、可比性以及可操作性的原则；李虹（2008）认为，企业环境绩效评价体系构建应依据科学性、可比性和可操作性的原则；陈浩等（2006）认为，企业环境管理指标选取要符合目的性原则，具备科学性原则、系统性原则、有效性原则，具备简明性、可比性和可操作性，符合动态与静态相结合原则、定量与定性相结合原则；焦长勇（2003）认为，构建有价值的评价指标体系，要遵循自主绿色创新、帮助高层管理人员决策、企业绿色性等的持续改进、有利于企业与社会、社区的协调互动、有利于内外协调、动态稳健预见性等原则。

第四，环境绩效评价方法。对于环境绩效评价的方法研究主要集中在数据包络分析、模糊综合评价法、生命周期评价、主成分分析法和环境杠杆评价法等方面。卞亦文（2009）、胡健等（2009）、孙立成（2009）和薛婕等（2009）运用数据包络分析法研究环境绩效评价问题，分别从污染物的处理方法、地区环境绩效评价、中小企业绩效评价和生态工业园区循环经济绩效评价等方面，提出了一些以效率为评价目标的指标体系，充分体现了循环经济的“3R”基本原则，为中小企业及地区等采取策略提高环境绩效水平提供了合理的量化依据。袁广达和孙薇（2008）、涂爱玲（2007）和陈静等（2006）运用模糊综合评价法研究了环境绩效评价方法，采取定性与定量相结合的方式构建了包括环境守法、内部环境管理、外部沟通、安全卫生和先进性指标的环境绩效指标体系模型，探讨了模糊聚类分析法的科学性和应用价值。此外，金声琅（2007）基于产品生命周期评价理论和层次分析法的模糊综合评判，建立了一套包括资源消耗、“三废”排放、健康影响三个方面的环境绩效评价体系。唐建荣等（2006）借助于BP人工神经网络方法实现了企业环境绩效的综合评价。刘永祥（2006）对主成分分析法和环境杠杆评价法在企业环境绩效评价中的应用原理和方法进行了研究。张明明（2009）构建了以目标渐近法、熵权赋值法、加权综合计算法、雷达图法为一体的综合评价方法和相应的生态建设环境绩效评估指标。黄晓波和冯浩（2007）构建了环境绩效评价体系的框架，并探讨了环境业绩指标选择的标准、方法和结果。

第五，环境绩效评价体系。对环境绩效评价内容的研究可分为从结构方法角度、模型评价角度、指标体系建立角度、可持续发展角度和环境绩效实施步骤角度等几个方面。

从结构和方法角度研究环境绩效的评价模型的主要有：华中生和卞亦文（2009）考虑决策单元更复杂的内部结构，提出了复杂网络结构的环境绩效的评价模型；张艳（2005）提出了制造企业环境绩效的多层次综合模糊评价模型；赵丽娟等（2003）提出了涵盖能源消耗、环境影响、环境声誉和资源回收四个方面指标的环境管理绩效模型。

从过程和结果的角度对企业环境绩效评价模型进行研究的主要有：谢双玉等（2008）构建了一套包含组织系统、利益相关者关系、操作对策和环境跟踪四个过程因子、输入和输出两个结果因子的具有二阶结构的企业环境绩效评价模型；贾妍妍（2004）提出了包括环境质量、企业绿色化和环境技术创新投入三个大类和外界认同绩效、企业环境成本与风险、环境教育与培训投入、污染与废弃物、环境化人员投入、环境技术创新投入、绿色生产制造、绿色化组织与系统和绿色战略9个具体指标的环境绩效综合评价模型；杨东宁（2004）构建了一个由企业环境绩效E、企业的组织能力C、企业的经济绩效P组成的环境绩效分析框架；鞠芳辉等（2002）设计了包括环境政策、环保行为、产品或服务对环境的影响和企业生产过程对环境的影响4个方面的企业环境绩效综合评价模型。

从环境绩效评价指标体系建立的角度进行研究的主要有：张世兴（2009）构建了一套包括环境经营业绩、环境管理业绩和环境财务业绩的企业环境绩效评价体系；胡健等（2009）构建了由环境管理绩效、操作绩效、环境状况和环境效益四个二级指标组成的评价指标体系；曹颖等（2008）从国家、地区等宏观或中观层面探讨了环境业绩指标体系的建立；刘丽敏等（2007）设置了环境守法指标等5个一级指标和若干个二级指标的环境绩效指标体系；乔引华（2006）从企业层面、行业管理部门以及政府层面建立了各自的环境绩效评价体系；魏素艳等（2006）认为企业应从资源消耗情况、污染控制情况和环保投入情况3个方面，分别设置基本指标、修正指标和评议指标来评价其环境绩效；陈静（2006）针对企业层面提出了一套包括环境守法等5大类27个指标的环境绩效评价指标体系；陈浩等（2006）确定具有两个一级指标和5个二级指标的环境绩效评价体系；郑季良和邹平（2005）主张从内部系统、内部遵守、外部影响和外部关系四个方面对企业环境绩效进行评价。

此外，田翠香等（2008）、巩天雷等（2008）、刘德银等（2007）、宋荆等（2006）、焦长勇（2003）、刘焰等（2003）从企业可持续发展的角度研究了环境绩效评价指标体系，认为企业环境绩效评价应结合工业生态学原理和价值链理论，在现有绩效评价体系中加入环境绩效因素，实现经济绩效、生态绩效、社会绩效“三重盈余”。廖燕（2007）从环境绩效实施的步骤探讨了环境绩效评价指标体系的建立，认为企业绩效评价除了要考虑平衡计分卡中财务、客户、内部经营过程、学习与成长四个方面的内容，还应该考虑环境保护方面。

4. 关于环境绩效评价体系应用的研究

环境绩效实践应用研究紧跟理论研究步伐，主要从地区研究、行业研究和项目研究等角度展开。张明明（2009）、马育军等（2007）、何家理等（2006）分别研究了浙江省11个地级市自然资源禀赋、经济水平同环境保护间的相关性，江苏省苏州市的生态环境建设项目的绩效评价，西部地区生态环境绩效评价的实践。张力（2008）、李滢（2008）、钱科军（2008）、张浩亮（2007）、孙静春等（2005）分别从啤酒行业、国内具有一定代表性的石化企业、分布式发电行业、观光旅游生态农业、燃煤电厂等的行业角度对环境绩效评价体系与实践进行了研究。此外，安学武等（2008）、章恒全等（2006）探讨了乡村公路交通项目、城市水环境治理等具体项目的环境绩效，为科学评价某项目的环境绩效提供可量化的方法。这些研究成果为我国环境绩效评价理论研究提供了较丰富的实践资料。

5. 关于环境绩效与经济绩效的相关性研究

我国学者对于企业环境绩效与经济绩效的相关性研究并不多见，但已取得一定的成果，主要有正相关和相关性不显著两种观点。廖洪、李昕（2006）从理论上阐述了环境会计具有经济后果，说明环境绩效具有财务效应。邓丽（2006）通过实证研究认为，环境绩效对经济绩效有积极的促进作用，公司规模与公司绩效和环境信息披露水平存在正相关关系。乔引华（2006）通过研究认为以净资产收益率表示的公司盈余业绩与环境保护信息披露水平之间不存在显著正相关关系。吕俊、焦淑艳（2011）的研究结果表明，造纸业和建材业上市公司的环境绩效与财务绩效存在明显的正相关关系，并且，获得 ISO 14001 认证对公司的环境披露具有显著的积极影响。此外，贺红艳和任轶（2009）、辛敏和王建明（2009）对环境信息披露的影响因素进行了实证研究，认为公司规模和盈利能力与环境信息披露水平正相关，上市公司资本结构对环境信息披露水平无显著影响。陈小林、罗飞等（2010）通过研究发现，环境信息披露的质量受到利益相关者压力的影响。

6. 环境绩效评价相关的其他研究成果

与环境绩效评价相关的研究成果体现在环境会计研究、供应链环境绩效评价、环境绩效审计研究等几个方面。

学界普遍认为，葛家澍和李若山在《会计研究》1992 年第 5 期上发表的《90 年代西方会计理论的一个新思潮——绿色会计理论》一文，代表着我国环境会计理论研究的开端。其后近 20 年，国内有关环境会计的理论研究蓬勃发展，取得了丰硕的研究成果。

我国著名会计学家郭道扬教授一直在积极倡导环境会计的全景式研究。早在 1992 年，他就基于全球背景提出，会计理论研究要注重对周围客观环境的正确认识与深入分析，以避免会计失控及其带来的损失。他认为，世界经济发展中深深潜伏着危机，这些危机主要包括“人—消耗—生态”所构成的社会性危机，21 世纪的会计控制，将在“社会发展—生态环境”科学合理化处理中发挥能动作用。[①] 由此提出了经济发展与生态保护之间的协调问题将是各学科互相结合的重大课题。这一著名论断是开

① 郭道扬：《21 世纪的战争与和平——会计控制、会计教育纵横论》，《会计论坛》2003 年第 1 期。

展环境会计研究的基本理论依据之一。接着，郭道扬又于1997年在《绿色成本控制初探》一文中，提出了“绿色成本”核算的初步构想。他认为，世界各阶层当前解决生态环境问题的行为，忽视了宏观治理需植根于微观控制基础这一实质性问题，因此需要通过解决“绿色会计”的计量与控制问题来解决宏观层面的“绿色经济”控制问题。该文提出的微观基础解决宏观环境问题、要控制生产经营投入与废弃物排放、解决“自然资产”估计与投入、加强环境法制和“绿色会计准则”建设等学术思想对当代环境会计的发展与完善、环境绩效评价客体的界定起到了积极的指导作用。近年，郭道扬提出了“建立会计第二报告体系论纲”的构想，认为经济与环境的矛盾根源于“产权为本”的思想，要解决当前生态危机，需发展以“人权为本”的第二报告体系，该体系包括关键要素、资源耗费与环境互动平衡状况表、资源成本与环境成本构成对照表、水资源耗费与排污状况表、废气排放量与大气污染危害程度报告表、企业（或地区）履行社会责任综合指标汇总报告表等，并对该体系的编报注意事项进行了探索。[①] 唐国平（2004）提出当前环境会计研究重核算体系研究轻环境会计的控制系统研究，并提倡“优化环境”的主动环境管理理念。这些理论构想为上市公司财务绩效与环境绩效的结合提供了重要的理论依据。

除上述环境会计的研究之外，邵文明（2008、2007）、张敏顺（2005）、赵丽娟等（2003）从绿色供应链角度对企业环境绩效评价进行了探讨，并构建了相应的评价指标体系。张仁欢（2009）、丁艳秀（2009）、曹建新（2009）、王如燕（2008）和高前善等（2006）对环境绩效审计评价体系进行了研究。包怡斐等（2008）、王慎敏等（2007）分别探讨了水源地环境绩效评估、循环型城市建设绩效评价等问题。另外，薛婕（2009）、李庆华等（2007）、王兵等（2006）、周少祥等（2006）、张艳等（2006）从循环经济理论和清洁生产的角度研究了环境绩效评价问题。

（三）研究现状评析

综观国内外相关环境绩效评价研究文献，不难看出，国际相关组织和各国理论界与实务界都非常重视对环境绩效评价的研究，不仅探讨了环境绩效的内涵，而且从各方面研究了企业环境绩效评价的理论与标准，并将之运用于实践，取得了丰硕的成果。目前发达国家正集中于完善环境立

① 郭道扬：《建立会计第二报告体系论纲》，《财会学习》2008年第4期。

法，努力从制度上约束企业的环境管理行为，引导企业自觉披露环境绩效信息。这些先进的工作成果值得我们学习与借鉴。

我国环境绩效评价研究工作也已经受到社会各界的高度重视，理论与实践研究初见成效。客观地说，目前国内环境绩效评价的相关研究还存在较多缺陷和不足，主要表现在以下几个方面：

第一，从观念上看，企业的环境道德责任的理念尚未真正形成，人们还未正确认识环境业绩对塑造企业形象、提高企业财务盈利能力、提升企业综合持续竞争力方面的巨大作用。企业作为微观经济主体和导致环境问题的主体，迫切需要在内外部利益相关者团体的引导下正确认识和高度重视环境保护的神圣使命，树立环境主人翁意识，严格履行作为社会成员的环保责任。

第二，从现有理论研究成果来看，缺乏将环境绩效与财务绩效有机结合的研究成果，尚未建立起系统合理的企业环境绩效评价理论和方法体系。当前有关上市公司环境绩效评价的研究，基本停留在单纯的理论层面，对上市公司环境绩效与财务绩效二者的关系还尚未有定论，样本选择和代理变量设置也存在一定程度的片面性，不仅难以深入挖掘上市公司进行环境管理的根本动因，而且研究结论也难以令人信服。除此，理论研究成果大多是国外相关资料的引进与介绍，其应用价值和可操作性有待进一步提高。理论研究尚未建立起完整的环境绩效评价理论体系，难以起到指导我国上市公司环境管理实践的目的。

第三，从实务操作来看，完整有效的企业环境管理体系与环境会计信息系统尚未建立起来，企业环境信息披露的需求严重不足，并且缺乏有关方面的统一指导，因而可比性和可靠性较差，难以起到辅助决策的效果。国内环境管理实践主要是统计界、环保界和会计界人士单独进行，由于缺乏统一协调与领导，环境绩效信息数据库的建立存在一定难度，不便于企业间交流环境保护的经验，也不便于社会各界对上市公司的整体环境绩效做出评价。

第四，从制度方面来看，国家环保部和财政部虽然正在不断完善上市公司及省级环境绩效评价工作，但是仍缺乏可操作性的企业环境绩效评价体系或准则。现有制度规范局限于企业内部生产管理和国家宏观管理的需要而设计，对环境绩效信息披露、环境绩效评价的有关内容还没有明确规范，这种纯粹依靠企业自觉的环境管理模式与我国当前经济发展水平不太适应，因此需要加强国家在环境绩效评价与环境会计方面的准则和法制建设，从强制环境管理到自觉经济效益激励的发展模式来推动企业自觉的环境保护行为。

此外，当前研究中，定性的规范性研究成果多，应用性的研究成果少，特别是缺乏实证性研究成果。

总体上，我国关于环境绩效评价的未来研究方向可以考虑在结合上市公司环境绩效与财务绩效的基础上，建立环境绩效评价理论体系（包括评价主体、客体、标准等方面），创建上市公司环境绩效信息数据库，建立与完善环境绩效评价指标体系以及促进企业主动参与环境绩效评价实践等几个方面，通过加强上市公司环境业绩与财务业绩的有机融合，从动因上引导企业加强对环境保护工作的重视程度，通过内部环境管理系统的完善，降低环境风险，改善企业的公共关系，从而保证整个国民经济的健康可持续发展。

三　研究思路与框架

本书将以利益相关者理论、资源基础理论为主要理论基础，基于中国大陆上市公司的实际数据，对环境绩效评价的理论体系进行探讨，深入分析国内外环境绩效评价规范文件，对环境绩效与财务绩效的相关性进行检验，在构建我国上市公司环境绩效评价指标体系之后，提出促进上市公司积极开展环境绩效评价的政策建议。具体研究思路与框架如下：

（一）研究思路

首先，阐述本题的研究背景，并深入解析本题的理论和现实意义，接着从利益相关者理论、资源基础理论、绩效理论以及生态经济学、环境经济学、循环经济学、可持续发展理论等入手，系统探求本书研究的理论基础，以求将本书研究植根于深厚的理论基础之上：这些主要是解决课题研究的立论问题。

其次，是本书的理论研究部分，首先建立上市公司环境绩效评价的基本理论模型，包括环境绩效与环境绩效评价内涵的界定，在分析环境绩效评价需求的基础上，探讨了环境绩效评价的主体与客体、目标与作用、环境绩效指标的内涵、绩效评价标准的种类，并系统介绍环境绩效评价的方法与环境绩效报告等内容。然后，从分析相关国际组织有关环境绩效评价的规范性文件，主要发达国家环境绩效评价的发展历程，部分发展中国家的环境绩效评价实践出发，对中国环境绩效评价的制度背景进行详细论述，以找出环境绩效评价标准制定的规律性及我国在环境绩效评估方面存在的制度缺陷。

再次，是本书的实证研究部分，将从我国上市公司在招股说明书、年度财务报告、年度社会责任报告或可持续发展报告中公开披露的环境绩效信息入手，扫描我国上市公司环境绩效评价基础数据资料的供应情况，并在深入分析企业环境绩效与经济绩效相关关系的基础上，总结我国上市公司在环境绩效管理工作方面的得与失，为后文提出政策建议打下基础。

最后，根据理论与实证研究结论，在评价我国上市公司环境绩效评价基础与现状之后，构建适合我国特点的环境经营绩效、环境管理绩效和环境财务绩效的上市公司环境绩效评价指标体系，在初步检验所设定指标体系科学完整性的基础上，为促进环境绩效评价工作的开展，提高上市公司环境绩效水平提供了四个层面的政策建议，以期促进环境绩效与财务绩效的有机结合，为上市公司自愿进行环境绩效评价找到可操作性的指导依据，也为政府部门制定相关规定提供政策建议和参考资料。

（二）研究框架

在上述研究思路的指导下，本书将按如图 1 所示的框架展开研究。

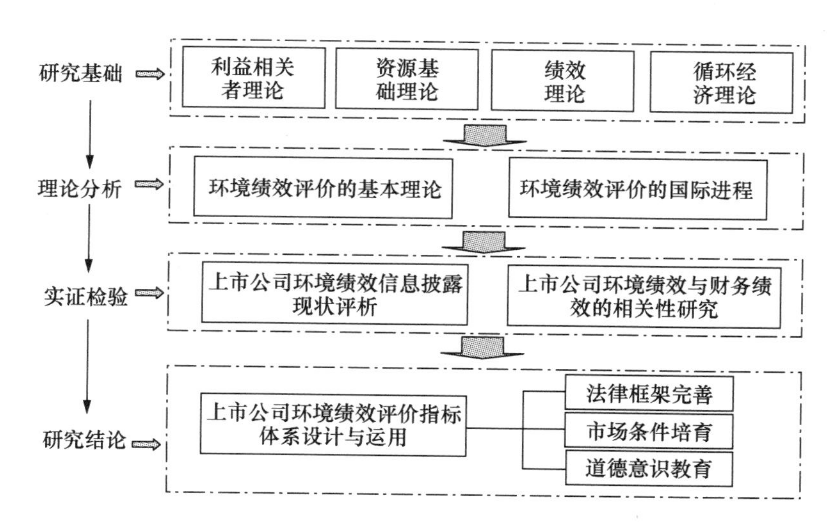

图 1　上市公司环境绩效评价框架示意

四 研究内容与方法

（一）研究内容

本书的基本研究内容如下：

导论介绍本书的研究背景与研究意义，在对国内外相关文献进行整理的基础上，提出本书的研究思路与框架，并简要介绍本书所采用的研究方法。

第一章将从利益相关者理论、资源基础理论、绩效理论、循环经济理论等方面分析环境绩效评估产生的理论基础。本章的主要作用是证明本题研究的必要性和重要性，为全书研究奠定扎实的理论基础。

第二章主要阐述环境绩效评价的内涵，分析上市公司开展环境绩效评价的必要性，确定环境绩效评价的主体与客体、目的与作用，探讨环境绩效评价指标和环境绩效指标体系的评判标准，最后系统介绍了环境绩效评价的方法体系及环境绩效报告等有关事项。

第三章将从介绍相关国际组织有关环境绩效评价的规范性文件，西方主要发达国家环境绩效评价的发展历程，部分发展中国家的环境绩效评价实践，分析中国环境绩效评价的历史演进，找出我国在环境绩效评估方面存在的制度缺陷。本章将是对上市公司环境绩效评价指标体系的系统深入分析，为后续的实证研究、体系构建及政策建议奠定基础。

第四章将手工收集上市公司招股说明书、年度财务报告、社会责任报告或可持续发展报告中披露的环境绩效指标信息分类整理后，说明上市公司提供了哪些环境绩效信息，哪些未提供，有哪些值得改进的地方。重点考察环境管理指标、环境财务绩效指标的披露情况，为第五章寻找环境绩效替代变量和第六章构建环境绩效评价指标体系提供依据。

第五章将采用实证研究方法并结合统计模型，结合第四章的统计资料，重点研究与分析上市公司环境绩效与其财务绩效之间的关系。重点是找出上市公司改善环境绩效的动因，为其积极开展环境绩效评价提供现实经济数据支持。

第六章结合我国国情，参考国外标准与国内实践，构建更具中国特色的环境绩效评价指标体系。为编制并发布中国证券市场环境绩效指数，制定一套针对证券市场的环境绩效评估方法提供参考。并设计以钢铁行业上市公司的环境绩效数据为例，对所构建的环境绩效指标体系进行初步运用，以检验其科学性与实用性。在此基础上，从法律角度、道德标准、培育环境绩效信息的市场需求等方面提出一些政策建议，以促进上市公司环境绩效评价的成功实施。本章是在结合理论研究与实证研究基本结论的基础上，对我国上市公司实施环境绩效评价提出的具有可操作性的建议。

结语主要归纳全书研究结论和主要贡献，并指出研究局限与后续研究展望，是对全文的总结和后续研究安排。

（二）研究方法

本书将以文献研究资料为先导，以利益相关者理论、资源基础理论、绩效理论、可持续发展理论为指导，采用会计学、管理学、信息经济学、计量经济学等相关学科的研究方法，综合运用规范研究和实证研究、归纳与演绎研究、定性研究与定量分析、比较研究和综合分析等方法开展。具体而言，这些研究方法的具体应用体现在以下几个方面：第一，对于环境绩效评价的理论基础和环境绩效基本理论主要采用了规范研究法中的定性描述法；第二，对环境绩效评价研究的国际动态主要采用了比较分析法；第三，对上市公司环境绩效信息披露的分析与评价、环境绩效与财务绩效的相关性研究主要采用了计量经济学中的格兰杰检验、OLS 回归分析和方差分析等实证研究方法；第四，对上市公司环境绩效指标体系的构建主要采用了归纳与演绎、定性与定量研究方法，样本检验采用了数据包络分析等数理经济方法。

这些研究方法对于我们从宏观上掌握环境绩效评价的基本规律，把握其基本理论体系，并将其运用于指导上市公司的环境绩效管理实践，使本书研究建立在坚实的理论基础之上，具有重要的指导意义。

第一章　环境绩效评价的理论基础

上市公司环境绩效评价研究同其他任何理论研究一样，除具有自身发展的客观需求外，必然有一批已经发展比较完善的理论学科作为其理论基础。基础的本义是指建筑物的基脚，即事物发展的根本和起点（许家林、王昌锐，2008）。理论基础源于拟构建学科之外的其他相邻学科，对于所构建学科起着指向性、关键性和基石性的作用（殷勤凡，2007）。环境绩效评价的理论基础，主要是指对环境绩效评价理论体系的构建起支撑或指导作用的有关理论。环境绩效评价的理论基础研究就是要确定研究问题的基本方位，即探究哪些相关学科的有关内容可以直接引入或者可以间接借用，它们对环境绩效评价理论体系的构建会产生什么影响，这个影响有多大，能够起到何种作用。对象学科的知识一般应作为理论基础学科知识在内容上的扩展和延伸（许家林等，2004）。环境绩效评价主要研究与评价组织是否实现环境目标，确定企业的环境绩效是否符合组织管理当局所制定的标准。环境绩效评价除受一般会计学理论基础等指导外，还与利益相关者理论、资源基础理论、绩效理论、生态经济学、循环经济学和可持续发展经济学等学科的内容、观点、理念与方法等方面的指导。

第一节　利益相关者理论

一　利益相关者理论的内涵

1984 年，美国经济学家 R. 爱德华・弗里曼（R. Edward Freeman）出版了《战略管理：利益相关者方法》，认为利益相关者是指能够被组织实现目标过程影响或者能够影响组织目标实现的所有个人和群体，第一次明确提出了利益相关者管理理论。

利益相关者管理理论的假设如下：第一，公司的利益相关者不仅包括股东，还包括其他许多影响公司业绩的团体和个人；第二，公司与其利益相关者之间的关系可以用“契约”来形象描述，契约关系源于交换、交易、委派决策制定权或正式的法律文件等；第三，公司是与利益相关者的“契约集合”（Jensen and Meckling，1976），这种契约是建立在代理理论、交易成本和团队生产的基础之上的。利益相关者理论的假设描述了现代企业与其周围环境之间的关系。

利益相关者管理理论的基本观点如下：第一，企业进行管理活动的目的是综合平衡各个利益相关者的利益要求；第二，企业追求的是利益相关者的整体利益，而不仅仅是某些主体的利益，任何企业的发展都离不开各利益相关者的投入或参与；第三，企业的利益相关者不仅包括股东、债权人、雇员、消费者、供应商等交易伙伴，也包括政府部门、本地居民、本地社区、媒体、环保主义等的压力集团，甚至还包括自然环境、人类后代等受到企业经营活动直接或间接影响的客体。这些利益相关者有的为企业的经营活动付出了代价，有的分担了企业的经营风险，有的对企业进行监督和制约，因此与企业的生存和发展密切相关。

从利益相关者的角度来看，企业的生存和发展不仅取决于股东，还取决于其对各利益相关者利益要求的回应质量。可以说，企业是一种智力和管理专业化投资的制度安排。利益相关者管理理论沿着“谁是利益相关者—如何平衡利益相关者的利益—企业的目标—董事会的决策困境—如何衡量管理层的业绩—达到整个公司财富最大化程度”，这不仅为绩效评价理论奠定了基础，也从理论上阐述了企业绩效评价和管理的中心。

二　利益相关者理论指导下的环境绩效评价

（一）利益相关者理论为环境绩效的财务评价提供了理论视角

利益相关者理论认为，如何管理利益相关者的预期有助于提升公司的财务绩效和长期生存能力。Donaleson 和 Preston（1995）将利益相关者分为描述性的、工具性的和标准的三个层次，分别回答以下问题：发生了什么？如果条件变化，将发生什么？什么应该发生？工具利益相关者理论将各利益相关方视为企业经营目的的工具（Jones，1995），它是基于利益相关者概念、经济学理论、行为科学和道德伦理的综合。该理论认为，不同利益群体的满意有益于提升组织的财务绩效（Orlitzkyet et al.，2003）。由于存在利益相关者强制的、规范的或者模仿的压力，当企业认为履行这些环境承诺能带来经济利益时，它们就会实施这些环境政策（Ramus and

Montiel，2005）。因此，在经济激励和契约激励的基础之上，来自消费者和环保法规的压力会促使公司关注更多的环境问题（Henriques and Sadorksy，1996）。该理论的产生为企业履行环境义务与提高组织绩效之间提供了一个理论视角（Moore，2001；Orlitzky et al.，2003）。

（二）利益相关者的环境信息需求导致环境绩效评价的产生

很多上市公司在其发布的社会责任报告中表明，利益相关者的信任与支持是公司赖以生存和发展的基础。公司经营的目的是追求公司与所有利益相关者共同价值的最大化，以实现合作共赢、和谐发展。

利益相关者将会关注以下环境绩效信息：组织利用了哪些环境资源，组织有哪些产出（产品和废弃物排放），企业的活动是怎样影响生态系统健康的，经营活动如何影响人们的健康和生活方式，有哪些局部或全球环境影响，环境绩效对财务绩效稳定性的影响以及环境管理系统的有效性，等等。识别关注上市公司环境绩效的主要利益相关者，并为其提供有用的企业环境管理信息，是企业管理当局的责任之一。上市公司环境绩效的主要利益相关者及其对环境的关注点如图 1－1 所示。

从图 1－1 可以看出，企业环境绩效信息的主要利益相关者包括：

第一，员工。企业员工是企业环境绩效信息的主要利益相关者，他们负责实施企业的环境管理决策。他们通过接受公司的环保培训、支持公司的环保措施来对公司环境绩效施加影响。他们关注工作安全性的同时，还会考虑环境对工作机会的影响以及对环保意识形成的挑战。其中，工会主要关注影响职工个人健康的环境信息。

第二，投资团体。投资团体包括股东、保险机构和证券市场监管者。他们主要关注环境绩效的财务影响。他们利用环境绩效信息来评估环境风险以及如何控制和管理这些环境风险。许多投资者将较好的环境绩效视为优良环境管理的指标之一。某些机构投资者、养老金计划、道德投资者等特别关注企业的环境负债和环境成本信息，并将环境政策和程序及对其的遵从视为最重要的非财务信息。保险公司还据此来确定其环境责任保险的保费额度。

第三，债权人。他们主要考察债务人是否有治理环境损害的责任，通过评估污染风险或者企业的环境管理实践来确定是否发放贷款或要求额外付费。

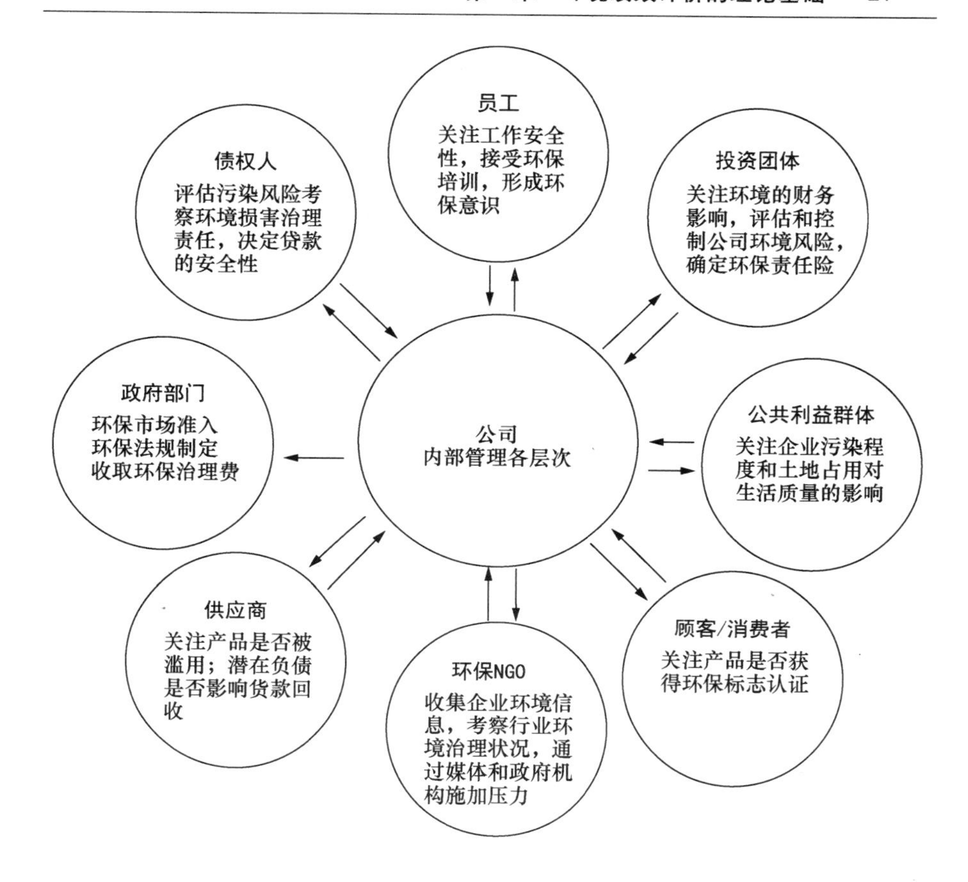

图1－1　企业与利益相关者的环境关系

第四，政府部门。政府部门通过颁布环保相关法规，约束企业的市场准入（如环保核查），同时监测企业的环境法规遵从情况，并通过收取排污费、矿产资源补偿费等来督促企业加强环境保护，通过监测污水和废弃物排放、报告泄露等来监督企业实施相关环保政策。

第五，社会大众及公众利益群体。他们主要关注企业的污染减少措施的执行、废弃物管理责任的履行及土地占用等情况。

第六，供应商、顾客、消费者。他们主要关注的是产品质量、成本、安全性及潜在负债。供应商主要关注企业是否有责任地使用本公司产品，为其提供正确指导。顾客和消费者主要关注其产品是否获得相关环境标志认证，并愿意为环境友好产品多付费。

第七，其他利益相关者。环保非政府组织（NGO）监管机构——依赖媒体来增加社会对环境绩效的普遍认识，是否加入环境标准；竞争者——了解顾客对环境责任产品的价格容忍度；媒体——宣传降低污染的效果和环境违法事件的危害，树立全民环保意识。

上述利益相关者需要的环境绩效信息主要由公司内部的管理人员提供。公司内部环境管理层次可分为健康安全环保委员会（HSE 委员会）、安全环保部、总经理、环境管理代表者、各部门和分厂以及技术中心。其各自的职责如图 1－2 所示。

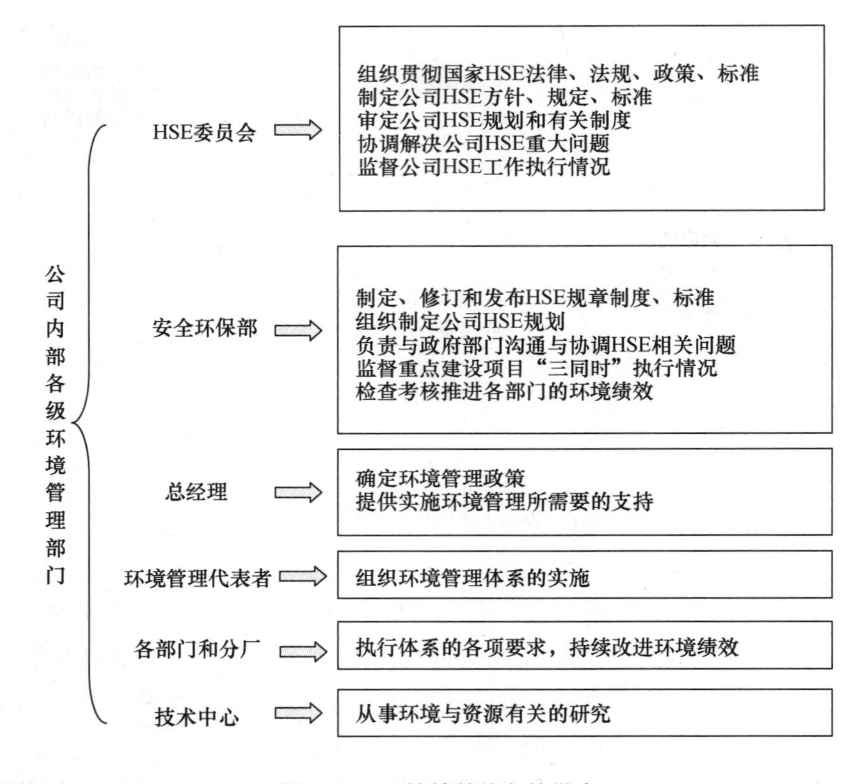

图 1－2　环境绩效信息的供应

由图 1－2 可知，公司管理人员的主要职责是环境风险控制、环保法规遵从、降低资源能源使用和废弃物排放、开发绿色技术和绿色产品、提供环保原材料、增强员工关于环境责任的士气和满意度，等等。

第二节　资源基础理论

一　资源基础理论的主要内容

《辞海》中对资源的定义是："资源是指资财的来源或天然的财源，也即人类社会中一切有用的资财。"[①] 美国著名经济学家阿兰·兰德尔（Alan Randall）认为，资源是由人们发现的有用途和有价值的物质。资源按特征可分为经济资源和其他资源。在当前条件下，与可持续发展概念相联系的资源的主要内涵应当是经济资源中的自然资源（许家林，2008）。资源具有数量有限、垄断拥有、潜力无限、多用途、可循环使用、区域分布、不均衡、不可逆等基本特点。资源的主要功效是经济功效（是指开发和利用资源能产生一定的经济收益）和生态功效（开发和利用资源可不断改善人类的生存环境）。

早期关于资源基础的研究可参见杰伊·B. 巴尼（Jay B. Barney）于1986年发表的《战略因素市场：预期、机会和公司策略》和《组织文化：是否可成为可持续竞争优势的来源?》以及S. A. 利普曼（S. A. Lippman）和R. P. 鲁梅尔特（R. P. Rumelt）于1982年发表的《不确定模仿性：竞争条件下公司间效率差异的分析》等。然而，最具影响力的资源基础理论研究以1984年伯杰·沃纳菲尔特（Berger Wernerfelt）发表的《企业的资源基础观》为代表。

资源基础理论（RBV）是确定公司战略资源的一种管理工具。它认为企业的竞争优势来源于企业的贵重资源以及对这些资源处置运用的能力，这些资源和能力具有独特性、在企业间不可流动并且难以复制（Wernerfelt，1984；Rumelt，1984）。资源包括能提高公司的效率和效力的所有资产、能力、组织程序、公司特性、信息和知识（Barney，1991），其中能力是指调配组织资源的才能，是一种能嵌入式不可转让的能改善公司其他资源生产率的特有资源。如果企业拥有这些资源和能力，公司将维持高于平均水平的财务回报。

资源基础理论的基本观点是：第一，企业的竞争优势来源于拥有和控

① 参见《辞海》，上海辞书出版社1979年版，第1436页。

制的特殊异质资源；第二，竞争优势的持续性根源于资源的不可模仿性；第三，特殊资源的获取与管理本身也是一种特殊资源。

企业获得持久的竞争优势需遵循以下步骤：首先，识别公司潜在的关键资源；其次，评价这些资源是否满足 VRIN 标准，即贵重（Valuable）、稀缺（Rare）、无法模仿（In - imitable）以及不可替代（Non - substitutable）；最后，关心、保护资源并占有对资源的评价，从而增加公司绩效。其基本框架是“资源—战略—绩效”，即内部资源分析/产业环境分析—制定竞争战略—实施战略，建立与产业环境相匹配的核心能力—竞争优势—高于平均水平的绩效。它指出了企业长远发展方向是培育和获取能给企业带来竞争优势的特殊资源。从经济学角度来看，企业资源学派的形成是对传统企业经济学的突破和发展。①

资源基础理论同其他任何理论一样，存在一些必然的缺陷，如它过分强调企业内部而对外部环境不够重视，因而难以适应市场环境的变化，又如资源的 VRIN 标准界定比较模糊并且难以操作等。但是资源基础理论的诞生，为我们研究上市公司环境管理的行为及其后果——财务绩效——之间的联系提供了理论视角。

二 资源基础理论指导下的环境绩效评价

资源基础理论提出的公司行为及其后果由内部因素决定，保持持久竞争优势的资源和能力包括公司的管理技能、组织程序和惯例以及组织所控制的信息和知识等观点为深入理解上市公司环境管理水平、外部绿色市场需求与长期竞争优势的保持（即高于平均水平的财务回报）之间的相关性提供了分析框架（Russo and Fouts，1997）。因为资源基础观强调绩效是产出的一个关键结果，并明确识别了无形资产概念的重要性，如专门知识（Teece，1980）、公司文化（Barney，1986）、声誉（Hall，1992）等。

第一，污染预防措施使得公司形成不可替代的专门知识。企业用来实施环境政策的资源和能力分为政策遵守的末端治理和环境预防体系两大类别。巴尼（Barney，1991）认为，能带来企业经济绩效改变的是环境预防措施的建立。因为使用额外的污染移除或过滤装置，需要公司去开发旨在减少废弃物的新技术，这便会形成某种形式的模糊资源，也就是资源基础

---

① 参见刘刚主编，孔杰等编著《现代企业管理精要全书》（资本运营卷），南方出版社 2004 年版，第 96 页。

理论的竞争优势。

第二，清洁生产技术促使公司环境保护文化的形成。污染预防政策将促使公司积极实施清洁生产技术，将公司管理部门、研发部门、生产部门和市场营销部门等全部纳入进来，对公司文化、人力资源和组织特性等进行整合。这种较强的环境保护立场预期成为公司形象和身份的一个组成部分，可引导员工参与开发污染预防程序并改善工作技能，提高公司生产效率，从而使企业获得一种应对现代市场竞争的无形内部资源——环境文化（Hart，1995）。

第三，外部市场的绿色需求导致公司环保声誉的形成。公众环保手册的出版和发行引导着顾客的绿色消费需求，企业为满足这种需求需要建立完善的环境管理体系。企业通过制定环境政策——绿色产品制造来获得领导环境事务的声誉。这种声誉是市场优势的一种来源，一旦获得，便不可模仿，企业进而从这种声誉中获得超额收益。

总之，上市公司的污染预防、清洁生产等环境管理绩效将导致公司形成一种贵重的、不可获得的资源，从而使其获得可持续的竞争优势。资源基础理论为激发上市公司的自觉环境管理行为、解释上市公司环境绩效评价的动因具有重要的理论指导意义。

第三节　绩效理论

一　绩效理论的核心观点

随着20世纪末期人们对人力资源管理研究的重视，“绩效管理”的概念逐渐形成。但是，对于绩效的定义，至今没有统一的标准。“绩效”一词源于英文Performance，又被译为业绩、成就、性能等。《现代汉语新词词典》将绩效解释为“成绩和效益”。[①] 绩效是一多维结构，测量因素的不同会导致结果也不一样（Bates and Holton，1995）。因此，要想测量和管理绩效，必须界定绩效的确切内涵。

目前对绩效的认识主要有三种观点：第一，绩效是结果。代表人物是

① 参见于根元主编《现代汉语新词词典》，北京语言学院出版社1994年版，第349—350页。

伯纳丁等（Bernadin et al.，1995）、凯恩（Kane，1996）、杨蓉等（2002），他们认为，绩效是与组织目标等相关的结果记录，用来表示绩效结果的相关概念包括职责、关键结果领域、结果、责任、任务及活动、目的、目标、生产量、关键成功因素等。这种观点受到的挑战是：绩效受多种因素影响，过分强调结果会导致员工的短期行为以及现实中未将结果作为评价员工业绩的唯一标准。第二，绩效是行为。代表人物是墨菲（Murphy，1990）、坎贝尔（Campbell，1990）等，他们认为，绩效是与工作有关的一组实际行为。第三，绩效是行为和结果的结合。持这种观点的主要有：布鲁姆布拉奇（Brumbrach，1988）指出，“绩效是指行为和结果，行为不仅是结果的工具，并且行为本身也是一种结果”；斯旺森（Swanson，1999）将绩效定义为行为的结果；Borman 和 Motowidlo（1993）结合结果观和行为观，提出了绩效由任务绩效和周边绩效组成的二维模型。随着绩效理论的不断发展，绩效包括的因素越来越多，不仅包括行为和结果，还包括能力、战略、素质和职责等（秦艺萍和谢珂，2002）。

绩效理论是指绩效的不同维度与组织业绩之间可察觉的关系，通常明确写于公司文件中（Krausert，2009）。绩效的维度影响到企业当前和未来的业绩，绩效计量作为奖励、人员配备和发展决策的基础对企业也尤为重要。绩效理论的核心是通过充分开发和利用员工资源来提高组织绩效，属于人力资源管理的一部分。绩效管理是绩效理论的核心，其基本思路是“不同员工需要具备什么样的能力——需要评价哪方面的业绩——采用何种评价方法”（Krausert，2009）。有效绩效管理的核心是一系列活动的不断循环，具体包括绩效计划、管理绩效、绩效考核和奖励绩效四个环节（仲理峰和时勘，2002）。张祖忻（2005）认为绩效管理包括绩效分析、设计、开发、实施与评价，绩效管理产生于新政策的出台、绩效问题的出现、员工发展计划的实施以及企业战略发展需要。绩效分析一般沿着明确目标、分析现状、揭示差距、剖析原因的过程进行，依据“调研在先、集思广益、重视数据、严密步骤、整体改革”的基本思想。

总之，绩效理论作为一种管理思想，对达到员工和企业“双赢”的目标具有重要理论与实践意义。但作为一种完整的理论体系，它还需要不断地发展与完善。

二　绩效理论对环境绩效评价的指导

绩效理论所体现的管理思想对上市公司环境绩效评价具有重要的理论指导意义：第一，绩效理论对绩效内涵的探讨是明确上市公司环境绩效内涵的重要依据；第二，绩效管理所提出的绩效维度、绩效测量、绩效评价标准、绩效分析等内容对于上市公司环境绩效评价理论体系的构建提供了重要的理论指导；第三，绩效理论强调全员参与、与员工沟通、培训员工等，本身就应该包括员工环保培训等环境绩效管理内容；第四，绩效管理体现的“绩效导向”管理思想，最终目标是要建立具有激励作用的企业绩效文化，这对于上市公司建立环境管理文化也具有积极的促进作用。

简言之，绩效理论所体现的绩效管理思想贯穿于上市公司环境绩效评价的各个组成部分。环境绩效作为企业管理环境所取得的效果，应该是绩效的一个侧面。公司绩效管理应当包括环境绩效的内容。环境绩效评价作为环境绩效管理的一个组成部分，属于绩效管理的组成部分之一。

第四节　循环经济的相关理论

一　生态经济学理论与环境绩效评价

（一）生态经济学的内涵

随着工业经济的规模化发展，人们逐渐认识到保护生态环境的重要性。生态经济学正是伴随着人们寻求经济增长和生态环境协调发展的过程中产生的一门边缘交叉性学科。1966 年肯尼恩 · E. 鲍尔丁在《一门科学——生态经济学》一文中正式提出了“生态经济学”的概念，标志着生态经济学的诞生。生态经济学是以生态学理论为指导，以人类经济活动为中心，围绕人类经济活动与生态系统之间相互影响的关系，研究生态和经济复合系统的结构、功能，以揭示生态经济系统的结构及其矛盾运动发展规律的学科（许涤新，1987）。生态经济学理论认为，经济发展应遵循生态学物质循环规律、供给有限规律、和谐规律、相生相克规律和空间相宜规律五个基本规律（殷勤凡，2007）。生态经济学还提出了“社会—经济—生态复合系统”的著名论点，为可持续发展生态经济系统的理论研究指明了研究客体和研究对象，为实现经济、生态和社会的全面可持续发展提供了理论基础（黄玉源、钟晓青，2009）。生态经济学的兴起，标志着人类社会经济的发展已经进入到自觉将经济规律和自然规律的要求相结合，使经济发展与生态环境改善同步协调的新阶段（许家林等，2008）。

生态经济学的基本理论包括社会经济发展同自然资源和生态环境的关系，人类的生存、发展与生态需求，生态价值理论，生态效益理论，生态经济协调发展等①，其理论内核是假定资源配置存在社会最优解，且这个社会最优解与企业最优解可以具有互补性，这是生态经济学区别于其他经济学分支的一个极为重要的特征（李周，2005）。生态经济学从历史的角度研究环境和经济的相互作用，并将环境价值理论融入新古典经济学理论（Douai，2009），从而为解决资源环境问题，制定正确的发展战略和经济政策提供了重要的科学依据。

（二）环境绩效评价的生态经济学诠释

上市公司作为现代企业的代表，不再是简单的生产和销售的统一体，而逐渐演变为一个由经济、人口、资源、生态等组成的多目标、多质量、多因素纵横交错的立体网络系统，即生态经济有机体。自然生态环境和社会经济环境是企业生存和发展的物质基础和基本条件，对企业经济系统的发展起着基础和决定性的作用，企业的经济活动必须与生态环境协调统一，这是现代生产力发展的重要规律，企业必须遵守，否则将会受到惩罚（刘思华，2002）。对上市公司的环境绩效进行评价，其目的是让企业认识到自己并不再是单纯追求经济利益最大化的“经济人”，而是一个融入自然生态和社会经济的生态经济实体。其经营活动，必须尊重生产力发展的规律，不能以消灭生态价值的方式来创造和实现自身的经济价值和文化价值，而应以谋求生态、经济和社会三大利益相统一和最优化为目标，实现自身和整个社会的可持续发展。评价上市公司的环境绩效，不仅包括评价上市公司对自然资源的利用与节约水平，还包括评价其废弃物排放、污染减少与消除、循环利用等绩效。这些评价的客体与生态经济学的研究内容具有一定程度的交叉。并且，生态经济学体现的生态价值理念、生态经济效益等观点对上市公司的环境投资决策也具有一定的理论指导意义。

二　环境经济学理论与环境绩效评价

（一）环境经济学的内涵

长期以来，人们将水、空气等环境资源当成取之不尽、用之不竭的

① http：//baike. baidu. com/view/400212. htm，2010 - 12 - 1.

"无偿资源"，并且把大自然看成是净化废弃物的场所，不必付出任何劳动和代价。这种经济发展方式在社会规模急剧扩大、人口增长迅速的20世纪50年代受到了极大的挑战。当时，人们从自然界获取的资源远远超过自然界的再生增殖能力，产生的环境废弃物大大超过环境的容量，世界出现了资源耗竭、酸雨、臭氧层空洞、气候变暖等严重的环境污染与破坏问题。许多经济学家和自然科学家开始反思将环境资源作为一种无偿资源所带来的问题，转而将环境资源视为一种稀有商品，一起研究解决环境危机的办法，试图从经济学角度来选择污染防治的途径与手段，这便导致了20世纪70年代初期环境经济学的产生。

环境经济学是研究经济发展和环境保护之间相互关系的科学，它是经济学和环境科学的交叉学科。[①] 环境经济学主要以经济发展与环境的相互作用规律及环境管理理论和方法为研究对象。环境经济学认为，社会经济再生产的过程，就是不断地从自然界获取资源，同时又不断地把各种废弃物排入环境的过程。同时，该学科还将自然资源看成是具有资源提供、废弃物消纳和提供舒适性享受等功能的一种财产，以此角度来研究人与自然之间的物质变换，使人类经济活动符合自然生态平衡和物质循环规律，取得可持续发展的经济效果。环境经济学通过研究经济活动的环境效应和生态效应，并将其转换为经济信息反馈到国民经济管理和各项经济政策的制定过程，为解决环境问题提供理论与方法支持。

我国的环境经济学研究从1973年第一次全国环境保护工作会议开始，经历了30多年的时间，已取得初步成果，但尚处初创阶段。[②] 从我国的实际情况出发，环境经济学主要研究该学科的基本理论、环境质量经济评价、环境保护计划管理、合理组织生产力和环境保护的经济效果、环境管理经济方法等内容。环境经济学主要以实态调查法和"外部不经济"常用的计量经济方法为研究方法。[③]

（二）环境绩效评价的环境经济学诠释

将环境经济学作为上市公司环境绩效评价的理论基础之一，主要是基于如下考虑：第一，环境经济学提倡的环境资源价值观和将环境保护纳入

---

① 孟宪鹏主编：《现代学科大辞典》，海洋出版社1990年版，第568—569页。

② 中南财经政法大学编：《经济科学学科辞典》，经济科学出版社1987年版，第266—268页。

③ 《中国大百科全书》，第74卷。

经济发展计划等理念是开展上市公司环境绩效评价的直接动因。第二，环境经济学研究的基本内容可以作为上市公司环境绩效评价的理论依据与资料来源，如其环境质量标准是上市公司环境绩效评价的直接依据，其环保计划统计指标体系研究还可为环境绩效评价指标体系的构建提供丰富的理论指导，其环保与社会经济运行机制关系的研究可为上市公司处理环境保护与企业发展提供战略指导等。第三，环境经济学采用的基本方法体系中有关环境治理、保护资源及其经济效益测定、价值评估等方法体系，可以在评价上市公司环境管理或环境投资项目的成本效益分析时作为重要参考。除此之外，上市公司还可将其环境绩效评价结果为国家环境变化的计量、污染的核算及宏观环境经济政策的制定提供补充信息。

三　循环经济理论与环境绩效评价

（一）循环经济理论的基本内容

“循环经济”是美国经济学家肯尼恩·E. 鲍尔丁于19世纪60年代提到“宇宙飞船经济理论”时谈到的。它是相对于追求高生产量（消耗自然资源）和高消费量（商品转化为污染物）的“牧童经济”[①] 而言的。受当时发射宇宙飞船的启发，鲍尔丁认为飞船是一个孤立无援、与世隔绝的独立系统，靠不断消耗自身资源而存在，它最终将会因资源耗尽而毁灭。同样的道理，地球也只是茫茫太空中一艘小小的宇宙飞船，人口和经济的无序增长迟早会耗尽船内有限的资源，并且生产和消费过程中排出的废料污染飞船、毒害船内的乘客，最终导致飞船坠落、社会崩溃的结果。他还指出，延长飞船寿命的唯一办法就是实现飞船内的资源循环并最小化废弃物的排出。鲍尔丁的“宇宙飞船经济理论”被视为循环经济的早期代表，后来随着经济学家们的不断发展和完善，逐渐形成了“循环经济”的可持续发展理念。

2006年3月14日十届全国人大四次会议表决通过的《中华人民共和国国民经济和社会发展第十一个五年规划纲要》（2006—2010年，简称“十一五”规划）指出，循环经济是一种可持续发展的经济增长模式，其核心是资源的高效和循环利用，它以“减量化、再利用、再循环”为原

---

① “牧童经济”是一个生动比喻，使人们想到牧童在放牧时，只管放牧而不顾草原的破坏。它主要指现代西方的资本主义经济模式，其主要特点就是大量地、迅速地消耗自然资源，把地球看成取之不尽的资源而无限度地索取，同时，造成废弃物大量累积，使环境污染日益严重。参见 http：//baike. baidu. com/view/540215. htm，2010－12－02。

则，以低消耗、低排放、高效率为基本特征，是对“大量生产、大量消费、大量废弃”的传统经济增长模式的根本变革（马凯，2004）。循环经济的实质是以物质闭环流动（即“资源—产品—废弃物—再生资源”）为特征的生态经济，它要求人类经济活动必须遵循生态规律和经济规律，以物质不断循环利用为基础，充分利用资源，使生态经济原则体现在不同层次的循环经济形式上。循环经济改变了传统经济依赖资源消耗的线性增长模式（“资源—产品—废弃物”），通过产业结构调整、技术进步等措施达到资源最优配置，将人类经济活动的环境负面影响降到最低，使物质和能源在经济循环中得到永续利用，实现环境、经济和社会的和谐可持续发展。循环经济的管理思想主要体现在以下几个方面：第一，新的系统观。循环经济将人、自然资源和科学技术等要素视为一个大系统，通过融合人类社会的经济循环与自然循环，来实现区域物质流、能量流、资金流的系统优化配置。第二，新的经济观。循环经济采用生态学和生态经济学规律来指导生产活动，通过提高生产技术、减量技术、替代技术、“零排放”技术、废旧资源利用等技术来支撑经济，促进资源承载能力之内的良性循环，使生态系统平衡发展。第三，新的价值观。循环经济通过重视有益于环境的技术开发，将自然资源视为需要维护和修复的生态系统，来促进人与自然的和谐相处。第四，新的生产观，就是用清洁生产和环保要求来从事生产，从循环意义上发展经济。从历程上看，循环经济理论大致经历了污染无害化处理—废弃物资源化处理—物质资源循环使用等阶段。

循环经济是对传统经济的“理性经济人”假定和“效用最大化”提出的挑战，它体现了人们在新形势下寻求经济发展方式的要求，不仅代表了一定的生产力发展水平，也是人类对人与自然二者关系认识水平的提高。因此，循环经济是人类在社会经济高速发展过程中陷入环境危机、资源危机、生存危机后深刻反省自身发展模式的产物。

（二）循环经济理论与环境绩效评价

循环经济所提倡的系统观、经济观、价值观和生产观等新理念是推动上市公司开展环境绩效评价的内在动力。上市公司环境绩效评价的根本目的就是要响应国家提倡的开展循环经济的号召，以最低限度地开采自然资源、最高效率地利用资源、最大限度地减少废弃物排放等原则来指导公司的集约化转型，以便公司可以利用“绿色”形象来保持长期竞争力，实现经济和环境“双赢”的可持续发展。国家发改委于2007年发布的《循环经济评价指标体系》中关于宏观层面循环经济评价指标体系和工业园区评价指标，不仅为构建上市公司环境绩效评价指标体系提供了切实可行的资料，而且为上市公司从微观角度发展循环经济提供了战略指导。

实施循环经济的上市公司，其会计信息不仅可以反映企业在自然资源循环再利用和保护生态环境方面投入的各种原材料、自然资源、能源、各类资产的投入量和投入额，还可以反映各种产品、副产品、废弃物、排放物的产出量，等等。这些信息为上市公司正确评价循环经济的成本和效益提供了丰富的依据。除此之外，上市公司环境绩效评价还可以借用投入产出平衡表的原理，通过比较用物理单位计量的循环经济收益与循环经济成本信息，构建二者之间的逻辑关系，力争用数据形式来证明循环经济模式的优越性。

总之，循环经济理论倡导的清洁生产机制、生态技术开发、废弃物的综合利用、资源的最优配置、物质和能源永续利用等观念促进了上市公司开展环境绩效评价的积极性，上市公司实施环境绩效评价的实践也将从指标、方法等方面不断丰富循环经济理论的内容，促进循环经济理论向完善化方向发展。

四　可持续发展理论与环境绩效评价

面临经济发展带来的环境危机、能源危机等问题，联合国于 1972 年 6 月在瑞典首都斯德哥尔摩召开人类环境会议，首次明确提出要在发展中注意环境问题。这表明人类已经注意到：我们应当确定干些什么，才能使地球不仅成为适合现代人生活的场所，而且也为后代子孙提供适宜的居住环境。从 1980 年《世界自然保护大纲》的制定开始，国际社会对全球环境与发展问题开展了广泛的讨论，一种新的发展观——“可持续发展”理念逐渐形成。

（一）可持续发展理论的基本内容

1. 可持续发展的内涵

国际上对“可持续发展”最为广泛接受的定义是由布伦特兰委员会于 1987 年在《我们共同的未来》中给出的，该文认为，可持续发展就是指既满足当代人的需要，又不对后代人满足其需要的能力构成危害的发展。[①]“持续能力”不仅是个环境问题，也是个社会和经济问题，前者指

① 世界环境与发展委员会：《我们共同的未来》，吉林人民出版社 1997 年版。

物质环境和人类对自然资源的使用，后者指的是一代以内和各代人之间的公平，这实质上是个社会问题。1989 年第 15 届联合国环境署通过的《关于可持续发展的声明》，认为可持续发展包括社会结构、经济增长、生态环境、国家主权等基本内容。公平性、可持续性、和谐性、需求性、高效性、阶跃性是实现可持续发展的基本原则。简言之，可持续发展是建立在社会、经济、人口、资源和环境的相互协调的基础之上，其目的是在满足当代人需求的同时不对后代人的发展需求构成威胁。可持续发展概念的提出使得世界各国人民达成了一个共识：人类只有一个地球，人类应采取共同行动来解决大家所面临的最大危机和共同危机——生态危机。

可持续发展涉及自然、环境、社会、经济、科技、政治等方面，因此可从以下几个方面来深化认识：第一，自然属性。从生态可持续性来看，可持续发展是不超越环境系统更新能力的发展，是为了“保护和加强环境系统的生产和更新能力”[国际生态联合会（INTECOL）和国际生物学联合会（IUBS），1991]。第二，经济属性。巴贝尔（Barbier，1989）和皮尔斯（Pearce，1990）从经济发展的角度，指出可持续发展是“在保持自然资源的质量及其所提供服务的前提下，使经济发展的净利益增加到最大限度”，“可持续发展是今天的使用不应减少未来的实际收入”，“当发展能够保持当代人的福利增加时，也不会使后代人的福利减少”。第三，社会属性。持续发展的社会性是指“在生存于不超出维持生态系统涵容能力之情况下，改善人类的生活品质”①，其最终目标是人类社会的进步，即改善人类生活质量，创造美好生活环境。第四，科技属性。从可持续发展的实现途径来看，“可持续发展就是转向更清洁、更有效的技术——尽可能接近‘零排放’或‘密封式’工艺方法，尽可能减少能源和其他自然资源的消耗”（Spath，1989）。

随着国际社会对可持续发展问题研究的不断深入，我国政府也于 1994 年发布了《中国 21 世纪议程——中国 21 世纪人口、环境与发展白皮书》，指出：“中国可持续发展建立在资源的可持续利用和良好的生态环境基础之上。国家保护整个生命支撑系统和生态系统的完整性，保护生

---

①　参见世界自然保护同盟（INCN）、联合国环境规划署（UN－EP）和世界野生生物基金会（WWF）于 1991 年共同发表的《保护地球——可持续生存战略》。

物的多样性；解决水土流失和荒漠化等重大生态环境问题；保护自然资源，保护资源的可持续供给能力，避免侵害脆弱的生态系统；发展森林和改善城乡生态环境；预防和控制环境破坏和污染，积极治理和恢复已遭破坏和污染的环境；同时积极参与保护全球环境、生态方面的国际合作活动。"[①] 可持续发展在当今具有如下内涵：可持续发展的主题是发展，是消除贫穷；可持续发展是把资源持续利用和环境保护作为经济和社会发展进程的一个重要组成部分；可持续发展是与地球生物圈承载能力相适应的适度发展；持续发展强调人类"代际的公平"，即当代人的需求满足不能以后代人的利益为代价；可持续发展还强调"代内公正"，即全球的协调发展，意指当代一部分人的发展不应损害另一部分人的利益；可持续发展要求人类建立新的生态观念，摒弃以人为中心的传统世界观；可持续发展要求人们依靠科技进步来改变不合理的资源消费模式；可持续发展承认资源的价值性，它要求对资源进行合理定价并建立资源核算体系；可持续发展是与文化进化的多样性要求相符合的内源式发展；可持续发展强调以人为中心的全面自由发展。

总之，可持续发展思想的形成是20世纪中期人类对自身前途、未来命运与所赖以生存的环境之间最深刻的一次警醒与反思，它强调要在经济和社会发展的同时注重对自然环境的保护，这种全新的发展思想和发展战略是人类对于社会发展问题在观念和认识上的一次飞跃。[②]

2. 可持续发展的三大支柱

学界认为，可持续发展由经济发展、环境保护和社会进步三大支柱组成，三者与可持续发展之间的关系如图1－3所示。[③] 在许多情况下，经济体制是社会用于调节商品交易的一种机制或一套规则。而环境并不由社会所创造，它对社会进步和经济发展起支撑作用，但要注意环境为社会和经济提供资源和服务、吸收污染物的能力在空间和时间上的限制性。因此，三大支柱在可持续发展的实现过程中并不是相等的关系。

---

① 参见《中国21世纪议程——中国21世纪人口、环境与发展白皮书》，中国环境科学出版社1994年版，第5页。

② 宋涛主编：《20世纪中国学术大典·经济学》上册，福建教育出版社2005年版，第207—210页。

③ 参见Vander der Automobilindustrie，2002，http：//www. vda. de/en/，2010－12－20。

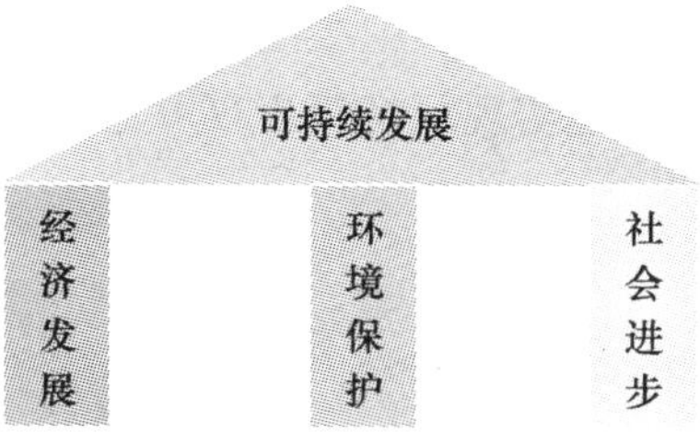

可持续发展

经济发展

环境保护

社会进步

图 1－3　可持续发展三大支柱

世界自然保护联盟（IUCN，2005）认为可持续发展中社会、环境和经济之间的关系及其变化如图 1－4 所示。三者之间最理想的关系应如图 1－5 所示。[①] 这里，经济指在经济上有利可图，环境是指尽量减少对环境的损害，社会是指要满足人类自身的需要。从图 1－4 中可以看出，当前过分注重经济发展和满足人类生活的社会需要，忽视了对自然环境的保护。可持续发展要求在经济发展和社会进步过程中加强对环境的保护，以保持一种均衡状态。

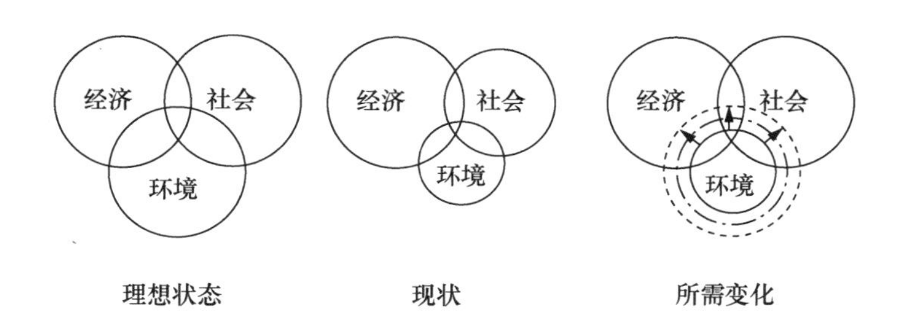

图 1－4　经济、社会与环境关系变化

注：可持续发展的三支柱分别是经济、社会和环境。图 1－4 从左到右依次代表三者的理想状态、当前状态及需要的变化。

如图 1－5 所示，经济、社会与环境三者之间相互交错，社会进步要注意环境的可承受能力，经济发展要保持环境的可维持性，不损害后代人

① 参见 Adams，W. M. The Future of Sustainability：Re－thinking Environment and Development in the Twenty－first Century. Report of the IUCN Renowned Thinkers Meeting，29－31 Jan. 2006. www. iucn. org，2010－12－05。

的生存能力，社会进步与经济发展中要注意公正性。满足可承受能力、可持续性与公正性的要求才能实现可持续发展状态，就是图 1－5 中三者交界的部分。

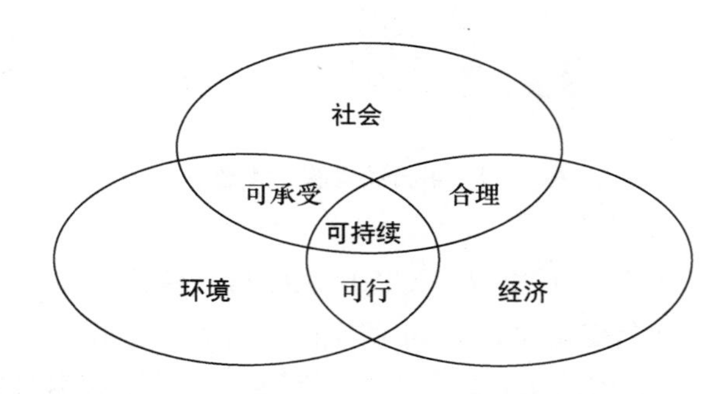

图 1－5　经济、社会与环境理想结构

3. 可持续发展经济学的基本观点

可持续发展经济学确立了经济发展在可持续战略中的核心地位，是一门综合性和应用性极强的边缘应用经济学，主要研究对象为人类经济活动需求与生态环境资源供给之间的矛盾及其发展规律和机理（刘思华，1997）。

可持续发展的经济学理论包括增长的极限理论和知识经济理论。米多斯（Meadows，1972）在《增长的极限》中提出了增长极限理论，基本要点是运用系统动力学的方法，综合支配世界系统的物质关系、经济关系和社会关系，提出了人口不断增长、消费日益提高，而资源则不断减少、污染日益严重，制约了生产的增长；虽然科技进步能起到促进生产的作用，但这种作用是有一定限度的，因此生产的增长是有限的。知识经济理论认为经济发展的主要驱动力是知识和信息技术，知识经济将是未来人类社会可持续发展的基础。

可持续经济发展是人类为避免非持续发展的缺陷而追求的一种合理经济发展形态。它要求传递给后代的资本总存量不少于现有存量，这种“资本连续性”称为弱可持续发展，它假定资本完全可以相互替代。[①] 可持续发展理论在以下几个方面对传统经济学进行了修正：第一，可持续发

① 弱可持续性是相对强可持续性而言的，杨云彦（1999）认为，强可持续性要求社会达到零经济增长和零人口增长，主张以宏观环境标准控制为主、经济刺激手段为辅的政策。

展概念要求将所发生的任何环境损失进行价值评估后从 GNP 中扣除，从而得到国民生产净值（EDP）。第二，该理论还要求用非货币单位建立一套表示特定国家资源变化情况的账户，如环境统计报表，用来显示环境变化与经济变化的联系。第三，可持续收入指的是为不减少总资本水平所必须保证的收入水平，在数量上等于传统意义上的 GNP 减去人力资本、自然资本、人造资本和社会资本等各种资本的折旧，用来衡量一个国家或地区的可持续发展水平和能力。第四，产品价格只有包括资源开采或获取成本，与开采、获取和使用相关的环境成本以及用户成本（即由于当代人使用而不可能成为后代人使用的那部分资源所导致的效益损失），才能全面反映环境资源的价值。第五，环境资源的全部经济价值从价值评估的角度可分为使用价值（包括直接使用价值、间接使用价值和选择价值）和非使用价值。

（二）可持续发展与环境绩效评价

企业持续经营假设是以整个社会的可持续发展为前提的。对上市公司开展环境绩效评价，不仅是企业可持续发展的必然要求，也是从微观上实现可持续发展的有效途径之一。

1. 环境绩效评价是企业可持续发展的必然要求

在当今绿色 WTO、绿色关税壁垒、绿色 GDP 核算的严峻挑战下，上市公司唯有在可持续发展观的指导下，积极有效地开展环境绩效评价，以国际环境标准严格要求自己的生产经营行为，通过自主研发或购买先进节能环保技术，在整个产品的生命周期内尽可能地减少对自然资源的使用和最大限度地降低废弃物排放，生产出符合各类环境标准的绿色产品，才能跨越发达国家设置的绿色屏障，在激烈的国际国内市场竞争中拥有一席之地，使得企业可持续地生存下去。

2. 环境绩效评价是实现整个社会可持续发展的微观需求

在当今世界绿色贸易正在形成的过程中，环境保护成为发达国家实施非关税壁垒的一个重要借口。此时，积极开展上市公司环境绩效评价，就是要从构成市场经济的微观主体——企业的角度来贯彻生态经济概念，推进企业的绿色转变，通过发展绿色产业来改变我国绿色贸易战略的产业体系，提高我国在经济全球化过程中的话语权，以促进整个国民经济的可持续发展。上市公司环境绩效评价的根本目的是要求企业在发展经济的同时尽可能减少对自然资源的消耗，尽可能降低废弃物的排放，尽可能地变废为宝。其本质就是微观基础的可持续发展，是可持续发展的实施途径之一。

对上市公司而言，通过制定各类环境管理标准，正确计量各类自然资源的成本与收益、各类排放物的环境影响，在对这些因素进行价值补偿的基础上，评价其环境管理的效果，既是企业实施会计自我控制的手段之一，也是对资源可持续利用的实现方式之一。这种价值核算和管理方式在微观上体现为企业资源会计、社会责任会计以及环境会计的内容，宏观上表现为绿色 GDP 核算的具体化和可持续发展战略的推进。

3. 可持续发展理论为环境绩效评价提供了理论分析框架

可持续发展理论为上市公司开展环境绩效评价提供了有力的理论支撑：一是其资源定价理论对于企业盲目追求经济效益最大化的财务管理目标起到较好的修正作用，这种生态经济概念的渗透，对于利用环境绩效来综合评价上市公司的经营业绩，即上市公司环境绩效评估，提供了理论上的可行性；二是它提出的资源资本化理论和资源账户构想，不仅为环境会计核算提供了方法依据，而且为环境绩效评价标准的制定和指标体系的构建提供了参考思路；三是它提出的生态问题来源于经济活动的分散性，须由制度安排进行治理的理论，对于上市公司环境绩效评价的依据（如相关行业标准或法规文件）提供了合理解释。

第五节　理论基础与上市公司环境绩效评价研究

前述理论对上市公司环境绩效评价研究各部分的指导关系如图 1－6 所示。绩效理论分别对后文第二章和第六章起支撑作用，而利益相关者理论对第三章、第四章和第六章起理论支持作用，资源基础理论提出的资源价值观主要影响第五章环境绩效的财务评价。另外，如图 1－6 右边所示，可持续发展理论是建立在生态经济学、环境经济学以及循环经济学理论基础之上的一种理论体系。从学科或理论产生和发展的历史来看，环境经济学、循环经济学和可持续发展理论是由生态经济学派生的，循环经济学是生态经济学的最主要理念和技术措施之一。而生态经济也是知识经济与可持续经济的中介，构成知识经济发展的基础，使新经济充分显示出可持续经济的本质特征（刘思华，2002）。

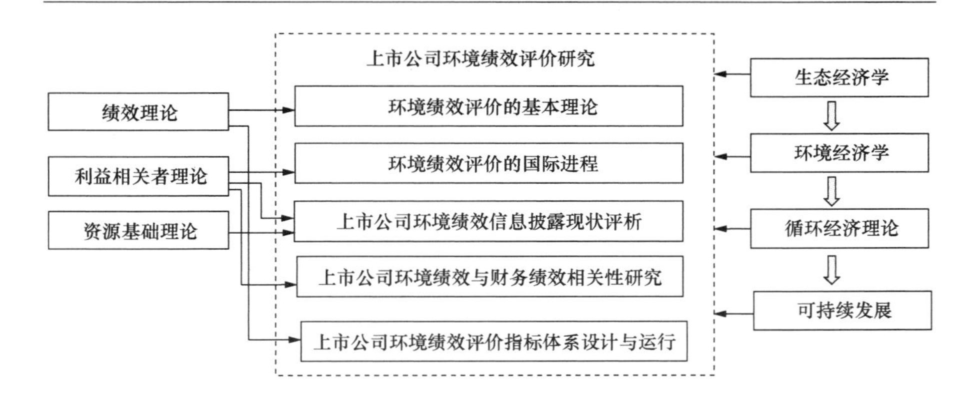

图1－6　理论基础之间的逻辑关系

关于生态经济学、环境经济学、循环经济理论和可持续发展分别研究生态系统、环境和资源开发利用、物质循环及社会经济环境的协调过程中的经济问题，虽有一部分重叠交叉，但研究的重点和角度不一样，它们对环境绩效评价的研究发挥着独特的价值：第一，生态经济学提出的生态价值观念是环境绩效的直接动因；第二，环境经济学的基本方法体系是评价上市公司环境绩效评价的主要方法来源之一；第三，循环经济理论提出的“减量化、再利用、再循环”原则是评价上市公司环境绩效的标准之一；第四，可持续发展的理论分析框架为上市公司开展环境绩效评价打下了坚实的基础。

第二章　环境绩效评价的基本理论

财政部统计评价司发布的《企业效绩评价工作指南》（2002）规定，企业绩效评价系统一般由评价主体与评价客体、评价目标、评价指标、评价标准、评价方法和评价报告等要素构成。本章将其要求植入环境绩效评价理论的基本内容研究中，围绕环境绩效评价的内涵与特点、环境绩效评价的需求、评价主体与客体、评价目标与指标、评价标准与方法以及环境绩效报告等问题进行探讨。

第一节　环境绩效与环境绩效评价

正确认识环境绩效的内涵与特点是理解上市公司开展环境绩效评价的前提。下文将沿着绩效、环境绩效、绩效评价、环境绩效评价的思路来探讨环境绩效评价的内涵及其与环境业绩、环境目标等的区别和联系。

一　绩效

“绩效”一词源于对英文“performance”的翻译，还可翻译为“效绩”、“业绩”等义。英美辞典从经济、管理角度对“performance”的解释主要包括“是可以用数字或文字计量的交流工具”，“是为了达到某种目的而完成某事”，“是一种行为的结果”，“是结果与某些基准或参照物的对比”，“是一种包括行为过程和行为结果的外在显示”等。外文文献中对“绩效”的阐释以尼利（Neely）于2002年出版的《公司绩效计量：理论与实践》为代表，此书综合了学者们对绩效的认识，如“视同效率和有效性”（Neely et al.，1995；Correllec，1994），“等同于生产、竞争、成本降低、价值创造、增长及企业的长期生存”（法国工业部），“是被引导的行为”（Baid，1986），“是与基准对比的行为及行为结果”（Correllec，1994，1995；Bourguignon，1995），“是一系列有时相互补充而有时相互矛盾的可描述的参数和指示器，以期获得不同类型产出和结果”（Lebas，1995；Kaplan and Norton，1992），“是一个系统，包括基础、过程和产出的整体”，等等。它们分别从绩效的表现形式、实现途径、行为过程和行为结果、绩效计量以及实际与标准对比等角度对“绩效”一词进行了界定。其中，认为绩效既是一种行为过程又是一种行为结果的解释最接近我国对“绩效”的界定。

国内文献对“绩效”、“业绩”和“效绩”并不怎么划分。有将“绩效”界定为“成绩、成效”，将“业绩”界定为“建立的功劳和完成的事业，重大的成就”[①]，也有将“业绩”定义为“（名）建立的功绩和完成的事业，重大的成就”[②]，可见两者的界定几乎完全相同，均偏重于对行为结果的描述。财政部统计评价司2002年编著的《企业效绩评价工作指南》中，则将“效绩”界定为“是业绩和效率的统称，包括行为过程和行为结果两层含义”。[③] 这项解释将效绩与业绩区分开来，认为业绩只是一种行为过程，而效绩不仅包括行为过程，还包括行为结果，内容更广泛。[④]

由此可以看出，当前对“绩效”一词并没有比较完整统一的概念界定，不同的概念是对绩效不同侧面的描述。绩效与业绩在内涵上应该是相当的，均偏重于行为结果，但是绩效还包括行为过程，内涵更广阔。绩效是客观存在的，必须是产生实际作用的组织行为或效果，它还应当体现投入与产出的对比关系。绩效作为行为过程与行为结果的统一体的意义在于，评价上市公司环境绩效不仅要关注企业环境行为的结果，还要兼顾环境管理行为的过程，通过发现与解决上市公司主要的环境管理问题，来提高环境绩效。

二　环境绩效

（一）环境绩效的定义

环境绩效，源于英文 environmental performance，曾被译为环境表现、环境行为。该词最为标准的中文译法是“环境绩效”，体现在中国国家标准化管理委员会于2005年5月发布的GB/T24001，2004 idt. ISO 14001：

---

① 中国社会科学院语言研究所词典编辑室：《现代汉语词典》（2002年增补本），光明日报出版社2002年版。

② 翟文明主编：《现代汉语辞海》，光明日报出版社2003年版。

③ 财政部统计评价司编：《企业效绩评价工作指南》，经济科学出版社2002年版，第1页。

④ 需要说明的是，鉴于很多参考文献尚未对这三个概念进行明确区分，笔者在使用资料过程中将其等同处理，统称为绩效。

2004《环境管理体系要求及使用指南》的前言部分对 environmental performance 的翻译修订。

正确定义环境绩效是开展环境绩效评价的基础。由于世界各国尚未形成统一的环境绩效评价标准与方法，因而对环境绩效也没有形成统一的标准化认识。有学者从企业行为与环境之间相互关系的角度，认为环境绩效是企业进行环境管理所取得的成效（Corbett，2002）；有的学者从环境绩效信息披露的角度认为环境绩效包括企业环境政策、环境计划和结构框架、涉及的财务事项、发生的环境活动以及可持续发展管理五个部分（Gray，1995）；另有一些学者从环境绩效与经济绩效的关系角度，认为环境绩效指企业获得的环境奖励或受到的环境惩罚（Klassen and McLaughlin，1996）或企业的排污量（Stanwick and Stanwick，1998），等等。但是，最为广泛接受的环境绩效定义是由国际标准化组织（ISO）在 2004 年发布的 ISO 14001：2004 标准中给出的，该标准认为环境绩效是指“一个组织基于环境方针、目标和指标，控制其环境因素所取得的可测量的环境管理体系成效”，它是一种用来准确计量和评价组织活动的环境影响以及环境管理经济效益的工具。这里，环境方针是指组织对其环境绩效意图与原则的陈述，它必须具备两项基本承诺（预防污染和持续改进、符合法律法规及其他要求）及目标、指标框架。环境目标是指组织依据其环境方针规定要实现的总体环境目的。环境指标是指由环境目标产生，为实现环境目标所须规定并满足目标的具体环境绩效要求，它们可适用于整个组织或其局部。环境因素是指组织中能与环境发生相互作用的活动、产品或服务要素。环境管理体系成效则意味着组织通过加强环境管理而取得的综合绩效。

综上所述，环境绩效是企业根据其环境方针、目标与指标的要求，通过控制环境因素进行环境管理所取得的成绩与效果。它可以用对环境方针、目标与指标的实现程度来描述，并可具体体现在某一个或某一类环境因素的控制上。环境绩效的主要目的是要说明企业“绿”的标准与途径，因此应从外部驱动力（政府环境法规、环保标准和消费者选择等）与内部驱动力（环境保全活动的经济效益）两方面来考察和评价环境绩效。对环境绩效概念也应从狭义与广义两个层次来理解：狭义的环境绩效指企业在规定的环境标准中可直接测量的定量的环境指标表现，用于合法性考察和企业间的比较；广义的环境绩效是指企业在污染防治、生态保护和环境质量改善等方面所取得的效率和效果，应体现系统性、动态性和综合性，往往是非定量化和非货币化的指标（杨东宁、周长辉，2004）。

（二）环境绩效的内容

环境绩效是指企业对环境因素进行控制而取得的可测量成效。ISO 14001 认为，需要识别的环境因素包括向大气的粉尘排放（如大气质量、温室效应、臭氧层破坏、恶臭、酸雨等），向水体的废水排放（如生活污水排放、清洁水排放、生产废水或废液），向土地等的固体废弃物排放（如油品、化学品的泄漏，其他固体有毒有害废弃物），原材料和自然资源的使用，能源使用（如煤、石油、核能等），能量释放（如热、辐射、振动、电磁波等），废弃物和副产物（如生产发生的废品和生化发生的副产物）以及物理属性（如大小形状、颜色、外观等）八个方面。同时还应考虑与组织活动、产品和服务有关的过去、现在及将来的因素。

因此，可以将环境绩效包括的内容概括为环境质量绩效和环境财务绩效两方面。其中，环境质量绩效可分为环境经营绩效和环境管理绩效，环境经营绩效主要考察企业行为对自然环境的影响，主要指企业保护和改善生态环境所作出的贡献或是损害生态环境所形成的环境质量影响，环境管理绩效主要考察环境行为对自身经营能力的影响，包括环境法规执行情况（执行成绩及未执行原因）、环境治理及污染物利用情况、环境质量状况（环境方针、目标与指标的设定与执行等）、环境审计报告等与企业环境管理有关且具备重要性特征的事项。环境财务绩效主要考察企业环境行为对自身财务方面的影响，即企业的环境努力带来的财务绩效。它类似于利润等概念，指的是环境收入和环境支出之差。因为企业所从事的环境活动会发生环境支出，同时这些环境活动可能会产生某些直接或间接的经济收益，如环保产品带来的税收减免、环保产品扩大的销售额、达到某些环保指标而免予受到的经济处罚等机会环保收益。环保收益扣除支出后形成环境财务绩效，这是企业开展环境绩效管理的内部驱动力（胡嵩，2006）。

（三）环境绩效的特点

正确认识环境绩效的特点，对于建立科学的环境绩效评价体系具有重要作用。依据上述对环境绩效内涵的描述可知，环境绩效具有以下主要特点：第一，可比性。由于环境绩效可以测量，因此可以在组织内部及组织之间比较环境绩效的高低。第二，外部性。经济主体的经济活动对他人和社会造成的非市场化的影响，它是由企业环境管理活动给外界带来的人为的、主要目的以外的生物或非生物影响，包括有利影响（外部经济）和不利影响（外部不经济）。第三，无形性。它包括两个方面的含义：其一是现有市价不能完全反映企业经营活动的环境效果；其二是企业经营活动的环境收益与损害间接体现于生产、销售、投资等各环节，不仅无法直观单独描述，也很难有效界定其在空间范围上产生的影响。第四，长期性。即企业的环境管理活动的结果因耗时较长，在可预见的未来会一直持续下去，因此具有长期性，如环境治理收益、环境目标实现程度等（刘永祥和潘志强，2006）。

三　环境绩效评价的内涵

（一）绩效评价

前已述及，绩效是行为过程和行为结果的集合。而评价来源于 evaluation、assessment、review 等词，指的是对某个项目、产品、程序、目标或途径的质量、有效性或价值进行判断的过程（Worthen and Sanders，1987；Hale，1998），这个价值判断的目的是为决策提供有用的信息。绩效评价就是指企业利益相关者运用数理统计和运筹学的原理与方法，采用特定的指标体系，对照统一的标准，按照一定的程序，通过定量定性对比分析，对企业一定期间内的经营管理活动过程及结果，做出客观、公正和准确的综合评判（财政部统计评价司，2002）。由于语言使用习惯的差异，绩效评价还有多种不同的称谓，如业绩评价、效绩评价等，其实质和作用没有什么区别（赵红，2004）。

绩效评价是管理会计中对价值和技术的判断过程，实质是一个管理信息系统，其目的是采用特定的程序和方法，收集并处理评价所需要的各种信息，让企业了解自身的经营状况及其与同行先进水平的差距，找出存在的问题和产生差距的原因，通过采取修正行动控制经营过程，为决策者采取下一步管理措施提供参考（张亚连，2007）。

（二）环境绩效评价

1. 环境绩效评价的定义

随着 20 世纪末期世界各级组织对环境问题的关注，企业顺应时代潮流，逐渐将环境责任作为战略目标之一，因此产生了环境绩效评价。环境绩效评价是指持续地对组织环境绩效进行测量与评价的一种有系统的程序（ISO，1999）。评价对象是组织的管理系统、操作系统乃至其周围的环境状况，评价模式一般依据计划—执行—检查—行动（Plan - Do - Check - Act，PDCA）的程序进行。评价目的是通过持续地向管理当局提供相关和可验证的信息，来确定组织的环境绩效是否符合特定的标准。评价实质是谋求更显著的绩效以满足利益相关者（包括顾客、员工、所有者、供应商和社会等）的需求和期望。

环境绩效评价包括宏观层面的国家环境绩效评价和微观层面的企业环境绩效评价。前者有经合组织（OECD）每年发布的国别环境绩效评估报告，美国耶鲁大学采用16项环境绩效指标对133个国家的环境绩效排名以及荷兰政府设立的国家环境绩效目标与指标体系等；后者主要包括企业内部主动性的环境绩效评价（如发布企业年度环境绩效报告）和企业被动接受政府或行业组织开展的带有强制性的环境绩效评价（陈汎，2008）。

环境绩效源于企业进行环境管理而获得的回报、增值或效率，因此对企业环境绩效进行评价关键是要注重其是否具有明显性、能否改善以及可能提高的幅度大小。对企业环境绩效进行评价，可以帮助企业了解自身的环境绩效并提供有价值的环境绩效报告，确定重要的环境因素，制定相应的环境目标，通过追踪环境活动和环境方案的成本与收益来量化各项环境绩效指标，通过部门间业绩的比较信息来揭示企业环境管理的重点和存在的环境风险，为投资评价提供参考指标。

综上所述，环境绩效评价是指研究与评价组织是否实现环境目标的一种管理活动，其目的是通过持续地向管理当局提供相关和可验证的环境绩效信息，来确定企业的环境绩效是否符合管理当局所制定的标准。

2. 环境绩效评价的特征

与传统的企业绩效评价相比，环境绩效评价具有以下特点：

第一，协调性与动态性。企业环境绩效评价方法和评价指标的选取、评价标准的设定需要环境保护、财务管理、生产等各部门、多学科人员的协调配合，只有多方共同参与、才能持续改进企业的环境状况，从不同角度评价企业的环境特征与状况。

第二，层次性与适应性。企业环境绩效评价体系是一个具有综合性和具体性、逻辑严密、结构清晰的多层次体系。在这个体系中，各项程序与指标的设计，要充分考虑其适应性，如哪些需要定性衡量，哪些可以定量评价，以使环境绩效评价建立在切实可行的基础之上。

第三，科学性和指导性。环境绩效评价需要明确定义绩效指标，选取合理规范的评价方法，并且指标体系的建立需要有充分的科学依据，从而能灵活、客观地反映企业经营活动周期中各阶段的环境影响，起到指导实践的积极作用。

第四，全面性和系统性。环境绩效评价的全面性体现在不仅要考察企业环境管理活动的投入，还要考察其产出。它通过系统比较环境活动的投入与产出来评价企业环境绩效的高低。企业环境绩效评价不仅增加了对自然和社会资源投入的考核，还将企业的产出细化为可用的物化产品或劳务产出和有害的环境污染输出两部分。

第五，可操作性与可比性。评价环境绩效时须充分考虑数据取得的难易程度和可靠性，选取出来的指标也具有代表性和综合性，从而便于组织各层次人员操作，同时也增强了环境绩效数据的行业可比性。

第二节　环境绩效评价的需求

从根本上讲，环境绩效评价的目的是促进整个地球生态环境的良性循环，达到社会、经济与环境的可持续发展。各国组织和企业之所以纷纷开展环境绩效评价，是基于适应利益相关者对其信息客观需求的考虑。

一　实现整个社会环境与经济协调发展的需要

可持续发展要求企业建立全过程的环境管理与控制，从而可以尽快调整产业结构，开发绿色工艺，节约原材料和能源，生产无毒无害产品，为污染控制和清洁生产提供程序保障。环境绩效评价的开展就是要从源头上促进企业节能降耗，同时尽可能降低污染排放，减少污染事件的发生，进而减少企业的环境费用，降低其环境风险，形成主动保护环境的氛围。

二　政府加强环境工作指导的需要

我国当前的环境管理基本依据有关环境保护的法律法规及各项环保标准。评价企业环境绩效的目的是要求企业建立完善的环境管理体系，通过企业高层领导对国家环境法律法规和其他环保要求的承诺（即环境目标的实现），来规范企业的环境行为，使企业在实现盈利目标的同时尽量减少对自然资源环境的损害，达到政府法律法规及各项环保标准的要求，从微观层面实现企业的可持续发展。

三　企业打破绿色贸易壁垒，实现国际贸易的需要

当今社会，有远见的企业家选择建立完善的环境管理体系来实现可持续盈利的竞争优势，这也正是环境绩效评价的根本目的之所在。企业受到

国家环保法律法规的强制性要求，银行、信贷保险等部门建立良好环境管理形象的压力，消费者组织及公众关于环保形象和声誉的关注，商界日益增加的环保责任意识以及组织内部节能降耗成本降低的盈利驱动，迫切需要开展环境绩效评价，建立完善、规范的环境管理体系与标准。如企业获得 ISO 9000 质量管理体系认证向市场传递着企业产品质量较高的信息，获得 ISO 14001 环境管理体系认证也向消费者传递对环境负责的企业其产品也能对消费者负责的信息。因此，实施某一社会认可度较高的环境标准，不仅有助于提高产品的环境价值，提高企业的环保形象，还可以在一定程度上消除企业产品的绿色贸易壁垒，提高企业产品的国际竞争力。

四　提高全民环境保护意识的需要

低碳经济、可持续发展等概念的提出，社会各界积极发起各项保护地球资源的行动。作为其中之一的环境绩效评价，实施目的就是要通过评价企业各层次人员的环保意识程度，迫使企业加强全体员工的环境保护意识培训，要求员工在观念上建立环保意识，在思考过程中主动了解企业面临的环境问题，在行为方式上积极参与企业的各项环保措施，通过自身的行动来影响企业的环境行为，从而提高全民的环保意识。

总之，当今的企业不仅面临国家宏观环境管理政策日趋完善，环保 NGO 和民间团体的环保努力增强，金融市场对环境形象与业绩的关注增加，消费者绿色观念的发展等外部压力，也面临着追求社会价值最大、绿色管理理念的转换和长期竞争优势的建立等内部压力。积极开展环境绩效评价，努力改善与提高自身的环境绩效水平，树立良好的环境形象，是企业面对各种内外部环境变化的必然选择。

第三节　环境绩效评价的主体与客体

环境绩效评价首先需要明确的是评价主体与评价客体，只有如此，才能根据评价主体的目的和评价客体的特点，来反映环境绩效评价的内容、指标、标准和方法。

一　环境绩效评价的主体

评价主体是指评价行为的组织发动者，它是开展评价活动的行为主体，即谁需要对客体进行评价。环境绩效评价产生于雇员、投资者、债权人、供应商、政府及社会公众等企业利益相关者对企业环境问题的关注，对企业的环境绩效进行评价是为了解决企业经济活动中的经济发展与环境保护的矛盾，如产品辐射与员工健康、环境污染风险与投资者的财务绩效之间的矛盾等。因此，根据利益相关者理论，与企业存在环境利害关系的各方，都可以作为环境绩效评价的主体。

受企业环境绩效影响的利益相关方与企业环境绩效的改善具有较为密切的关系，因为组织环境绩效的好坏可能影响利益相关方的经济效益或福利损失。与企业相邻的利益相关方可能包括邻近厂家、周围居民、河流的下游以及下风向的企业等，与企业生产经营活动相关的利益关系人包括股东、银行等金融机构、供应商、客户及雇员等。除此之外，一些非营利的政府规划部门、环境部门及环境保护组织等可能间接地受到企业环境绩效的影响。从这个角度来讲，企业环境绩效的相关方可以是整个社会。为研究方便，本书将环境绩效评价的主体界定为企业的主要利益相关者，包括投资者、债权人、供应商、客户、社会公众、雇员、政府部门、行业协会、环保非政府组织（NGO）和媒体等。

环境绩效评价主体及其与环境相关的福利或损失如表2－1所示。

表2－1　　环境绩效评价主体的环境福利或损失

评价主体	环境福利或损失
投资者	环境风险形成的环境负债、引进环境先进技术带来的成本节约
债权人	环境风险引致的环境或有负债
供应商	原材料及各类设备的环境安全性
客户	使用产品可能带来的环境债务与税负
社会公众	污染对人们健康的影响、土地占用、资源消耗等
雇员	工作保障与安全性、与环境绩效相关的工薪与津贴
政府部门	根据企业环境法律法规的遵守情况给予奖励或处罚
行业协会	确立本行业最佳的环境标准，提示改进方向
环保 NGO	研究生态系统实时状况、废弃物清理、温室效应、臭氧层破坏、土地利用，为法规制定和媒体宣传提供重要参考资料
媒体	确定环保事件的宣传广度与深度

二　环境绩效评价的客体

评价客体是指评价行为实施的受体，是评价的行为对象，即对什么进行评价（财政部，2002）。评价客体是根据评价主体需要而确定的矛盾另一方，主体需求的不同决定了评价客体的不同特征，这些特征进而影响到评价指标体系与评价标准的确定。需要说明的是，本书的评价客体指的是正常生产经营的以营利为目的的上市公司整体的环境绩效，不是其分部或分支机构的环境绩效，也不是其某一方面或某方案的环境绩效。

环境绩效评价作为测量组织环境绩效的一种程序，是以管理者的环境受托责任为前提，以责任者的承诺目标为依据开展的对责任履行与解除的判断和鉴定过程。依据各类环境绩效评价主体的需求与目的，我国环境管理的宏观政策和法律法规的规定以及各级环保机关对环境统计报表的要求，将我国企业环境绩效评价的主要内容归纳为环境质量状况、政策法规遵守、环境责任履行及环境风险控制四个部分。

（一）环境质量状况

根据中国的国情，对企业环境质量状况的评价类似于ISO标准中的环境状态指标的考察，具体可分为生态环境破坏和生态环境恢复与治理两个方面。

1. 生态环境的破坏

企业的生产与经营活动，不可避免地要消耗资源和能源，排放废弃物，对自然环境造成一定程度的损害。对生态环境的破坏是指企业对环境的不作为或者故意损害行为，是评价企业环境质量绩效的重点内容，主要包括以下项目：第一，对自然资源能源的耗用。包括对电、煤、石油、天然气等各类不可再生能源的耗用情况，对水资源的消耗以及对各种金属和非金属矿物质（钢材、铝、铜、铅、橡胶等）、塑料、玻璃、天然材料、林产品、农产品等原料的消耗情况。第二，各类污染物排放情况。包括废水、废气、废渣、废液、噪声等的排放总量，污染物所含有害物质的总量及构成，这些污染物、有害物质对环境和经济的危害程度。第三，发生污染事故的情况。包括污染性质、污染程度及对经济与环境的影响大小。第四，其他损害生态环境的有关事项。

2. 生态环境的恢复与治理

根据国家有关政策与法规精神，有污染就有治理。因此，企业关于环境治理与改善的管理努力应作为环境管理绩效评价的重要内容，具体包括：主要环境质量指标的达标率，包括主要污染物排放达标率、环境监测项目达标率等；污染治理情况，主要包括污染治理项目数量、污染处理能力的大小、污染治理设施的运行状况、主要污染源治理等情况的环境与经济指标；污染物回收利用情况，包括回收利用各种污染物的总量，回收利用产品的产量、产值、收入、利润等指标；各种有毒有害物质的使用和保管情况；企业所在地的绿化情况，包括厂区绿化率、所承担的其他绿化任务的执行情况；清洁生产情况，包括环境管理制度、管理体系和研究机构的建立、人员配备及其开支情况；其他治理污染的措施与事项，如重要环保规定的制定、职工环保意识培训、环保技术成果的取得、对环境保护事项的捐赠等。

（二）环保政策与法规遵守情况

当前，我国已就环境保护工作制定了一系列宏观环境管理政策、法律、法规、制度与办法，这是对企业环境管理的最基本要求。企业需要履行的最基本责任就是环保守法责任，环境合法被认为是企业环境绩效中最被期望的、客观合理的一种普遍观察和推断。环保法律责任履行得好将会受到奖励，否则，怠于履行或者违背必将遭到法律的制裁。因此，评价企业环保政策和法规遵守情况的依据和标准就是查看企业是否获得了环境奖励称号或奖励基金，是否发生环境污染赔偿事件。若是前者，说明企业较好地遵守了环保政策与法规，甚至做得更好。若是后者，说明企业没有良好地履行环保法律责任，存在明显违反环保政策和法规的行为。

具体而言，属于环境政策法规的主要内容包括排污（或采矿）许可证申领及达标，排污权交易等情况，主要污染物排放数量、浓度，排污口在线自动监测设施运行，排污口整治是否合规、“环境影响评价”和“三同时”执行率，工业固体废弃物处置和利用量，危险废弃物安全处置率，环保设施稳定运转率，排污费的计算与缴纳情况，法规禁用或限用物质的使用情况，是否通过环保部上市环保核查，有无环境违法或环保行政处罚事件发生，是否发生环境污染事故与信访案件及其他由国家和地方行政法规或行业标准要求的有关事项等。

（三）环境责任履行过程及结果

环境治理责任属于企业履行环保方面的道义责任。企业作为整个社会组织的成员之一，应当担负起保护环境和改善自然资源环境的责任与义务。企业对环境道义责任的履行主要包括企业是否履行环境责任和履行责任效果两方面的内容。前者涉及企业环境管理方面的部分内容，后者涉及环境财务绩效方面。

1. 环境责任解除措施

企业为了解除受托环境责任，需要采取适当的措施来管理经营活动涉及的环境影响，包括环境政策与程序的制定与遵守、环境管理体系是否健全、员工环保意识程度、保护生物多样性措施、环境会计报告等事项。企业解除环境受托责任的具体内容包括环境目标责任制的落实和执行情况、环保政策与方针制定、环保目的与目标、环境保护行为守则与制度设定、环境责任与承诺遵守、未来环保计划、环境管理理念、环境管理组织结构的建立与健全、主要污染物及其处理措施、环保设备运行情况、突发环境事故预案与演练情况、事故响应时间、内外部环境审计的次数与频率、环保技术研发情况、环保档案的完整性及监测等基础数据的完备性等。

2. 履行环境责任的财务效果

企业环境责任的履行效果主要从财务角度进行，是指参与或承担的污染集中控制的环境财务绩效，包括企业自身在集中控制之外从事的分散治理的情况与效果，涵盖环境资本支出情况、环境费用支出情况、消耗的能源与资源成本之和、环保收益、环保或有负债等内容。其中，环保资本支出包括环保设备年度投资额和项目投资额、环保资金占用率、环保设备完好及开工率、年度环保投资比、项目环保投资比等；环保费用支出包括环保经营成本、环保研发支出、环保税费支出、环保罚款支出、环保事故赔偿与损失等；环保收益包括环保税收减免收益、环保政府补贴收益、资源节约收益、环保标志产品增量收入、环保项目利息节约、废弃物回收等。

在评价环境责任履行的财务效果时，不仅要看账上是否投入了必要资金，还要考察这类资金的实际环境治理效果以及比较与评价环境治理资金投放与环境治理资金耗费等指标。此外，还需结合环境指标与财务指标，来综合考察环境治理的经济效益，这主要通过考察二者的变动幅度来解决。如果二者的变动幅度一致，则说明环境治理取得了环境与经济“双赢”的效果，否则，要么说明环境治理不经济，要么说明没取得应有的环境治理效果，均需要改进。

（四）环境风险控制

企业面临的环境风险是指随着新的环保政策和法律法规的颁布以及顾客环保消费行为的变化而产生的企业环保法律责任和社会责任风险，主要包括：因绿色消费的兴起而产生的商品排斥与市场萎缩；绿色贸易壁垒的出现引起的产品出口受阻；由于绿色采购的加速而带来的交易停止；绿色投资者的增加而引起的股价波动；由于新颁布的环保税而导致产品成本费用增加；等等。随着法律法规的不断完善和社会整体环保意识水平的提高，企业将要为一系列环保风险付费，形成相应的环境负债，这是企业利益相关者关注的重点，理应成为环境绩效评价的内容之一。

第四节　环境绩效评价的目标与作用

一　环境绩效评价的目标

评价是一种有意识、有目的的行为，每一种评价活动都有其独特的目标，环境绩效评价也是如此。只有在评价目标或主体需求明确的前提下，评价活动才能有针对性地展开。环境绩效评价的目标是以环境绩效利益相关者的主体需求为依据进行归类总结而确定的，不仅是绩效评价指标构建和标准确定的指南和目的，也是整个绩效评价系统的设计和运行的核心，它决定着绩效评价的方向和框架。根据绩效管理思想，绩效评价目标应遵循 SMART 原则（Specific、Measurable、Attainable、Relevant、Time - based）。评价目标应具有明确、可衡量、可达到、与公司整体目标高度相关以及具有时间期限等特点，分为长短期目标两个层次，以确保环境绩效评价目标的顺利实现。典型的环境绩效评价目标如减少原材料的使用、提高员工环保意识、减少污染物排放、降低能耗和完成设备改造方案等。

通常情况下，财务绩效评价的目的是寻求对企业自身有利的改进机会。而环境绩效评价的目的则并不如此，它不仅需要反映并取决于企业的环境意识与态度，还需要真实地反映利益相关主体利益的实现程度。企业环境战略和环境绩效评价目标的发展在国际上大致可分为以下三个阶段：

第一，对抗阶段。工业革命初期，企业将履行环保责任视作一种没有回报的“损失”，认为它不能带来任何经济效益，因此对环境保护采取消极、被动甚至抵抗的态度。企业基于利润最大化目标的考虑，不愿意缴纳排污费，也不愿进行环保设备投资，并且环境违法行为时有出现。这个阶段，企业和社会各界不怎么关心环境绩效，对环境绩效评价的需求也很少。

第二，适应阶段。从 20 世纪 60 年代起，社会各界逐渐意识到环境问题的重要性，企业逐渐接受了环保责任，并将承担环境责任的开支作为一项“费用”，开始采取一些将环境费用最小化的控制措施，出现了环境管理的雏形。此时，企业对环境问题的重视程度限于短期视角，仅仅停留在遵守相关法规的一种应付态度，属于不得已而为之的时期。因未能发现环境策略的潜在有利影响，企业除满足法规最低要求外，没有持续改进环境状态的动力。在这个阶段，出现了由专门技术人员负责的以法规遵守为评价内容的环境绩效评价，但并不普遍，评价目标比较片面、单一。

第三，预见阶段。大概从20世纪80年代后期开始，企业开始自觉承担环境责任，并将环保看作能取得回报的“投资”。企业期望通过实现环境创新来实现新的收益，以战略上的长远眼光来处理经济发展与环境保护的关系问题。这个阶段，企业主动在战略管理和日常经营中开展环境绩效评价，形成了真正意义上的环境绩效评价阶段。由于我国经济发展起步较晚，因此目前我国大多数企业仍处于前两个阶段，还需社会各方的积极宣传与引导才能发展到第三阶段。

在预见性环境绩效评价阶段，制定企业环境绩效评价目标需要考虑环境方针中的原则和承诺、重要的环境因素、适用的法律法规和其他要求、因实现目标对组织其他活动及过程带来的影响、相关方的观点、可选技术方案及可行性、经济上和运行上及组织上的因素（包括来自供方和合同方的信息）、公众形象可能带来的影响、环境评审情况以及组织的其他目标等因素。根据财务绩效评价的思想，可将预见性评价目的分为以下两大类：第一，评价内部环境管理情况，为计划、决策、控制、激励等提供决策信息，目的是节约资源与能源成本、降低环境风险，减少环境税负，但很少为激励目的而将环境绩效与员工报酬挂钩。第二，强调对外报告和沟通的目的。这需要企业在适当考虑外部利益相关者需求的基础上，制定明确的环境管理方针，建立良好的环境管理系统和污染防治优先序列，识别现行状况与有关环境法规要求的差距，找出并控制重大的环境因素，提高环境监测能力和效率，减少污染事故及违法行为的环境影响，实现污染预防目标，从而将环境保护整合成为企业日常运营的一个组成部分。企业通过将良好的环保努力公之于众来提升企业绿色形象，根据由此带来的商业机会，培育环境无形资产，形成环境的声誉效应。同时，环境绩效评价的积极开展可以提升社会各界的环保意识，有利于投资者、顾客和社会公众等外部利益相关者对企业进行外部环境绩效评价（钟朝宏，2008）。

总体而言，上市公司积极开展环境绩效评价的目标就是通过财务绩效提高，整体改善企业的环境绩效状况，以此来满足不同利益相关主体的需求。这个目标不仅给评价者和被评价者提供了评价参考标准，也可提高企业对评价主体利益的关注程度。

二　环境绩效评价的作用

从宏观上讲，环境绩效评价的实施不仅有利于全民环保意识的提高，还有利于国家环境政策的顺利实施和全球经济可持续发展的实现。从微观上而言，评价企业的环境绩效可以提升企业的财务业绩，有利于企业管理者环境管理战略目标的制定，确定重点环境管理领域，揭示企业的环境风险，制定环境绩效指标的量化值，追踪环境活动的成本和收益，通过提供环境绩效报告来帮助企业了解其环境业绩，为利益相关者评价提供参考依据。企业通过对自身环境绩效的评价和环境绩效部门间的比较，可以发现经营过程中存在的环境问题，帮助企业及时调整长短期经营决策，改善企业及其产品的环保形象，减少环境风险，降低环境负债，实现环境业绩与财务业绩的有机结合，最终实现社会、经济与环境效益的“三赢”。

第五节　环境绩效评价指标

一　环境绩效评价指标的内涵

评价指标是指对评价客体的某些方面进行评价，是对客体表现的一种衡量（财政部，2002）。前已述及，环境绩效评价客体是利益相关者需求的一种反映，因此指标设计应能充分表达利益主体的评价目标，有利于他们做出正确的决策。评价指标体系是指能反映评价客体各方面表现的评价目标的组合。环境绩效评价指标与评价目标具有紧密的联系，指标是由环境绩效评价目标产生的，是为满足目标的环境绩效要求的体现。这些指标应该是简明易懂的、具体可测量的、在一定时间内可达到的目标，对于企业整体或局部均可适用，如每年举办的环保知识培训次数、比上年度节能15%等。

环境绩效评价指标是指示复杂环境事件和环境管理系统的信号或标志，是一个信息的集合，可用于指示、描述环境现象或环境状态。因此，环境绩效指标是依据企业环境利益相关者的要求确定的，能够表明企业资源能源消耗、产品及废弃物产出、环境法规遵守、环境管理现状、环境责任履行及环境风险状况的标准和尺度。由众多环境绩效评价指标构成的指标系统，称为环境绩效评价指标体系，是对企业环境绩效的完整反映与刻画。这种复杂系统的指标体系，可使大量相互联系、相互制约的环境因素层次化和条理化，从而全面反映企业环境绩效的结构和特征，形成对环境绩效发展过程的全面评价。

二　环境绩效评价指标的发展

了解环境绩效指标测度的发展历史是选取正确合适的环境绩效评价指标的前提。环境绩效指标是对评价客体整体环境水平有效的测量系统，单个环境绩效指标的发展大致经历了低水平和高水平两个阶段。

洛和科特曼（Loew and Kottmann，1996）根据环境保护领域（能源、运输、排放、废弃物、包装、生产、保存和废弃物管理）、系统界限（位置/公司、过程或产品）或陈述/分析水平等因素将低水平的环境绩效个体指标分为四类：第一类是以能量和物质流动为代表的污染者水平；第二类是来源于场所/公司的、过程的和产品生态平衡（代表生态平衡的不同形式）的，采用流动数量表示的物质和能量流动，即流动量的大小；第三类是成本水平的环境指标，当第二类指标即物质和能量流动量指标引起成本发生，且需要记录这些成本并将其正确分配给污染者时，环境成本和绩效会计就是必要的；第四类影响水平的指标，指的是物质和能量流动对于气候、生物圈或空气的影响，这些需要用汇总的方式来表示。这可能会因为环境介质（土壤、水和空气）等或生命周期影响评价（LCA）（全球变暖、酸化、臭氧层破坏等）而发生重叠。

对于高水平环境绩效指标的分类，具有代表性的观点由本尼特和詹姆斯（Bennett and James）于1998年提出，认为关键环境绩效指标先后经历了三个层次的发展：第一代指标描述了业务流程，如规范排放物和废弃物指标、资源成本和法规遵从指标等，其量度单位通常是公斤/年，指标本身并不能说明环境业绩的好与坏，主要目的是进行环境风险管理；第二代指标反映了能源和资源的使用效率，最有代表性的是废弃物排放的财务指标，通过绩效监测达到环境持续改进的目的；第三代指标包括相对指标、生态效率、利益相关者、环境状况和产品指标以及这些指标的平衡计分卡的使用，它是涵盖风险管理、绩效监测、外部报告等内容的一套内外部环境目标的广泛集合。

建立与选择合适的环境绩效评价指标将会影响绩效评估后续的成效，

不仅涉及企业自身，而且影响到整个市场和社会，因此是进行环境绩效评价的最重要课题。各国际组织和学术界基于指标标准化、可持续的计量、生命周期考虑等原因纷纷研究并发布各种环境绩效评价指标标准，并取得了有代表性的成果。比较典型的如国际标准化组织（ISO）在 ISO 14031《环境管理——环境绩效评价指南》（1999）中关于环境绩效评价指标的划分，联合国国际会计和报告准则政府间专家工作组（ISAR）在《企业层次的环境财务会计与报告》（1997）中提出的一套关键性环境绩效评价指标，全球报告倡议组织（GRI）在《可持续发展报告指南（G3 版）》（2006）中推荐的 10 个环境业绩指标，世界可持续发展工商理事会（WBCSD）于 2008 年提出的生态效益评估指标，以及日本 MOE 发布的《环境会计指南》（2005）提出的四类环境业绩指标，等等。本书将在第三章详细描述国内外组织及学术界对环境绩效评价指标的研究成果。

从整个发展过程中可以看出，环境绩效指标大致经历了“简单描述业务流程的物理排放指标—反映能源与材料使用效率的指标—利益相关者的生态效率指标”的发展过程，具有从简单到复杂、从物理的非货币化的定性指标到定量货币化指标发展的特点。

三　环境绩效评价指标的制定

根据环保总局环境规划与财务司的设计，环境绩效评价需沿着原始数据—数据分析—指标—指数的程序进行。因此，指标制定需要建立在对原始数据进行分析的基础之上。国家环保总局环境规划与财务司 2001 年确定的环境绩效评价的信息金字塔模型如图 2－1 所示。

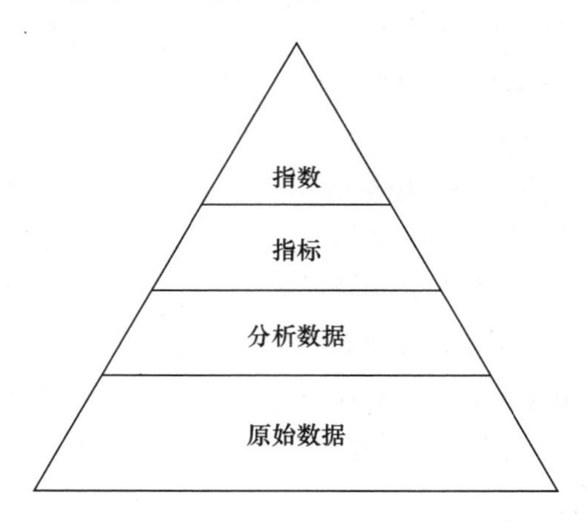

图 2－1　环境绩效评价信息金字塔模型

有关环境绩效指标的制定步骤、注意事项等问题将在本书第六章详细论述。企业只要能准确定位自身的环境绩效评价目标，遵循相应的步骤，选取合适的绩效评价指标，便可以对其环境绩效进行综合评价，达到提高资源使用效率、控制和追踪环境绩效改进，实现财务和环境“双赢”的可持续发展目标。

第六节　评价环境绩效的标准

确定了合适的环境绩效评价指标之后，还就需要确立相应的评价标准。评价标准是衡量评价客体表现优劣的参照物和尺度（财政部，2002）。环境绩效评价的标准依据评价目的的不同而有所差异，并随着社会和经济的不断发展和外部条件的变化而发展变化。但是，在特定的时间和范围内，绩效评价标准必须保持相对的稳定性。

一　选取标准的依据

在选取环境绩效评价标准时，需要遵从相应的标准。借鉴重要环境因素的评价准则，环境绩效评价标准的选取应当遵循如下要求：

第一，适用性，指的是标准的适用范围很广，不受行业或地域限制。

第二，相关性，能反映广大利益相关者的绩效评价目标。

第三，合法性，能显示对环境法律法规及排放标准的符合程度。

第四，准确性，能提供环境状况的观察数据、现场数据或者“最佳可得数据”等的代替数。

第五，可行性，标准所需的数据必须可获得。

二　环境绩效评价标准的类型

当前，在宏观环境管理领域应用较为普遍的环境绩效评价标准主要有生态环境状况指数（EI）和环境绩效指数（EPI）。前者（EI）是由我国国家环境保护总局《生态环境状况评价技术规范（试行）》（2006）发布的，主要用于反映被评价区域的生态环境质量状况，综合评价我国生态环境状况及变化趋势。其计算公式如式（2－1）所示：

$$
\begin{aligned}
EI = & 0.25\times\text{生物丰度指数}+0.2\times\text{植被覆盖指数}+0.2\times\text{水网密度指数} \\
& +0.2\times\text{土地退化指数}+0.15\times\text{环境质量指数}
\end{aligned}
\quad (2-1)
$$

式（2－1）中的EI指数将生态环境分为优、良、一般、较差和差等五级，并规定 EI≥75 时生态环境质量方为优。EPI 是指由美国耶鲁大学等联合推出的“年度全球环境绩效指数”排名，主要是依据空气质量、环境健康、生物多样性、水资源和栖息地、可持续能源政策、生产性自然资源六大政策 25 个绩效指标的跟踪记录进行确定的，其目的是衡量这些国家对环境政策目标的遵循程度、环境公共健康和生态系统活力。该指数作为控制污染和管理自然资源的定量指标，对于提高单个国家和整个世界环境政策制定水平，保持环境的可持续性提供了强有力的工具。其评价标准是，排名越前的国家，环境管理工作做得越好。此外，还有评价政府环保工作业绩的环境损害指数（E）等标准。

企业微观主体的环境绩效评价，一般是采用数据包络分析、平衡计分卡等方法，对选定的若干环境绩效指标赋予权重，最后进行综合排名而得，主观性较大，目前尚未出现较为普遍接受的环境绩效评价标准。学界研究较多的有环境生态指数、环境集约度变化指数以及环境政策优先指数等。

（一）环境生态指数

环境生态指数是通过计算某种材料、程序或产品整个生命周期过程中的环境输入和输出，在数据分析、组分和权重分析基础上得出的整个产品生命周期的环境影响数值（栾忠权，2004），具有以下特点：

第一，代表每单位物理量的环境负荷值，在假设条件不变的情况下，该数值乘上产品数量后，可以进行直接加减。

第二，它反映了产品对环境的相对影响程度，并不代表产品的实际环境负荷。

第三，该指数是在特定条件下算出的，包括研究目标与范围、数据完整性和数据质量、地理位置、文化意识程度、社会经济条件、政府环境政策与法规等影响因素。

第四，该数值的大小与对环境的影响大小成正比，数值越大对环境的影响越大，正数说明损害环境，负数则说明对环境有利。

第五，该指数可用于比较同类产品的环境特性。

（二）环境集约度变化指数

环境集约度变化指数（EICI）是用来评价企业环境操作绩效指标的标准（谢双玉等，2007）。其数值等于评估期的环境集约度（EI）与基期的 EI 的比值，环境集约度等于环境影响除以生产量（Jaggi – Freedman，1992）。其优点是：第一，能持续促进所有企业持续改进环境绩效；第二，便于企业间的横向比较和企业自身的纵向比较；第三，属于“改进导向型标准”，要获得较高的环境绩效评价，环境先进企业需要持续改进其绩效，而落后的企业只要改进环境绩效便可获得；第四，EICI 不受行业限制，便于不同行业企业之间的比较，因为一定时期 EI 的改善存在于提高生产力的同时环境负荷的影响程度降低，并不取决于资源或能源消耗方式或者生产工艺的不同。但这个标准也存在一定局限性——对同一时期已取得较好环境绩效的企业与环境绩效落后企业之间进行比较时会对前者不够公平，因为前者需取得更大努力才能形成较好的 EICI，但要达到相同的 EICI，以前环境绩效较差的企业就容易得多，不需付出很大努力。并且，该指标的广泛实用性尚处在研究阶段，尚未获得各国企业的实践检验。

（三）环境政策优先指数

日本环境政策优先指数（JEPIX）是被日本许多大型公司采用的一种环境绩效评价方法。它由宫崎信行（Nobuyuki Miyazaki）和克劳德·西根塔勒（Claude Siegenthaler）等于 21 世纪初期研究而成。JEPIX 通过计算不同类型环境影响（原用物理单位衡量）的环境影响点（EIP）这个单评分指数，使得日本许多大型公司的环境绩效变得可比，被视为生命周期影响评价方法的组成部分。JEPIX 指数的基本计算就是比较排放物的实际流量和目标流量之间的概率来揭示实际与目标的差距，并且目标流量的估计反映了日本政府的环境政策。由此，EIP 将清楚地指出选择性情境的优先行动，因为被选中的环境措施、生产程序或者新产品等将通过可比的 EIP 数据来评价。[①]

JEPIX 是评估企业整体环境绩效的方法，强调的是透明、简单、易懂和务实，其独特目标是为公司环境管理和环境会计排名提供一种简便实用的方法，可以用来反映公司环保行动与日本环境政策目标的差距，理论上被认为是一种与公司决策最相关的管理指南。但 JEPIX 论坛的活动仍处于初始阶段，需要进一步确保 JEPIX 实际流量和政策目标流量数据的相关性、可靠性和可比性，才能使 JEPIX 数据更实用。

---

① 有关 JEPIX 的详细资料参见胡曲应《日本环境政策优先指数解读》，《财会通讯》2010 年第 12 期。

第七节 环境绩效评价的方法

在确定了环境绩效评价指标和评价标准之后，还需要采用合适的绩效评价方法来对绩效指标与标准进行实际运用，以取得比较客观公平的评价结果。评价方法是指企业绩效评价的具体手段（财政部，2002）。通过对目前国内外有关文献的梳理，发现主要有层次分析法（AHP）、数据包络分析法（DEA）、人工神经网络分析法（ANN）、模糊综合评价法（FCE）、平衡计分卡法（BSC）、生命周期评价法（LCA）、其他数理统计分析法等几种综合评价环境绩效的方法。

一 层次分析法

层次分析法（AHP），又称层级分析法，是指将一个多目标决策问题（MODM）依据组织结构分解为相互影响的目标、准则、方案等层次结构，通过对定性指标采取模糊量化来推算出层次单排序（权数）和总排序，进而开展定性定量决策分析的一种方法。该方法由美国普林斯顿大学的运筹学家托马斯·L. 塞蒂（Thomas L. Saaty）于 1977 年正式提出。其特点是在深入分析多目标决策问题的本质、影响因素及其内在关系的前提下，利用少量的定量信息将决策的思维过程数学化，为多目标、多准则和无结构性的多目标决策问题提供简便的决策方法。层次分析法适用于具有多个评价标准而决策结果又难以直接准确计量的场合（Chung et al.，2005）。鉴于 AHP 在处理复杂决策问题时具有较强实用性和有效性，AHP 很快广泛应用于世界各地。

环境绩效评价的初期，环境绩效信息的数据量比较少，因而较适合采用层次分析法。采用 AHP 评价企业的环境绩效，允许决策者以合乎逻辑的方式运用经验、洞察力和直觉，来考虑和衡量指标的相对重要性，具有可靠性高、误差小的特点，不仅克服了一般评价方法对样本数据量的要求，而且可以量化分析环境绩效评价系统指标之间的关系（Michael，2004）。运用 AHP 评价环境绩效时，需要进一步研究的方向是指标权重的测算和模糊 AHP 两类（Buckley，2001）。

尽管层次分析法在企业环境绩效评价过程中对指标权重的确定具有明显的优越性，但是当某一指标的下级直属分指标数量较多（超过 9 个），判断矩阵一致性要求的条件不再具备，使得这种评价的有效性降低。并且该法还要求各绩效评价指标之间具有严格独立的关系，给选择与建立合适的评价指标体系造成一定程度的困难。这些原因使得 AHP 法在环境绩效评价中的应用受到一定限制。

二　数据包络分析法

数据包络分析法（DEA）是综合运用运筹学、管理学和数理经济学的原理与方法，以相对效率概念为基础，以同一类决策单元的输入输出数据为依据，来评价各决策单元相对有效性的一种非参数估计评价方法（陈世宗，2005）。最早由美国查尼斯（A. Charnes）等于 1978 年提出。相对于参数估计方法，DEA 的显著优点是不需考虑投入与产出间的函数关系，也不需预先估计任何参数及其权重，而是通过将产出和投入进行直接加权或相比，来计算决策单元的相对效率。这种基于前期决策数据分析的评价方法，强调的是整体效果最优，可为未来决策提供丰富的经验信息。DEA 的独特优势，使其在过去 30 多年里得到了迅速的发展，已成为管理科学与工程领域中的一种重要数学分析工具（卞亦文，2009）。

环境绩效作为评价地区或企业经济发展和环境保护关系的指标，重要目的是评价企业或地区是否达到预定目标、存在哪些问题，如何改进，为环保政策制定和环境管理提供信息。将 DEA 作为环境绩效分析的基本工具之一，是因为该法避免了人为设定环境绩效指标权数的局限，从而使得评价结果更客观。不仅如此，DEA 在判断环境绩效评价单元相对有效性的基础上，还能就如何改进环境绩效评价单元的有效性提出改进建议。因此，数据包络分析被广泛应用于环境绩效分析领域的多对象多因素评价问题。当前相关研究主要集中在污染物的处理方法和特定问题的评价两方面，未来应考虑在污染物有效处理方法、企业生产行为、环保政策的影响等研究方面应用 DEA。需要注意的是，数据包络分析仅适用于具有多输入和多输出的对象系统，并且只表明评价单元的相对发展，无法表示其实际发展水平，因此在评价企业环境绩效时应考虑其适用范围。

三　人工神经网络分析法

人工神经网络分析法（ANN）是一种应用类似于大脑神经突触连接的结构进行信息处理的数学模型。由美国斯坦福大学的鲁梅尔哈特（David E. Rumelhart）和麦克莱伦德（James L. McClelland）于 1985 年根据反向传播神经网络（Back Propagation Network，BP 网络）的研究成果而提出。神经网络是由大量的神经元（或单元、节点）和神经元之间的相互连接而构成的阶层性运算模型，由输入层、隐含层和输出层构成，隐含层可扩展为多层。这里，每个神经元代表一种特定的输出函数（又称激励函数），每两个神经元之间的连接都代表一个通过该连接信号的加权值（称为权重，Weight），相当于ANN的记忆，网络的输出则依据激励函数、权重值及网络的连接方式的不同而不同。而网络本身通常都是对自然界某种函数、算法的逼近或是对逻辑策略的一种表达。人工神经网络具有较强的自学习、联想存储和高速寻找最优解的功能，因此它不仅能解决评价指标的相关性问题，并且能利用其自学习、自组织和自适应功能来克服主观因素的影响，使网络具有很快的收敛速度。成功地运用BP网络模型的关键就是合理确定网络的层数和各网络层的神经元数量。

环境绩效评价的过程往往非常复杂，并且各因素之间相互影响，呈现出复杂的非线性关系，而人工神经网络通过分类和回归两种方法为解决绩效评价问题提供了强有力的简化手段。运用ANN实际评价企业环境绩效时，首先需要确定的是绩效评价指标系统的层级及每层评价指标的数目。要想得到准确度高的网络模型，还需将一些文本数据做些必要处理，以及认真地清洗、整理、转换、选择数据。这种反向式的网络模型评价方法可以弱化指标权重确定中主观因素的影响，由于其输出结果均为数字，因此对于排列评价结果、严格划分企业的环境绩效等级非常有益。与其他综合评价法（如模糊综合评价等）相比，ANN法贴近实际，易于推广。但在实际运用过程中，神经网络存在难以解释、网络过于灵活、可变参数太多、需要时间长、数据准备工作量大等缺陷，使得环境绩效评价的实例规模与网络规模之间存在难以调和的矛盾，加之无统一完整的理论指导，所以其应用范围受到一定的限制。

四 模糊综合评价法

模糊综合评价（FCE）是利用模糊数学中的模糊运算法则，对非线性评价过程及论域进行量化综合而得到的可比的量化评价结果的过程。模糊综合评价法的理论依据是模糊数学的隶属度理论，即用模糊数学中定性评价到定量评价的转化，来综合评价受多种因素影响的事物或对象。FCE最显著的特点是能将最优评价因素值与欠优评价因素值进行比较，并依据各类评价因素的特征，确定评价值与评价因素值之间的函数关系（即隶属度函数）。因其具有系统性强、结果清晰的优点，因而广泛应用于模糊的、非线性的、难以量化的非确定性问题的绩效管理中。

环境绩效属于现实生活中的模糊现象，它受很多具有模糊性，又存在相关性关系因素的影响，因此难以用一个准确的量化数值来进行评价。鉴于此，很多学者将模糊综合评价引入环境绩效评价之中，即先评价由单个指标组成的一系列环境绩效指标，然后对这些指标进行模糊综合评价，最终得到企业环境绩效的整体评价值。模糊综合评价法适合对不同属性、不同量纲的多因素（即模糊因素）的综合评价，因其评价结果更具科学性和准确性，因而该法被广泛应用于经济管理和环境绩效评价方面。但 FCE 以最大隶属度为识别原则，在很多情况下会出现分类不清和结果不合理的现象，不能解决评价指标相关性带来的信息重复问题，因此该法目前主要集中应用于对定性问题的量化评价和方法自身的理论完善等方面。

五　平衡计分卡法

平衡计分卡（BSC）是美国罗伯特·S. 卡普兰（Robert，S. Kaplan）和大卫·P. 诺顿（David P. Norton）于 1992 年提出的一种绩效评价方法。BSC 摒弃了企业以前只考核财务指标的缺陷，而将客户、经营过程、学习与发展等要素纳入绩效考核体系，避免了企业过分关注短期行为而牺牲长期盈利的机会。BSC 最大的优点就是建立了财务、客户、业务和执行四方面相互联系相互影响的绩效考核体系，兼顾过去和未来业绩，平衡了内部和外部利益，最终保证了可持续财务目标的实现。

评价企业的环境绩效，不仅需要考核传统的财务指标，也需要考核大量的非财务指标，平衡计分卡法的引入能较好地解决财务指标与非财务指标的嵌合问题。企业可以利用平衡计分卡来选择发展所需的环境绩效评价标准，并将环境目标纳入战略决策，以此作为企业环境策略管理的工具。企业只有在财务、客户、业务和执行过程方面充分纳入企业的环境指标，认识到环境与财务相互促进的“双赢”趋势，重视绿色产品开发，开展绿色生产，积极培训员工的环保意识，才能实现企业内外部绩效之间、成果评价指标与绩效驱动指标之间的平衡。但平衡计分卡方法评价企业环境绩效，不仅需要花费大量时间和精力来分解企业的环境战略，寻找合适的环境绩效指标和量化部分非财务指标，还需对上述四个方面进行权重分配，可能存在权重分配不同而导致不同的评价结果，致使此法在环境绩效评价领域的运用存在一定程度的局限。

六 生命周期评价法

生命周期评价（LCA）是20世纪60年代发展起来的一种环境管理工具。生命周期的含义是指产品或服务从原材料取得、生产、使用直至废弃的整个过程，即从摇篮到坟墓的生命过程。国际标准化组织于1997年正式发布了《ISO 14040：环境管理—生命周期评价—原则和框架》，之后的十年间又陆续发布了ISO 14041－14043系列生命周期评价标准，详细介绍了生命周期评价的原则和框架、目标和范围界定、清单分析、生命周期影响评价的解释与报告、生命周期评价的标准、方法局限、各阶段的联系以及适用条件。

依据ISO 14040标准，生命周期评价是用来评价产品或服务的环境因素及其潜在影响的方法。LCA通过分析比较某一产品或服务的投入与产出清单，评价与这些投入和产出有关的潜在环境影响，结合评估目标对投入和产出清单及环境影响的分析结果进行解释。生命周期评价作为一项实用的分析评价工具，不仅可以确定产品生命周期各阶段改善环境影响的可能性，为行业协会、政府和非政府组织的环境决策提供信息支持，通过环境影响评价指标及测量技术的选取，LCA还可以开发市场的环境需求。LCA作为ISO系列标准中识别环境因素的重要方法，其颁布与实行将深刻影响组织的生产经营活动。基于时间和经济效益的考虑，ISO 14001并不要求对组织进行完整的生命周期评估。由于很难确定产品或服务的系统投入与产出边界，并且实施LCA需要投入大量的时间、专业知识和详细数据，加之其结果很难有效地被解释，所以LCA的使用范围受到限制。

七 其他方法

除上述方法外，还有一些数理统计方法（MSM）也广泛应用于企业环境绩效评价之中，主要包括主成分分析法、因子分析法和环境杠杆评价法等。这些方法的共性是可以排除主观因素对环境绩效评价过程的影响，适于评价指标相关性较大的环境绩效综合评价。

（一）主成分分析法

主成分分析（PCA）又称主分量分析，是指将多个相关的变量通过线性变换以选出数量较少的不相关重要变量的一种多元统计分析方法。该方法最早由K. 皮尔森（K. Pearson）于1901年引入非随机变量时提出，而后由H. 霍特林（H. Hotelling）于1933年将此法推广到随机向量而正式形成。该法起源于人们希望通过较少的变量个数获得较多信息的决策目标。主成分分析法的基本原理是设法将原来众多具有相关性的变量，重新组合成一组新的互相无关的综合指标，而又尽可能保持原有信息量，该法也是数学上处理降维的一种方法。

在环境绩效评价中采用主成分分析法，主要目标是在不损失或较少损失企业原有环境信息的基础上，把相互关联的环境绩效指标分门别类地提炼出来，重新组成少数几个能综合反映企业环境绩效的指标，据此对企业的环境绩效进行排名。其基本步骤是：第一，选取样本，就是选取具有代表性企业与待评价企业结合作为数据样本；第二，确定环境绩效评价的初始变量指标，并用 SPSS 等统计软件将指标数据进行标准化处理；第三，指标间的相关性判定，即计算相关系数矩阵；第四，确定主成分指标个数，主要通过求解特征方程；第五，确定主成分指标权重，以主成分指标的方差比率为依据；第六，计算被评价企业环境绩效的综合得分，通过构建环境绩效综合评价函数式来计算。用 PCA 作为评价企业环境绩效的方式，最大优点是克服了主观确定指标权数的影响，保持了被评价环境数据的客观性和准确性。但因其具有数据收集难度大、技术性强、计算复杂等特点，因而不适用于中小企业环境绩效的评价，较适用于上市公司（刘永祥，2006）。

（二）因子分析法

因子分析法（FA）是从变量群中提取共性因子的统计技术。最早由英国心理学家斯皮尔曼（C. E. Spearman）于 1904 年提出。因子分析法是在许多变量中寻找具有代表性的公因子，将具有相同本质的变量归入一个因子，从而减少变量数目的一种统计方法。采用因子分析法评价企业环境绩效可以减少指标的数量，还可以根据指标间的关系对指标进行合理的分类，但此法一般需与主成分分析法一起来评价企业的环境绩效。

（三）环境杠杆评价法

环境杠杆评价法是借鉴财务管理中营业杠杆对固定成本管理的基本思想，结合排污权交易理论而形成的一种环境绩效评价方法（刘永祥，2006）。其基本做法是将企业向政府缴纳的年度环境资源使用费（即排污费）视为企业的一项固定成本，也就是环境杠杆，要求企业在一定范围内找到最优生产流程，使得排污量不变的情况下生产规模增加，或者生产规模不变排污量减少，或者生产规模增加的速度大于排污量的增速，最终导致单位产量的排污费降低，企业收益增大。这就是环境杠杆的内涵。这种方法的优点是考虑因素少，快速而简便，但是可信度不高，仅适用于中小企业。采用此法时需要注意环境杠杆固定成本的范围，避免环境风险的出现。

第八节　环境绩效评价报告

绩效评价报告是对整个绩效评价过程的结果输出，这个结论性的报告文件反映了对评价客体的价值判断，其目的是对评价主体的行为产生影响。评价报告一般包括评价目的、报告对象、评价执行机构、评价客体、数据来源与处理方式、评价指标、评价方法和评价的标准等内容，通常还包括对基本情况的介绍、评价结果与结论、主要评价指标的对比分析、客体面临的环境、未来预测与改进建议等。此外，报告根据需要可能还包括一些特定信息，如报告使用范围、是否经独立第三方审验等信息。

环境绩效报告是对环境信息进行概括而形成的报告，对报告使用人弄清环境重点是非常有必要的。目前，比较成熟的环境绩效评估报告主要应用于宏观层面，大多是对国家或地区的环境绩效进行评估。最具代表性的就是经济合作与发展组织（OECD，又称经合组织）从 1992 年开始的成员国环境绩效评估，其目的是系统分析各国为实现环境目标所采取的行动，提出针对性对策建议以增强其行动效果。OECD 于 2000 年完成了涵盖所有 OECD 成员国的首轮环境绩效评估。经合组织于 2006 年 11 月完成对中国的环境绩效评估，发布了《环境绩效评估：中国》（2007）。该份评估报告主要针对中国在污染削减、强化自然资源管理、执行经济合理环境有效政策及加强国际合作等方面的绩效进行了评估，得出中国存在环境政策实施缺乏有效性、经济效率偏低等结论，并提出了通过 30 个 OECD 成员国互动评估的 51 条改善建议。报告由结论和建议、环境管理、可持续发展、参考资料及图表组成。除此之外，报告还特别说明数据收集方法经国际认可，评估方法同 OECD 成员国一致等。

据笔者所收集到的资料，目前建议企业单独披露环境绩效评估报告的只有加拿大于 1994 年发布的《环境绩效报告》。尚未单独发布环境绩效报告的企业，其环境绩效信息一般散见于企业年度环境报告、可持续发展报告或社会责任报告、财务报告、工作简讯、行业报告等部分。加拿大特许会计师协会（CICA）发布的《环境绩效报告》（1994）颇具代表性，下文将据此分析环境绩效评估报告的相关内容。

一　报告内容

组织基于对自身竞争地位的保持或提升、利益关系人要求公开报告环境信息的压力、环境目标和法规遵从等压力而需要公开报告环境信息。为满足利益相关者的上述目的，企业需要明确向谁提供报告以及报告哪些环境信息。一般而言，环境绩效报告是对企业环境信息的概括；企业的环境政策、目的与目标，即企业所确定的在经营活动中考虑环境问题的范围；环境管理分析；环境绩效分析；术语解释，目的是为提高可理解性而提供的补充性信息；第三方意见，即对环境绩效报告信息的可靠性进行的独立验证。其中术语解释和第三方意见是可选择性的内容。

二　报告程序

向利益相关者报告绩效是一个动态的过程，要想较好地报告环境绩效，企业需要将环境报告的政策付诸行动，依照一定的程序将其环境信息报告给信息使用者。企业环境绩效报告的程序一般分为四步，具体如图2－2所示。

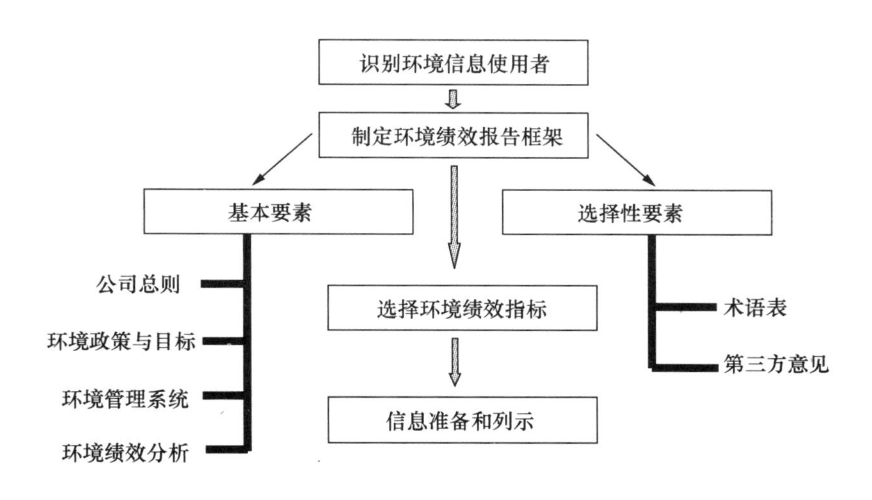

图2－2　环境绩效报告程序

由图2－2可知，企业报告环境绩效的步骤包括：第一，识别环境信息用户（主要包括雇员、投资机构、债权人、政府部门、社团、供应商以及其他用户），这是明确报告目标和决定报告内容的关键；第二，制定环境绩效报告框架，这是整份研究报告的主要议题，需要依赖于各种国际国内组织的相关环境报告指南，内容包括了解环境对企业的影响及管理活动和产品对环境的影响，制定企业的环境政策、目标和目的，建立环境管理系统和进行绩效分析；第三，选择环境绩效指标，包括财务或非财务指标，客观或主观指标，指标需数量适当，具可理解性和信息性，指标选择需要在行业协会指导下由利益关系者与企业共同开发；第四，信息准备和列示。此步需要将工程、科学和技术数据转化为客户可理解的术语，要注意列示信息的趣味性、组织性、创造性、可读性和简明性。

三　报告评价

由于目前尚没有统一的环境绩效报告标准，因此对环境绩效报告的评价还处于发展阶段。一般而言，较好的报告需要阐述环境目标及实现目标的措施、企业的实际环境业绩，报告的整体可读性及披露的明晰性也是判断绩效报告的标准之一。具体而言，包括：第一，需要对环境管理或可持续发展作出承诺；第二，环境政策必须是有效的，需要清晰地列示环境目标及其实现途径，以增强可信性；第三，环境绩效的记录需要有数据和统计资料作为证据；第四，列示关键绩效指标来说明环境绩效的整体改善；第五，需要说明经营活动的财务和环境影响；第六，技术语言需要转化为公众可读的通俗术语，以增加信息有用性；第七，直接报告不佳的环境业绩，指明整改措施、期限及可能性；等等。

除此之外，英国特许会计师协会（ACCA）发起了环境报告奖励计划，其评价标准包括可比性、完整性、一致性、重要性、中立性、相关性、可靠性、及时性和可理解性等主要原则，还指出了可获得性、法规遵从度、附属公司报告情况及财务报告声明的环境状况等其他评价标准。环境绩效报告的信息使用者基本等同于环境绩效的评价主体，因此此处并未单独列明。

需要指出的是，环境绩效评价系统的上述要素并不是孤立存在的，而是相互关联、相互作用的。环境绩效评价系统的运行情况如下：利益相关者主体自身或者评价执行机构，根据评价目标确定相应的绩效评价指标，采用合适的评价方法，依据选定的指标体系对客体进行评价，并将得到的评价结果与相应的评价标准进行比较，最后形成环境绩效报告，用于帮助评价主体形成正确的决策。在整个环境绩效评价系统中，环境绩效评价指标的构建在链接其他要素的过程中起到关键作用。本章各要素的关系可用图2－3表示。

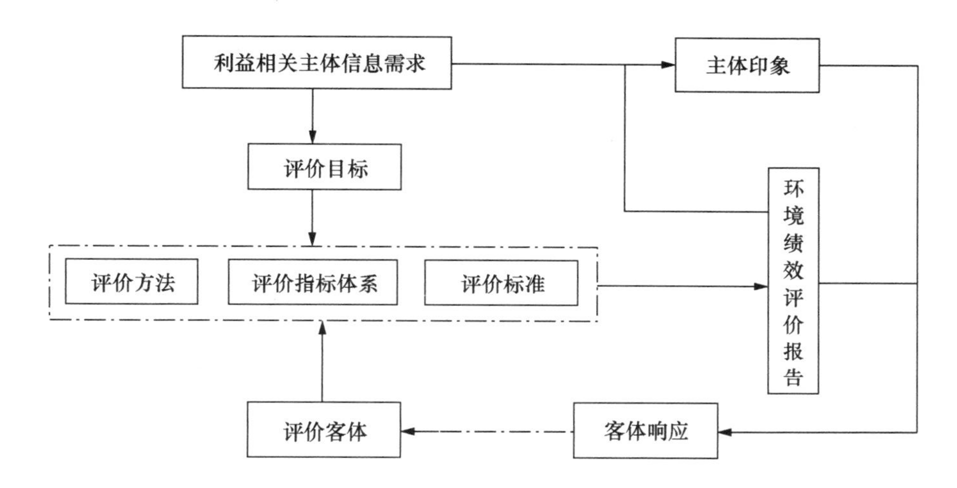

图2－3　环境绩效评价系统要素关系

第三章　环境绩效评价的国际进程

发达国家的经济发展史和世界著名企业的成功案例都已经雄辩地证明：开展环境绩效评价推动企业建立完善的环境管理制度是经济可持续发展的基本条件。良好的环境业绩不仅是企业打破绿色贸易壁垒、保持可持续竞争能力的必要条件，也是政府加强宏观环境管理指导，保持经济、社会和环境可持续发展的根本途径。目前，许多国家在可持续发展过程中已经深刻认识到环境绩效评价的重要地位，各国际组织和发达国家也正在积极探索与制定各层次环境绩效评价指标与标准，取得了较为丰硕的成果。我国作为在世界舞台发挥重要作用的发展中大国，还存在环境政策实施缺乏有效性、经济效率偏低等问题。[①] 因此，我国政府和企业必须适应经济形势发展的需要，积极吸收与借鉴国际上先进的环境绩效评价经验与成果，努力提高环境管理水平，协调好经济发展与环境保护的关系，为整个社会的可持续发展创造微观基础。

第一节　相关国际组织发布的环境绩效评价规范

环境绩效系统化的研究始于 1969 年美国发布的国家环境政策法案中关于环境影响评价的条款，之后环境绩效指标的概念开始应用于对空气污染的模拟中。目前，世界银行、联合国环境规划署（UNEP）、经济合作与发展组织（OECD）、亚洲开发银行（ADB）等国际组织先后开展了许多宏观层面的环境绩效评估工作，取得了较为系统化的研究成果。与此同时，国际标准化组织（ISO）、全球报告倡议组织（GRI）、世界可持续发

① 详见［法］OECD 编《环境绩效评估：中国》，曹东、曹颖、于方等译，中国环境科学出版社 2007 年版，第 14 页。

展工商理事会（WBCSD）、联合国国际会计与报告标准政府间专家工作组（ISAR）、欧洲环境管理和审核体系（EMAS）、世界资源研究所（WRI）等也在积极探索企业微观层面的环境绩效评价问题，取得了丰富的研究成果，为企业建立完善的环境管理体系起到巨大的促进作用。

一　ISO发布的ISO 14031环境绩效评价标准

（一）ISO

国际标准化组织（ISO）是一个成立于1947年的全球性非政府组织，总部设在瑞士的日内瓦，其功能是为制订国际标准达成一致意见提供一种机制，以利于国际产品与服务的交流，以及知识、科学、技术和经济等领域的国际合作。ISO标准的内容涉及信息技术、交通运输、农业、保健和环境等各方面。ISO下设800个技术委员会和分委员会，其中第207技术委员会（TC207）是环境管理技术委员会，正式成立于1993年，专门负责环境管理国际标准的制订工作，为规范企业和社团等组织的产品、服务和活动的环境行为提供统一、一致的国际标准。截至目前，ISO制定了ISO 9000、ISO 10000和ISO 14000三种系列的质量体系标准。其中，ISO 14000明确规定了环境质量管理体系的标准。[1] ISO 14000标准委员会包括七个技术委员会和一个特别工作组，其主要任务、秘书处所在国及标准号的分配情况见表3－1。

表3－1　　ISO 14000系列标准及标准号分配表

ISO技术委员会	项目	秘书处所在国	标准号
TC 207/SC 1	环境管理系统标准（EMS）	英国	14001—14009
TC 207/SC 2	环境审核与相关环境调查（EA）	荷兰	14010—14019
TC 207/SC 3	环境标志（EL）	澳大利亚	14020—14029
TC 207/SC 4	环境绩效评价（EPE）	美国	14030—14039
TC 207/SC 5	生命周期评估（LCA）	法国	14040—14049
TC 207/SC 6	术语和定义（T&D）	挪威	14050—14059
TC 207/SC 7	温室气体管理与相关活动（GHGM）	中国	14064—14065
WG1	产品标准中的环境指标	德国	14060
	备用		14066—14100

为促使各组织表现和取得正确的环境行为，ISO已发布如下14000系列标准，主要涉及环境管理体系、环境审核、环境标志、生命周期评价与

[1] 具体内容详见国际标准化网站（http：//www. iso. org/），2011年9月9日。

分析等国际环境管理领域的众多焦点问题，其主要内容见表3－2。

表3－2　ISO 14000系列标准的主要内容

标准分类	标准序列号	标准名称
环境管理体系、环境审核	ISO 14001：2004	环境管理体系——要求及使用指南
	ISO 14004：2004	环境管理体系——原则、体系和支持技术通用指南
	ISO 19011：2003	质量和（或）环境管理体系审核指南
	ISO 14005：2010	环境管理体系——环境管理体系阶段实施指南，包括环境绩效评价
	ISO 14006：2011	环境管理体系——生态设计指南
环境标志	ISO 14020：2000	环境管理——环境标志和声明——通用原则
	ISO 14021：1999	环境管理——环境标志和声明——原则和程序（Ⅰ型环境标志）
	ISO 14024：1999	环境管理——环境标志和声明——自我环境声明（Ⅱ型环境标志）
环境评价、分析	ISO 14031：1999	环境管理——环境绩效评价——指南
	ISO 14040：1997	环境管理——生命周期评价——原则与框架
	ISO 14041：1998	环境管理——生命周期评价——目的与范围的确定和清单分析
	ISO 14042：2000	环境管理——生命周期分析——影响评价
	ISO 14043：2000	环境管理——生命周期分析——解释
其他	ISO 14050：2002	环境管理——术语
	ISO 14063：2006	环境管理——环境信息交流——指南和实例
温室气体管理与相关活动	ISO 14064－1：2006	温室气体——第一部分：在组织层面温室气体排放和移除的量化和报告指南性规范
	ISO 14064－2：2006	温室气体——第二部分：在项目层面温室气体排放减量和移除增量的量化、监测和报告指南性规范
	ISO 14064－3：2006	温室气体——第三部分：有关温室气体声明审定和核证指南性规范
	ISO 14065：2007	温室气体——温室气体审定和核证机构要求

（二）ISO 14031环境绩效评价标准的基本内容

为了给地点、规模、经营活动类别和复杂程度不同的各类组织提供评价环境绩效的参考标准，ISO（TC207/SC4）于1999年11月正式公布了《ISO 14031.5：环境管理——环境绩效评价指南》。指南认为，环境绩效评价（EPE）是指“持续地对组织环境绩效进行测量和评价的一种系统化管理程序，其目的是为组织管理当局提供可靠和可验证信息”。这些信息可以帮助组织判断污染预防提高生产效率与效果的机会，寻找战略经营的可能性，持续改进并报告环境绩效。简言之，环境绩效评价是描述组织测量、分析、报告和表达其环境绩效是否符合目标或标准的一种正式程序。其对象包括组织的管理系统、操作系统以及周围的环境状况。

1. 环境绩效评价的模式

标准描述的程序一般按照“计划（Plan）—实施（Do）—检查（Check）—行动（Act）”（PDCA）进行，具体见图3－1。

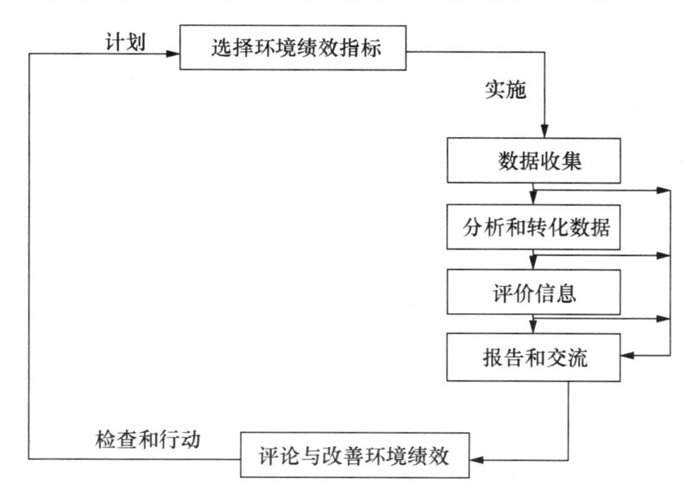

图3－1　环境绩效评价的PDCA模型

由图3－1可知，选取合适的环境绩效指标在整个环境绩效评价计划过程中具有关键地位，因而是环境绩效评价程序的重点。作为评估组织环境管理体系的建立和运行是否有效的一种手段，ISO 14031标准依据评估对象与目的，为企业内部组织和实施环境绩效评价提供了一个“环境绩效指标库”，将环境绩效指标分为环境状况指标（ECIs）和环境绩效指标（EPIs），而EPI又可分为管理绩效指标（MPIs）及经营绩效指标（OPIs）。指标设计充分考虑了环境影响的重要性和环境绩效标准（包括内部标准、法规标准和利益相关方的观点）等因素。但ISO 14031并没有设立具体的环境绩效指标，企业在评价环境绩效时应注意选择简明易懂的、能反映组织特性与范围的指标。

实施阶段的主要任务是评价绩效，包括数据收集、分析和转化数据、评价信息以及形成报告，将其传达给内外部信息使用者手中。该过程需要注意数据的收集途径、数据质量以及环境绩效报告内容的确定。

检查和行动阶段的任务是评价和改进绩效。组织需要定期检查改进环境绩效的结果，已获得 ISO 14001 认证的企业更需要识别持续改进和污染预防机会以保持该认证。不管企业是否获得 ISO 14001 环境管理体系认证，EPE 的结果都应说明绩效评价程序的成本和效益、为达到环境绩效目标的改进行动、环境绩效标准和指标选取是否合适、数据质量和数据收集方法的恰当性等。检查工作应主要集中于改进数据质量、提高分析和评价能力、开发新的或更多的绩效指标、变更评价程序的范围以及提供额外的再生资源等方面。

2. 环境绩效评价指标

ISO 14031 为不同地域、环境和技术程度的各类组织提供了环境绩效评价的结构框架，它属于一种指导性纲要，而不是验证标准或绝对的环境绩效准则。企业需要结合实际情况选择适宜的评价指标。ISO 14031 标准提供参考的环境绩效评价指标的层次和分类情况如表 3－3 所示。

表 3－3　　ISO 14031 环境绩效评价指标体系的层级与分类

指标等级	ISO 14031 指标体系				
一级	环境状况指标（ECIs）			环境绩效指标（EPIs）	
二级	空气	水	土壤	管理绩效指标（MPIs）	经营绩效指标（OPIs）
三级	降尘、飘尘、二氧化碳、氮氧化物、甲烷、噪声	BOD_5、化学需氮量、石油类、地下水位变化等	PH 重金属含量 金属矿藏 能源埋藏量	环保法规符合性、环境管理体系、获得的环保荣誉与奖励、环保投资额、社区关系、环境目标达成率、环境培训与教育等	能源消耗、原物料消耗、主要产品和副产品、资源能源利用率、废弃物的产生量、污染物排放强度
评价	帮助了解组织的实际或潜在环境影响，协助规划和实施环境绩效评价工作			提供组织环境管理信息，但无法提供实际环境业绩，需结合其他指标使用	反映组织经营的各项输入与产出的实际或潜在环境影响

（三）ISO 14031 标准的评析

ISO 14031 标准属于 ISO 14000 系列标准的组成部分，它是提供环境绩效信息的一种工具，而不是认证标准。ISO 14031 标准为企业设计和实施环境绩效评价、辨别和挑选环境绩效指标等提供了指南，它不仅考虑了环境与经济的关系，而且考虑了与环境有关的各个方面，因而适用于性质、规模、地点和复杂性不同的任何组织。但 ISO 14031 指标体系大多是绝对的单一指标且其计量单位各异，不便于总体反映企业的环境绩效，也不利于企业间的比较。由于这些指标忽略了增加值和任何其他的财务参数，不能较直接地反映环境管理的经济效益，因而也不能调动企业环境管理的积极性。在使用过程中，可将其概念贯穿于环境管理体系之中，作为 ISO 14001 认证实施过程中的一个培训和宣传工具。在未来的发展中，应当结合 ISO 14001 环境管理体系认证，使 ISO 14031 标准的条文更加简单化、更加关注对产品和服务的环境影响，为环境报告和信息交流提供更加具体的指南。

二　GRI 发布的《可持续发展报告指南》

（一）GRI

为提高可持续发展报告在全球范围内的可比性和可信度，美国环境责任经济联盟（CERE）和联合国环境规划署（UNEP）于 1997 年共同发起成立了全球报告倡议组织（GRI）①，其总部设在荷兰的阿姆斯特丹。GRI 的主要任务是“制定、推广与传播全球应用的《可持续发展报告指南》（*Sustainability Reporting Guidelines*，简称《指南》），为全世界的可持续发展报告提供一个共同框架”，目的是促使企业像披露财务报告一样来披露关于经济、环境和社会三重业绩的报告。这项行动得到了多个国际组织的大力支持，使得其在成立五年后以 UNEP 官方合作的身份正式成为联合国的一员。

截至目前，GRI 共发布了四版《指南》，第一版《指南》于 2000 年发布。根据使用者的意见反馈，GRI 于 2002 年在南非约翰内斯堡的世界可持续发展峰会上正式发布了修订后的《指南（2002 版）》（简称 G2 版）。其后的三年，GRI 在大量收集不同国家社会各界（企业界、投资界

① 此处 GRI 的翻译采用了 ACCA 的译法，详见 GRI 授权英国特许注册会计师协会（ACCA）香港分会翻译的《可持续发展报告指南》（2002 年版）中，将 GRI 译为“全球报告倡议组织”。

等）使用G2版的反馈信息后，开展了一系列回馈意见处理、构架创建、地区会议、行业小组讨论等活动，并于2006年10月颁布了《可持续发展报告指南（第三版）》（简称G3版）。《指南》的权威语言为英语，已被翻译为包括汉语在内的共十种语言。所有机构，不论规模、行业与地点，皆可使用GRI框架（钟朝宏、干胜道，2006）。为配合企业报告可持续发展业绩，GRI还于2009年专门发布了《GRI报告模型》①，对企业如何报告经济、环境和社会绩效、指标来源、报告内容及方式做了比较详细的规定。2011年3月，GRl发布了最新的G3.1指南，作为对G3版的更新，扩充了在性别、社区以及与行为相关的人类权益等方面的报道。2014年1月16日，全球报告倡议组织在北京发布了《可持续发展报告指南》G4中文版。② 该指南是目前世界上使用最为广泛的可持续发展信息披露规则和工具。如何把握和利用好这个国际通行的规则和工具，成为我们在全球化进程中面临的一个新课题。

（二）《可持续发展报告指南》（G4版，2014）的基本内容

1.《指南》的基本内容

为了使可持续发展报告中披露的信息便于利益相关方使用和比较，做出合理决策，GRI设计和开发了G4。该指南的开发经过了与全球数百个报告机构、报告使用方和专业服务机构的广泛咨询和协商。因此，G4提供了一个全球适用的框架，支持标准化的报告方法，促进透明度和一致性，便于报告机构为市场和社会提供有用、可靠的信息。G4是第四次更新的成果，目标在于帮助机构在编制可持续发展报告时，纳入关于机构关键可持续发展议题的重要信息，使可持续发展报告成为标准做法。G4的设计旨在普遍适用于任何规模与所在地的机构。G4还提供指引，说明如何以不同的报告形式列示可持续发展披露项：无论是单独的可持续发展报告、整合报告、年度报告，还是针对特定国际规范的报告或在线报告。

《可持续发展报告》的宗旨为：《GRI可持续发展报告指南》（以下简称《指南》）提供报告原则、标准披露和实施手册，为各种规模、各类行

① S. A. B. Miller, Sustainable Development Reporting GRI Matrix, Plc, 2009, www.globalreporting.org.

② 下文关于G4版《可持续发展报告指南》中文资料均来自中国可持续发展工商理事会网站，http://www.cbcsd.org.cn/。

业、各个地点的机构编制可持续发展报告提供参照。对于有兴趣披露治理方针和环境、社会和经济绩效及影响的机构，《指南》也是一份国际性的参考文件。该指南可用于编制任何需要披露此等信息的文件。该指南的开发得到全球众多利益相关方的参与，包括商界、劳工、公民社会、金融市场的代表、审计师和各领域的专家，并与多个国家的监管机构和政府部门进行了深入交流。

《可持续发展报告指南》（G4.0）包括两部分：第一部分为报告原则和标准披露，包括报告原则、标准披露以及机构“符合”《指南》编制可持续发展报告可应用的标准，此外，也包括关键术语的定义；第二部分为实施手册，包括对应用报告原则、编制待披露的信息、解读《指南》中各个概念的说明，此外，还包括对其他来源的引用、术语表和一般报告注意事项。

2. 可持续发展报告的绩效指标

绩效指标的选择是编制可持续报告的核心。《指南》确定的绩效指标体系涵盖经济、环境和社会三大方面，并为机构提供两种选择方案，以供机构按照“符合”《指南》的要求编制可持续发展报告：核心方案包含可持续发展报告的基本内容，说明机构对其经济、环境、社会及治理绩效影响进行沟通的背景；全面方案在核心方案的基础上，增加对战略和分析、治理、商业伦理与诚信的标准披露。此外，机构还需披露与确定的实质性方面相关的所有指标，更全面地说明绩效。任何机构，无论其规模、行业、地点，都可采取两种方案之一。两种方案的核心是确定实质性方面的流程，实质性方面是反映了机构对经济、环境和社会具有重要影响的方面，或实质上影响利益相关方评价和决策的方面。

GRI 制定的经济绩效指标（4 个）反映组织对其利益相关者的经济资源和不同层次经济体系产生的直接或间接影响。环境绩效指标（12 个）反映组织对有生命和无生命的自然体系的影响。社会绩效指标反映组织活动对当地、国家和全球利益相关者的社会系统的影响，涉及劳工实践和体面工作（8 个）、人权（10 个）、社会（7 个）及产品责任（5 个）等。

可持续发展的环境维度关注机构对于有生命和无生命的自然系统（包括土地、空气、水和生态系统）的影响。环境类别涵盖与各类输入物（如能源和水）和输出物（如废气、污水、废弃物）有关的影响。此外，还包括生物多样性、交通运输、产品与服务有关的影响，以及环境开支和合规情况。《指南》（G4 版）制定的环境绩效指标涉及物料、能源、水、生物多样性、废气排放、污水和废弃物、产品和服务、合规、交通运输、整体情况、供应商环境评估和环境问题申诉机制 12 个方面，共 34 个指标，具体可参见表 3 -4。

表 3 -4　　《可持续发展报告指南》（G4 版）环境绩效指标

方面	编号	环境绩效指标
物料	EN1	所用物料的重量或体积
	EN2	所用物料的重量或体积
能源	EN3	机构内部的能源消耗量
	EN4	机构外部的能源消耗量
	EN5	能源强度
	EN6	减少的能源消耗量
	EN7	产品和服务所需能源的降低
水	EN8	按源头说明的总耗水量
	EN9	因取水而受重大影响的水源
	EN10	循环及再利用水的百分比及总量
生物多样性	EN11	机构在环境保护区或其他具有重要生物多样性价值的地区或其毗邻地区，拥有、租赁或管理的运营点
	EN12	机构的活动、产品及服务在生物多样性方面，对保护区或其他具有重要生物多样性价值的地区的重大影响
	EN13	受保护或经修复的栖息地
	EN14	按濒危风险水平，说明栖息地受机构运营影响的列入国际自然保护联盟（IUCN）红色名录及国家保护名册的物种总数
废气排放	EN15	直接温室气体排放量（范畴一）
	EN16	能源间接温室气体排放量（范畴二）
	EN17	其他间接温室气体排放量（范畴三）
	EN18	温室气体排放强度
	EN19	减少的温室气体排放量
	EN20	臭氧消耗物质（ODS）的排放
	EN21	氮氧化物、硫氧化物和其他主要气体的排放量

续表

方面	编号	环境绩效指标
污水和废弃物	EN22	按水质及排放目的地分类的污水排放总量
	EN23	按类别及处理方法分类的废弃物总重量
	EN24	严重泄露的总次数及总量
	EN25	按照《巴塞尔公约》附录Ⅰ、Ⅱ、Ⅲ、Ⅷ的条款视为有害废弃物经运输、输入、输出或处理的重量，以及运往境外的废弃物中有害废弃物的百分比
	EN26	受机构污水及其他（地表）径流排放严重影响的水体及相关栖息地的位置、面积、保护状态及生物多样性价值
产品和服务	EN27	降低产品和服务环境影响的程度
	EN28	按类别说明，回收售出产品及其包装物料的百分比
合规	EN29	违反环境法律法规被处重大罚款的金额，以及所受非经济处罚的次数
交通运输	EN30	为机构运营而运输产品、其他货物及物料以及员工交通所产生的重大环境影响
整体情况	EN31	按类别说明总环保支出及投资
供应商环境评估	EN32	说明使用环境标准筛选的新供应商的比例
	EN33	供应链对环境的重大实际和潜在负面影响，以及采取的措施
环境问题申诉机制	EN34	经由正式申诉机制提交、处理和解决的环境影响申诉的数量

《指南》鼓励报告编制者在广泛的生态系统内考虑其环境绩效，如将企业的排污量与当地的、区域的或全球的环境承载力联系起来，以使绩效信息更具有用性。它还尝试通过外部标准的制订促使企业自愿报告数据，以此来解决行业数据的兼容性，但其环境绩效标准仍是物理指标。

（三）《指南》的评析

与G3指南相比，G4不仅更易使用，还特别强调，机构需要关注报告流程并报告对机构业务及关键利益相关方具有实质性的议题。关注“实质性”，将会使报告内容更相关、更可靠、更易使用，同时，还能帮助报告机构更好地向市场和社会提供关于可持续发展事项的信息。经过以往四个版本的实践以及全球可持续发展面临的诸多新挑战和新课题，其中最关键的就是所谓“实质性议题”，也就是从信息披露的方法学上作出规定，凡是发布报告的机构/企业必须正确地界定其在三大板块中对可持续发展产生积极或消极影响的核心问题是什么，从方法学和规则上为各行各业提出明确的披露方法和具体指标，同时规避以往有些机构在开展信息披露过程中无的放矢或者顾左右而言他的不良现象。

GRI 制订并推广的可持续报告标准化披露方式，刺激可持续发展信息披露的需求，使报告发布机构和报告信息使用者同时受益。基于 GRI 框架的可持续发展报告不仅可以用来评价组织绩效是否符合法律、规范、准则、绩效标准以及其他自发性组织的规定，展示组织致力于可持续发展的承诺，还可以对组织的绩效进行纵向比对。

三 WBCSD 发布的《衡量生态效益：呈报企业绩效的指导》

（一）WBCSD

世界可持续发展工商理事会（WBCSD）成立于 1995 年，是一个致力于可持续发展的国际组织，总部位于瑞士的日内瓦。截至 2009 年，它已发展成为由 20 多个行业 170 多家国际企业共同组成的联盟。[①] WBCSD 通过支持 45 个国家设立国家级和地区性工商理事会或伙伴组织，以实现共同可持续发展的共同理念——经济、社会和环境协调发展。

（二）生态效益指标的基本内容

“生态效益”一词最早由 WBCSD 于 1992 年里约世界峰会中提出，目的是借助此概念希望企业在创造经济价值的同时兼顾生态系统的平衡。

1. 生态效益的概念与本质

WBCSD 认为，“生态效益的达成，须在提供价格具有竞争力的商品和服务，以满足人们的需求、提高生活品质的同时，在商品和服务的整个生命周期内将其对环境的影响和自然资源的耗用，逐渐减少到地球能负荷的程度。”也就是说，生态效益状态指的是经济活动水平与所估计的地球的环境承载力相适应的情形（WBCSD，1996），其实质是在最小化资源能源耗费和废弃物排放的同时，最大化企业的价值。

为解释生态效益的基本精神，WBCSD 提出了认定生态效益的七点要素[②]：减少产品或服务的原料消耗强度；减少产品或服务的能源消耗强度；降低有毒物质的扩散；提高原料的可回收性；最大限度地使用可再生资源；延长产品的耐用性；增强产品或服务强度。其中，原材料或能源消

---

① 参见中瑞企业社会责任合作网站，http：//csr. mofcom. gov. cn/，2010 - 12 - 24。

② 参见 Hendrik A. Verfailie and Robin Bidwell，Measuring eco - efficiency：A Guide to Reporting Company Performance，WBCSD，Jun. 2000，第 7 页。

耗强度是指生产每单位产品或服务所使用的原材料或消耗的能源。前三项重点放在资源生产力与环境影响上，后四项目的是协助企业完成运营、设计、生产及市场活动。每个项目可以用于不同的产品，目的是减少物质和能源的使用，减少生产或服务过程的环境影响。

2. 生态效益指标的量化结构

既然生态效益体现为环境负荷的经济形式，那么它要成为一套环境绩效的量化工具，需要以客观准确的信息为依据，反映并改善公司环境绩效。基于此，WBCSD 于 2000 年正式提出了全球第一套生态效益指标的量化框架，在此框架下，生态效益指标可以用式（3－1）来表达：

$$生态效益=\frac{产品或服务的价值}{环境影响} \quad (3-1)$$

式（3－1）中，分子是指所生产或销售的产品或服务的质量和数量，可用产能、产量、总营业额、获利率等来表示，分母是指产品或服务的环境影响，可用总能耗、原材料总耗用量、总耗水量、温室气体排放总量、破坏臭氧的其他排放量等来表示。除此之外，各个公司还可以根据实际需求选取合适的因素作分子或分母，以此算出各种不同的生态效益指标值。

3. 生态效益指标构建的原则

WBCSD（1998）规范出生态效益指标量化的八项原则，分别是：必须与保护环境、人类健康及改善生活品质有关；能帮助决策者改善企业的环境绩效；识别各行各业的差异性；便于比较和控制；定义须明确、可量化、透明化和可确认；容易理解并对利益关系者有意义；须基于企业经营的总体评估，集中于直接管理控制领域；须考虑营运或产品的上游（供应者）和下游（使用者/消费者）的相关议题。

4. 生态效益指标体系的层次

为了使生态效益指标更具广泛性和更容易使用，以便不同行业企业间比较环境绩效，WBCSD 于 1999 年和 2000 年依据企业特殊价值和环境观点将上述指标细分为“核心指标”（或称通用指标）和“辅助指标”（或称企业特定指标）两大类别。核心指标可适用于所有的企业，每一个指标均与全球关注的环境问题或企业价值有关，并且其测量方法已经被普遍接受。企业特定指标会由于企业或行业的不同而有差异，因此须由企业或行业自行定义。特定指标只是在接受程度的广泛性上不如核心指标，但重要性并不比核心指标低，其判断依据完全取决个别企业的实际情况。

WBCSD 认为企业可参考 ISO 14031 标准协助其选择有意义的辅助指标。

一个公司的生态效益绩效往往同时包括这两类指标。生态效益指标系统两类指标的原则、范围及测量方法等见表 3 -5。

表 3 -5　　　　WBCSD 生态效益指标体系

<table>
<tr><th>项目</th><th>通用指标</th><th>企业特定指标</th></tr>
<tr><td>原则</td><td>对所有的企业都适用</td><td>以特定企业及其利益关系人的需求为依据</td></tr>
<tr><td>范围或价值</td><td>与实际上所有企业及全面性有关或其价值</td><td>与特定的公司及区域有关或其价值</td></tr>
<tr><td>测量方法</td><td>经由普遍接受的一般定义</td><td>无特定一致的定义</td></tr>
<tr><td rowspan="2">产品或服务的价值</td><td>标准定义，单位产量（量/总数/数量）、净销售额</td><td rowspan="4">依照不同企业的特性而有不同的内容</td></tr>
<tr><td>非标准定义，附加价值、毛利、利润、收入或所得</td></tr>
<tr><td rowspan="2">生产和使用产品或服务对环境的影响</td><td>标准定义
能源消耗、净用水量、温室气体排放量、破坏臭氧层物质排放量</td></tr>
<tr><td>非标准定义
酸性物质排放、有机物质（氮、磷）的排放对水的影响、水中生化需氧量（COD/BOD）、易挥发性物质的排放（VOC）、不易分解的有机物排放（POP）、重金属物质的排放、土地使用</td></tr>
</table>

WBCSD 将组织的生态效益信息分为类别、因素和指标三个层次：第一，类别指的是环境影响或企业价值的广泛领域，可应用于所有企业；第二，因素是指与所影响的特定范畴相关的信息类别；第三，指标是指可用来追踪和反映绩效的某种因素的特别措施，每个因素可能有几个指标相对应。三者之间的层次与示例如表 3 -6 所示。

由此可以看出，生态效益指标可以提供组织、价值、环境、生态比率以及信息方法五个方面的信息。它不仅可以帮助企业评价其环境绩效，提出的改善建议还可以为内部管理所用，而且是企业与其内外部利益相关者沟通的重要工具。不仅如此，该法还可以通过标杆的比较，为企业提高获利能力和保护环境绩效提供决策参考。

表3-6　　WBCSD生态效益指标架构示例

类别	因素	指标举例
产品或服务的价值	数量	销售数量、员工数或工作时间、空间等
	质量	销售重量、生产重量
	金额	净销售额、毛利、增加值、收入/盈利/利润、股票价值、负债、投资等
	功能	产品绩效、提供的服务、农业收成、农业效率等
	其他相关信息	产品价格、市场份额等
产品或服务的创造过程对环境的影响	能源消耗	消耗的焦耳数、原油类别、来源、排放等
	材料消耗	消耗原材料的吨数、种类、来源、环境特性等
	自然资源消耗	消耗的吨数、来源、土地使用等
	非产品产出	二氧化硫排放吨数、有毒物质排放数量
	意外事故	意外泄漏
产品或服务的使用对环境的影响	产品或服务	可回收性、可循环利用率
	包装过程产生的废弃物	废弃物的公斤数
	能源消耗	消耗的种类、数量等
	使用和处置过程产生的排放物	向土地、水和空气排放的废弃物

（三）《生态效率指标》的评析

WBCSD提出的生态效益指标体系考虑到了环境与经济的关系，直接反映了企业的经济效益，能较好地调动企业进行环境管理的积极性。它通过核心指标和辅助指标的设定，增强了不同企业环境绩效的可比性，并且适用于国家、产品和生产线等各组织层次。该框架所提倡的生命周期观点也完善了环境绩效评价的方法体系。基于此，生态效益指标发布后，各国政府纷纷要求境内厂商开展环境绩效评估活动，国际上的一些大型银行、保险公司等也纷纷开始对企业的环境业绩和环境风险进行评价，掀起了一股环境绩效评价的热潮。

但是，评价企业的生态效益必须以实施的成果为基础，实施又面临企业内部各部门的协调与参与、公司基本数据库的建立、环境资料的管理、资料的准确性、机密信息限制等问题。虽然生态效益已经考虑到了企业环境方面的表现，但是其并无法呈现企业改善的程度及方式。这些限制使企业难以确定所有关键的环境参数，并且由于行业差异使得跨行业的生态效益比较变得非常困难。基于此，各国政府单位、研究机构和大量企业纷纷携手合作开发更理想的生态效益评价指标，目前在生态点数、资源生产力指数（RPI）、生态生产力指标（EPI）等几个指标方面已取得阶段性成果。

四　ISAR 关于环境会计的三份报告

20 世纪 70 年代，联合国前跨国公司委员会（TNCs）发现跨国公司的财务报告提供的信息缺乏可靠性、透明性和可比性，便于 1975 年开始着手企业财务报告透明性和受托责任充分报告的协调工作。为促使企业向报告使用者提供有意义的财务信息，联合国经济及社会理事会（ECOS-OC）于 1982 年创立了国际会计与报告标准政府间专家工作组（ISAR），其工作由联合国贸易与发展会议（UNCTAD）负责管理。ISAR 是国际上唯一致力于公司透明度和会计协调问题的政府间工作组，总部设在瑞士的日内瓦。

自 20 世纪 80 年代起，ISAR 一直广泛关注与环境会计有关的问题，并于 1990 年、1992 年和 1994 年对国家和企业层面的环境会计的实施进行了三次调查，目的是找出它们在环境信息披露方面的欠缺，并在调查的基础上形成详尽的指南来规范其环境信息披露。调查发现，当时没有专门的会计准则用来规范年度财务报告中环境信息的披露，即便披露了部分信息，但仍存在定性的、描述的、片面的和缺乏可比性等问题，并且企业缺乏自愿披露环境信息的主动性。ISAR 在考察各国环境会计标准的制定活动后，发现有必要制定适用于各国政府和其他有关各方最为恰当的指南，并于 1998 年、2004 年和 2005 年分别发布了《环境成本和负债的会计与报告》、《企业环境业绩与财务业绩指标的结合》以及《生态效率指标编制者和使用手册》三份报告。报告目的是帮助投资者、债权人及其他企业利益相关者评价企业的环境绩效是如何影响其财务状况，以及与环境绩效相关的财务信息又是如何被用来评价环境风险等问题。报告将企业对股东的财务受托责任扩大到社会责任和环境责任，并提出了“生态效率”概念，推动了环境会计的发展。

（一）《环境成本和负债的会计与财务报告》

为了确保不同准则制定者不会就同一环境交易与事项的会计实务采用不同的处理方法，ISAR 于 1998 年 2 月 11—13 日在其第 15 次会议上通过了《环境成本和负债的会计与财务报告》，为企业、立法者、监管机构和准则制定机构提供了财务报告中环境交易与事项的最佳会计处理方法。它是国际上第一份系统而完整的关于环境会计和报告的指南。

《环境成本和负债的会计与财务报告》包括立场文件的目的和重点、对环境成本和负债进行会计核算的必要性、范围、定义、环境成本的确认、环境负债的确认、补偿的确认、环境负债的计量和披露九个部分。对企业应当予以确认的环境成本和环境负债的确认、计量和披露等问题做了详细的界定。报告认为，企业管理部门对与企业活动有关的环境资源的财务影响具有受托责任，应当计量和向公众披露其有关环境政策、目标和方案的信息以及与其有关的成本与收益、环境风险等。这些信息可以帮助报告使用者评价企业的环境业绩对企业现在和将来财务状况的影响。

根据此报告关于环境成本与负债的披露内容以及新出现的问题，联合国贸易与发展会议（UNCTAD）于1998年确定了一些关键性的环境绩效指标，具体包括造成潜在环境影响的风险指标、最终的环境影响指标、投入指标（经营活动效率的评价）、排放物和废弃物指标（数量和质量）、效率指标（能源和原材料的耗费）、资源耗费指标、顾客指标（满意度及顾客行为）、财务指标（与环境相关的资本性支出、直接与环境相关的运营成本、为达到环保法规要求而发生的罚金与罚款）、能源（原材料）成本（节约的成本加上可计量的收益）等。

（二）《企业环境业绩与财务业绩指标的结合》

从1992年里约热内卢环境与发展会议开始，工商企业界开始致力于可持续发展和环境业绩的提高，金融界和其他利益相关者也开始关注并要求企业报告环境业绩对企业财务成果的影响。ISAR通过运用财务业绩指标的制定原则来研究环境业绩指标标准化的方法论问题，使企业可以将环境业绩与财务业绩指标结合，以此来衡量企业在经济效益与可持续发展方面取得的进步。基于此，ISAR于2000年发布了《企业环境业绩与财务业绩指标的结合》，提出了以排放量为基础和以财务影响为基础的两类环境业绩指标体系。该报告对提高环境报告的质量以及各利益相关者对报告的满意程度起到了积极的指导作用。

《企业环境业绩与财务业绩指标的结合》的目的是为辨别、挑选和构造最有用的环境业绩指标和生态业绩指标提供指南，并且要求这些指标具有全球公认、内在一致和可比等特点。该报告确定了包括淡水资源的耗竭、不可再生资源的耗竭、全球变暖、能源和与能源相关的导致全球变暖的气体排放、臭氧层的损耗问题、其他导致全球变暖的工业排放物、排放对臭氧层有害的物质、使用对臭氧层有害的物质、处置固体和液体废弃物九个环境问题，在此基础上提出了五个以排放为基础的推荐的环境业绩指标（见表 3 -7）和三个从财务角度进行评估的环境业绩指标（见表 3 -8）。

表 3 -7　　ISAR 以排放为基础的环境业绩指标

环境问题	按照实物单位计量的环境业绩指标（如千克、吨、千焦、千瓦时）	推荐的环境业绩指标
不可再生能源的耗竭	购买的能源	初级能源消耗量/增加值
淡水资源的耗竭	水资源的使用	用水量/增加值
全球变暖	导致全球变暖的气体排放	导致全球变暖的气体排放量/增加值
臭氧层的损耗	导致臭氧层损耗的物质排放	破坏臭氧层气体排放量/增加值
固体和液体废弃物	固体和液体废弃物	固体和液体废弃物量/增加值

表 3 -8　　ISAR 以财务影响为基础的环境业绩指标

存在的问题	按照货币单位计量的环境变量的财务影响	可从财务进行评价的环境业绩指标
不可再生能源的耗竭	能源成本	能源成本/增加值
淡水资源的耗竭	水成本	水成本/增加值
固体和液体废弃物	固体和液体废弃物成本	固体和液体废弃物成本/增加值

表 3 -7 和表 3 -8 中的增加值等于销售收入与商品和劳务购入成本的差额。

ISAR 的这份报告从全球环境问题的角度探讨了对每一部门的每一个企业最重要的环境业绩指标，提出了双变量的环境业绩指标比单变量指标更有意义的观点，通过研究何种财务变量与环境指标结合最佳，解决了财务数据与环境数据的报告主体不一致的问题。尽管在使用环境业绩指标时，某些组织还需要设计额外的指标，但它作为一种传统会计的扩展模式，显示了环境业绩与财务业绩之间关系的存在。

（三）《生态效率指标编制者和使用者手册》

后安然时代，人们开始关注企业可持续价值、可持续经营等发展问题，企业的管理层也必须考虑其经营活动业绩对其雇员、顾客、供应商和社区等利益相关者环境的影响。为将环境业绩和财务业绩指标结合来评价企业生态效率或可持续发展方面的进步，联合国贸易与发展会议于2004年发布了ISAR制定的《生态效率指标编制者和使用者手册》（简称《手册》）。《手册》是对前两份报告的完善，与之构成一个系列。它给生态效率指标的编制者和使用者提供了详细的解释和大量的例子，从而提高了环境报告的质量和各利益相关者的满意度。

该指南认为生态效率是经济活动水平与所估计的地球环境承载力相适应时的一种状态（WBCSD，1996）。[①] 一个生态效率指标是环境变量与财务变量的比率。《手册》内容涉及生态效率指标的目标、生态效率报表的要素与项目、决定生态效率指标有用性的质量特征，以及生态效率会计和报告中使用的环境和财务项目的定义、确认和计量。它认为生态效率报告的目标是提供相对于企业财务业绩的环境业绩，即财务业绩/环境业绩。《手册》详细介绍了水资源耗用、能源耗用、全球气候变暖影响、臭氧损耗量和废弃物五个环境变量的目标、范围和定义，以及每单位净增加值水资源耗用、每单位净增加值全球变暖影响、每单位净增加值能源需求量、每单位净增加值臭氧损耗量、每单位净增加值产生的废弃物五项指标的计算、确认、计量和披露。这里，净增加值＝增加值－有形资产折旧，增加值＝收入－购买的商品和劳务。《手册》特别强调生态指标中财务项目的确认、计量和披露遵守适用的国际会计准则标准。

尽管企业环境绩效的改善与利润增加之间的关系难以精确证明，但是ISAR提出的“不断减少对环境的负面影响时，企业的利润可以增加”这一生态效率概念，仍表明了环境业绩与财务业绩之间确实存在某种联系。《手册》为定义、确认、计量和披露企业的环境交易与变量及财务信息提供了可操作性的技术指南，它通过改善和协调各种披露方式，使企业能够以标准化的形式报告生态效率指标，增强了不同企业的可比性。同时，手

---

① 详见联合国贸易与发展会议《生态效率指标编制者和使用者手册》（1.1版，联合国国际会计和报告标准），赵兰芳、高铁文译，中国财政经济出版社2005年版，第2—3页。

册也是对 GRI 的可持续报告指南的支持和完善。

该框架指南适用于需要提供生态效率的商业企业、公共部门和非营利组织。它不是一种生态业绩评价准则，但为衡量生态业绩提供了一个较好的参照标准。

五 WRI 发布的《符合标准——追踪公司环境绩效的普通框架》

（一）WRI

世界资源研究所（WRI）成立于 1982 年，是一个致力于保护地球和提高人民生活质量的解决地球资源环境问题的智囊团，总部位于美国的华盛顿。WRI 是一家独立的非营利组织，其成员包括科学家、经济学家、政策制定者、商业领袖、数据分析师、制图和传媒类专家等。WRI 的卓越贡献是以客观的科学和目标分析为基础来号召有远见的环境保护行动，其主要工作围绕气候保护、环境管理、市场和企业、人类和生态系统以及公共机构卓越性等方面。从 1986 年开始，WRI 与联合国环境规划署（UNEP）、联合国开发计划署（UNDP）、世界银行（WB）联合出版不同主题的《世界资源报告》。世界资源研究所坚信以市场为基础的环境保护政策与行动能带来本质上而不是肤浅的改变。

（二）《符合标准——追踪公司环境绩效的普通框架》推荐的四项环境绩效指标

为了计量和交流公司环境绩效，使测量环境绩效成为企业的一项标准化工作，世界资源研究所于 1997 年 7 月发布了《符合标准——追踪公司环境绩效的普通框架》。这份报告是需要改善公司环境绩效的内外部人士努力的成果。

随着信息交流的瞬时性，变化的社会预期和公司环境绩效变得越来越重要，但是对于如何计量和报告公司环境绩效仍没有一致性的标准存在。为解决这个问题，WRI 的《符合标准》报告分为前言、计量标准发展、将环境绩效指标整合到公司决策、将环境绩效指标整合到公司外部决策及公司环境绩效指标——未来发展之路五个部分。报告认为公司内部管理和公共政策制定对环境绩效指标的看法不一致（见图 3 - 2），还提出了原料使用、能源消耗、非产品产出、污染排放四项环境绩效指标，重点强调资源效率、污染预防和产品责任。

WRI 提出的四类环境绩效指标及其内涵作用如表 3 - 9 所示。

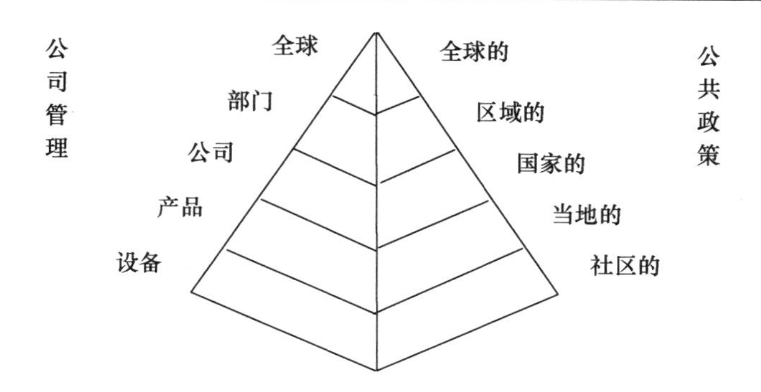

图 3－2　环境绩效指标的两种视角

表 3－9　　WRI 环境绩效指标及其内涵

指标	解释	说明
原料使用	购买、储存和生产过程中使用的、与产品产出和成本消耗相关的材料和子部件的数量及种类	反映原料输入，与其他来源和构成相区别
能源消耗	使用或产生的能源数量和种类	与燃料类别相区别，反映环境影响成本
非产品产出	回收、处置和清除过程中产生的废弃物的数量和种类	在末端治理中与产品有效性相区分，反映尚未利用的输入、额外成本等
污染物排放	释放到空气、水和土地的污染物的数量和种类	包括有毒物质、温室气体、固体废弃物和其他

（三）《符合标准》的评析

《符合标准》为公司内外部利益相关者计量和报告环境绩效提供了可操作性的标准。类似于财务报告能为决策者提供可比、透明和完全的信息，只有当公司的环境绩效指标（EPIs）能提供决策所需要的信息时，EPIs 评价公司环境绩效的目标才能实现。《符合标准》报告为全面分析公司、行业和国家的资源效率和污染程度提供了方便。同时，它还通过例子说明环境业绩的改善与资源效率提高、盈利能力增加之间的关系。指标的标准化不仅有利于公司间环境绩效的比较，还可以指导消费者的产品购买、投资者的决策和公司环境目标的实现程度。报告主要是为企业提供计量和交流环境业绩的标准。随着环境绩效指标标准的不断被采纳，可比性将扩展到公司、部门和行业的内部管理体系和外部报告之中。它提倡的市场观点对挖掘组织内部环境管理的自主性起到了巨大的推动作用。近年来，世界资源研究所广泛参与了中国的社会责任活动，具有代表性的项目包括“中国能源与温室气体排放协议”（2007）、“新风险投资项目”（2005）和“贝迩项目”（2000）等。

六　欧盟的生态管理体系

欧洲是较早注重环境保护、发展环境会计的地区之一，为整个地球的可持续发展和环境业绩计量做了大量的工作，主要包括《生态管理和审核法案》（1993）、生态标签计划（1992）和《工业环境绩效测量项目》（2001）等。这些工作主要是让公众和商业组织认可环境业绩信息的重要性，为环境改善行为确立正确的市场地位，并鼓励企业将环境整合到日常经营决策之中，为企业制造绿色产品、计量报告环境业绩提供了丰富的参考资料。

（一）生态管理和审核法案（EMAS）

1993 年 6 月，欧盟以 1836/93 号令通过了《生态管理和审核法案》（EMAS）。该法案目的是为公司和其他组织机构评价、报告和持续改进环境业绩提供管理工具，企业依自愿原则决定是否加入。法案最初只对公司开放，1995 年开始发展到所有制造业公司，2001 年后对象扩展到公共和个体服务等领域。EMAS 于 2003 年和 2009 年进行了两次修订。欧盟委员会于 1996 年将获得 ISO 14001 认证作为加入 EMAS 的基础，使得法案具有广泛的影响力。从 2000 年开始，委员会每年为在环境改善方面做出杰出贡献的公司和组织颁布环境奖励，内容集中在资源有效性，同时考虑水和能源消耗、废弃物产生和碳排放等要素。目前大约 4400 个组织和近 7600 个场所接受了 EMAS 备案。

EMAS 的核心要素的是绩效、可信性和透明度。通过每年更新环境政策目标并予以实施和评价，接受登记的公司可以持续改善环境绩效，并提供遵从环境法规的证据。独立的第三方验证审核增加了 EMAS 的可信度，保证了公司采取的环保行动和所披露环境信息的价值。提供环境报告是 EMAS 登记的一个必要条件，报告也是公众获得组织环境影响和绩效的沟通工具，这提高了法案的透明度。

获得 EMAS 标记需要进行以下六方面的工作：第一，接受环境政策，这些政策要求企业承诺遵守有关环境法规和持续改善环境绩效；第二，开展环境审查，审查与组织经营活动、产品和服务相关的环境影响及其评价方法，相关法律和监管框架及现有环境管理实践和程序等；第三，建立有效的环境管理体系（EMS），目标是实施组织最高部门制定的环境目标，管理体系需设定责任、目标、途径、经营程序、培训、监测和交流系统；第四，实施环境审计，评价管理体系的适当性以及法规与目标遵从程度；第五，提供环境绩效报告，这可以展示企业在环保方面的成果，是否实现目标及未来采取的行动；第六，获得 EMAS 标记。企业的环境审查、EMS、审计程序和环境报告必须经过获得 EMAS 资格的审核师认可，并且认可声明需要递交 EMAS 资格委员会登记，之后企业才可以使用该标记。EMAS 法案相关的环境指标如表 3 – 10 所示。

表 3 – 10　　EMAS 规定的环境绩效指标

记录的指标或数据	绝对度量	相对度量
以公斤或单位表示的产出（PO）	PO	—
原材料消耗量	Kg	Kg/PO
能源消耗量	KWh	KMh/PO
水资源消耗量	Cqm	Cqm/PO
总废弃物量	Kg	Kg/PO
废弃物回收率	—	%
废水量	Cbm	Cbm/PO
排放于空气的（CO_2、NO_X、颗粒物质）	Kg	Kg/PO

资料来源：Bundesumweltministerium 和 Umweltbundesamt（1997）。

面临日益增长的环境友好产品需求、日益严格的环境监管法规，EMAS 标记使企业向人们展示了可持续投资战略和日常经营存在的可能性。具体而言，实施 EMAS 法案具有以下益处：该方案使用保证了环境管理质量；有利于企业进行环境风险管理；组织节约资源和降低成本的需要；减少由于整治、清理和缴纳罚款的环境行为的财务负担；获得更好的财务利益；当环境影响变得具有全球性时鼓励创造生态生产工艺；法规遵从检查；借鉴其他公司和组织的良好实践经验；识别绿色产品的商业机会；增强公共机构对企业的可信度和信心，改善与当地社区及其他利益相关者的关系。

除此之外，EMAS 的获得还可以改善员工工作环境，增强员工士气，加强团队合作，有助于改善企业形象，使企业占有更大的市场优势。①

（二）欧盟生态标签计划

欧盟的生态标签计划是欧共体（现欧盟）1992 年推出的一种自愿性付费生态标签制度，又名“欧洲之花”、“花朵标志”。其目的是鼓励在欧洲地区生产和消费“绿色产品”。生态标签申请条件多样且价格不菲，但由于获得该标签的企业可以增加消费者对产品的忠诚度、提升企业的品牌形象和消除贸易壁垒，所以越来越多的企业开始申请这一产品标签，使得“贴花产品”在欧洲市场享有很高的声誉。成员国和欧盟委员会严格控制获得贴花的产品市场比例（不超 30%），所以截至目前生态标签有 17 个成员国（其中 8 个成员国有自己的环保标签项目），共颁发关于几百种产品的 180 份认证，有 22 家制造商和一家进口商获得这项标志。② 标签产品范围覆盖了消费者的日常生活用品。这项标准的有效期是三年。

生态标签计划需要对产品整个生命周期内各阶段的环境影响进行评估，包括原材料采集、生产过程、分发和包装、使用到废弃各阶段，内容涉及资源能源消耗、废气排放、水和土壤污染、废弃物处理、噪声污染及绿化等环境影响。

生态标签的特点是对每种获得标签的产品都规定了详细的生命周期阶段、生态标准和绩效准则，如对于纺织品，特别对纺织品组成成分标准、空气污染标准、生产过程水污染技术标准、对环境有害物质的使用限制、绩效和持久性标准等。③ 生态标签的显著特点如表 3－11 所示。

获得生态标签的产品将得到欧洲 3.7 亿消费者的承认，这就刺激生产商积极地持续从事环境改善行为。需要注意的是，生态标签计划具体适用于消费的单个产品的环境特性和服务相同产品才具有可比性，不利于评估企业整体的环境绩效水平。

---

① 此部分是根据欧洲环境委员会网站，http：//ec. europa. eu/environment/emas/about/summary_ en. htm 提供的信息整理而成。

② 详见化学品协作网，http：//www. chemical. ngo. cn，《欧洲 Eco－label 生态标签》(2008)，第 1—2 页。

③ 同上书，第 8 页。

表 3-11　　生态标签的主要特点

主要特点	解释
欧盟范围	标准的范围包括了欧盟15国以及挪威、冰岛和列支敦士登等地区
自愿	生产商是否申请生态标签完全是自愿的。生产商或进口商如果清楚自己的产品符合生态标签的标准，就可以通过申请此标签来向消费者展示其对环境保护的关注，使自己的产品获得竞争优势
有选择	生态标签只授予那些对环境影响减少的产品，标准只允许市场上不超过30%的产品有资格获得生态标签，这意味着只有“上架”产品中的一部分才能无须更改便符合要求
透明和咨询	工业、商业、环境组织、消费组织和贸易联盟都派代表参与生态标准的制定，同时也考虑欧盟以外国家生产商的意见，以保证整个过程的透明度
官方批准	政府指定每个EU成员国的生态标签认证机构，产品组的生态标准须得到大多数成员国和欧盟委员会的通过才能正式公布于欧共体公报，作为是否授予产品生态标签的衡量标准
多个标准	每一产品组的生态标准都可以用“从摇篮到排水沟”来定义。它规定了产品从原材料的采集、生产过程、发放和包装、使用、一直到最终的废弃各个阶段对环境的影响。涉及自然资源和能源的使用、废气的排放、水和土壤、废弃物处理、噪声、对生态系统的影响等
独立授权	独立的第三方机构对申请进行评估：国家生态标签认证机构保证那些授予生态标签的产品符合环保的高标准
特有标志	只要产品获得生态标签，无论它是什么产品或产自何地都获得同样的标记

（三）工业环境绩效测量项目（MEPI）

2001年，在欧盟委员会资助下，英国苏塞克斯大学科技政策研究中心（SPRU）开展了“工业环境绩效测量”（MEPI）项目的研究。MEPI项目的主要目标是通过收集欧洲英国、德国、奥地利、荷兰、意大利、比利时六国在发电、制浆造纸、化肥、印刷、纺织、计算机六个工业行业的环境和财务数据，发展制造业公司的定量环境绩效指标，运用指标来深入分析这些行业环境绩效变化的原因。

1. 项目成果

MEPI项目取得了以下成果：发展了环境绩效指标的方法；收集了欧洲六大行业280家公司430个工厂的环境与财务业绩数据；公司环境绩效的统计分析；为欧洲同行业公司比较环境绩效提供了标准化工具；提供了

根据关键环境指标列示的欧洲公司环境绩效排名。

2. 项目程序与指标标准化因素

MEPI 项目严格区分变量（绩效数据）和指标（标准化的绩效指标），要求为变量设定和数据提供一个框架，建立了涵盖 6 个部门的 60 个变量，依据变量收集数据，以此比较和分析企业环境绩效。如二氧化碳排放量和利润是变量，每吨纸消耗的水量则是指标。MEPI 项目按照“部门审查→创造变量集→收集数据→数据标准化→指标生成→数据分析”的程序进行。用来构造环境绩效指标的标准化因素如表 3－12 所示。

表 3－12　　MEPI 环境绩效指标标准化因素

职能部门	特定部门产出的标准化单位
营业额	特定公司（或所在地）的总销售额
员工人数	特定公司（或所在地）雇员的人数
增加值	总营业收入减去材料的成本
利润	免税销售总额减去销售成本

3. 项目核心指标

在指标选择时，为保证灵活性同时减少复杂性，MEPI 采用了一般通用指标和行业特定指标的组合方式。MEPI 设定的环境绩效指标体系包括物理指标（如产品制造和使用过程的原材料和能源的输入总量、每单位产品或服务的能量或废弃物输出）、生态效率指标（将物理指标同公司业绩指标联系，如特定经济价值的资源耗用或污染物）、影响指标（将输入和排放联系来衡量对人类和自然的影响）三大类别。MEPI 还分析了四类经济/业务指标的特性，如表 3－13 所示。

表 3－13　　MEPI 经济/业务指标特性

种类	公式表达	目标	可能的指标	单位	评价/缺陷
经营活动指标	物理或环境数量/经济或财务数量	不同单位环境/物理信息的可比性	生产量、财务价值、经营利润、员工数	物理的/货币的	导致大量不同指标的产生，多个评价标准

续表

种类	公式表达	目标	可能的指标	单位	评价/缺陷
货币总量指标	价值损失/增加值	将环境信息转化为货币信息	价值损失、净增加值	货币单位	数据可能不易获得
生产效益指标	物理或环境数量/(加权产出－加权输入)	结合相关的物理和经济信息对相似单元进行比较	根据输入和排放的种类不同而有多种	无	潜在用户难以理解
管理绩效（努力）指标	是或否	用其他指标解释环境绩效	各样（解释因素）	各种各样	标准化问题，信息跟踪问题

其中，管理绩效指标分为政策和方案执行指标、合规性指标、财务绩效和社区关系四类，详见表3－14。

表3－14　　MEPI管理绩效指标示例

一、政策和方案执行	二、合规性
实现的目标和指标的数量；实现环境目标和指标的组织单位的数目；特定经营管理守则和实践的执行程度；污染防治措施实施的数目；特定环境责任管理水平的数目；有环境要求的员工数；参与环境行动的员工数；需要培训的员工中已培训人数比例；已签订培训契约的员工数；培训者得分；员工的环境改善建议数；员工环境知识调查结果；供应商和承包商对环境问题的质疑次数；服务承包商实施环境管理体系或认证的数量；产品责任计划数量；产品分解、回收和再利用数	法规遵循度；签订契约的服务提供者的法规遵循度；纠正行动的响应时间；解决或未解决的矫正行动；因罚款或处罚带来的成本；特别行动（如审计）的次数和频率；计划和实施的审计次数；阶段的审计结果；经营程序检查次数；紧急演习次数；应急准备和应急演习计划准备展示百分比
与某个产品或过程环境因素有关的业务和资本成本；环境改善工程的投资回报；在资源使用、污染预防或减少废弃物过程的成本节约；符合环保性能或设计目标的新产品或副产品的销售收入；环境研发资金；可能对组织的财务状况产生重大影响的环境负债	调查和评价环境有关事项的次数；组织环境绩效报告的发布次数；环境教育计划或提供给社团的材料数；支持社区环境方案使用的资源；环境报告的数量和地点；与野生动物数量方案有关的网站数；当地整治活动进展情况；发起或自行实施的地方清理或回收计划次数；社区调查的满意度等级

MEPI 项目通过对绩效数据的分析后，建议用少量指标的代表性反映公司整体环境绩效水平。比如纸浆和造纸、化肥和电力部门的核心指标包括全部废弃物，排放到空气的二氧化硫、氮氧化物和二氧化碳，排放到水中的氮、磷、化学需氧量（COD），总耗水量和全部能源耗用量等。

4. MEPI 方法的评析

虽然环境绩效计量面临很多挑战，但是 MEPI 仍然展现了公众可获得数据的绩效分析方法。经过几年的整合，MEPI 为六个行业提供了一套包含一般和行业特定指标的核心环境绩效指标体系。企业的环境影响分析可以在多个层面（如工艺、生产场所，业务部门和公司）多个方面（如能源利用、资源使用、排放、环境管理等），因而具有非常大的数据需求，MEPI 采用因子分析法解释具有高价值的指标，简化了环境绩效的评价工作。不仅如此，MEPI 还为变量的标准化和匹配提供了更好的适用性分析。MEPI 在核心指标的设定、绩效可变性和趋势分析、规模效应与营利性、环境管理效应、技术效应和国家效应等方面具有很强的分析优势。

但是，MEPI 主要基于经济部门和其不同的环境特征划分指标，鉴于越来越多的大公司经营范围很广泛，因此需谨慎对待大部门的框架和流量的比较。并且，MEPI 假定有一个部门或分部的公司面临相同的环境挑战，这对于部门多样化产品和程序的情形并不合适。最后，环境数据往往集中于生产流程，并不能提高整个产品或服务生命周期内的环境绩效信息。

从上述几项具有代表性的行动可以看出，欧盟从产品到企业的环境绩效评价做了大量有意义的工作。EMAS 在制定过程中尽量与 ISO 14000 系列保持一致，以保证其权威性。尽管 ISO 标准与 EMAS 存在差异，但最终还是将得到相互认可。不同的是 ISO 14001 标准与 EMAS 侧重于对企业生产过程做出环保要求，而生态标签则关注于企业某一特定产品的环保标准，MPEI 则是对特定重污染行业企业环境绩效评价提供了一种特殊的指标设定和评价方法的指南。

第二节　西方主要发达国家环境绩效评价的发展

与环境有关的国际组织对地球不同层次的环境绩效评价提供了丰富的指标体系、方法与评价标准，但是这些工作离不开西方主要发达国家如美国、日本、英国及加拿大等国非营利组织的大力支持。

一　美国有关组织对环境绩效评价工作的影响

美国是世界上较早开展环境绩效评价的国家。其宏观层面的环境管理主要由美国环境保护署（EPA）指导和进行，其管理领域涉及酸雨、空气污染、铬、氡、铅、气候变化、饮用水、燃料、杀虫剂、再循环、废弃物管理等各个与人们生活环境质量有关的方面。EPA 的环境指标项目，通过一段时间的定量测量和环境状况统计，提供一定期间和区间范围内的环境和公共卫生状况及发展趋势，这些数值化的环境指标为环保局、合作伙伴和市民作出高质量的环保决策提供了支持信息，为微观层面的环境绩效评价指标提供了参考。除此之外，美国国会、环境责任经济联盟、美国国家标准学会、美国质量学会以及美国化学工程师学会等为企业环境绩效评价标准和方法发展提供了大量支持。

（一）美国国会发布的有毒物质排放清单

对美国企业环境信息公开影响较大的法令主要是国会于 1986 年颁布的《有毒物质排放清单》（TRI）。TRI 的目的是向制造业、政府、非政府组织和社会公众提供有毒化学物质排放和废弃物管理活动的决策信息。TRI 要求凡在一个公历年度内使用 10000 磅及以上，进口、加工或制造 25000 磅及以上清单所列毒物，并且雇用全职员工在 10 人以上的公司需要提供每种物质存在状况的报告。报告需要列明公司名称、母子公司名称、有毒物质排放数量和排放频率（Tietenberg，1998）。为实施 TRI，美国环境保护署发布了 33/50 种程序。事实证明，这种建立在以信息公开为基础、重在污染预防而非末端治理的方式取得了较好的减排效果。[①] 但是，TRI 只能提供单一的污染物排放信息，尚未考虑企业的规模和废弃物危险性大小或环境负荷的信息，因此无法为企业提供可比较的环境绩效信息。

（二）环境责任经济联盟

美国环境责任经济联盟（CERE）成立于 1989 年。加入该联盟的企业，需要规范其环保意识和环境责任，并向公众提供完整系统的关于持续改进环境业绩的环境报告。CERE 于 1989 年公布了公司环境行为的 10 条行为准则，包括生物圈保护、自然资源的可持续利用、废弃物减少和处

---

① 减排数据详见美国环境保护署网站，http：//www. epa. gov/tri. ，2010 - 12 - 25。

理、能源节约、降低风险、安全的产品和服务、环境恢复、向公众宣传、管理承诺以及审计和报告。CERE 最大的贡献就是发动了“全球报告倡议组织”（GRI）和“气候风险投资者网络”（INCR），它发布了一系列报告，帮助投资者理解全球变暖的内涵。

（三）美国国家标准学会

美国国家标准学会（ANSI）成立于1918年，是由公司、政府和其他成员组成的非营利的自愿性民间标准化团体。ANSI 遵循自愿性、公开性、透明性、协商一致性的原则，采用三种方式制定、审批 ANSI 标准。美国标准学会下设制图、电工、日用品、材料试验、建筑等各种技术委员会。ANSI 还是 ISO 和国际电工委员会（IEC）的成员之一，提高了美国在国际标准化组织中的地位。美国 ANSI 建立了 ISO 会员大会、ISO 委员会、ISO 技术管理委员会（ISO/TMB）和 ISO 技术委员会分会等主要 ISO 标准政府组织，为 ISO 14000 系列标准的制定做出了应有的贡献。

（四）美国质量学会

美国质量学会（ASQ）成立于1946年，是目前世界上最权威、规模最大的质量行业机构。其前身是“美国质量控制协会”（ASQC），于1997年更为现名。大部分国家普遍采用的质量方法包括全面质量管理（TQM）、统计质量控制（SPC）、故障分析及零缺陷、质量成本衡量和控制等，均由 ASQ 成员创建。

ASQ 在环境管理方面做了巨大贡献。其在环境方面公布的标准如表3－15所示。

表3－15　ASQ 与环境有关的主要质量标准

标准号	发布日期	标准名称
ASQ 14020	2001年1月1日	环境标志和声明——一般原则——T14020E
ASQ 14021	2001年1月1日	环境标志和声明——环境自我声明—— T14021E（环境标签 II）
ASQ 14024	2001年1月1日	环境标志和声明——环境标签 I——原则和程序——T14024E（II）
ASQ 14031	1999年1月1日	环境管理——环境绩效评价——指南——T14031E
ASQ 14040	1997年1月1日	环境管理——生命周期评价——原则和框架——T14040E
ASQ 14041	1998年1月1日	环境管理——生命周期评价——目标、范围定义及存货分析——T14041E

续表

标准号	发布日期	标准名称
ASQ 14042	2000 年 1 月 1 日	环境管理——生命周期评价——生命周期影响评价——T14042E
ASQ 14043	2000 年 1 月 1 日	环境管理—生命周期评价——生命周期解释——T14043E
ASQE 14001	2004 年 1 月 1 日	环境管理体系——使用指南须知——T14001
ASQE 14004	2004 年 1 月 1 日	环境管理体系——原则、体系和技术支持指南——T14004
ASQE 14064 - 1	2006 年 8 月 16 日	温室气体——第一部分：组织量化和报告温室气体排放和移除的特别说明——T820
ASQE 14064 - 2	2006 年 8 月 16 日	温室气体——第二部分：项目层面量化、简称和报告温室气体减排和移除增强的特别说明——T821
ASQE 14064 - 3	2006 年 8 月 16 日	温室气体——第三部分：确认和核查温室气体声明的特别说明——T822
ASQE 14065	2007 年 8 月 17 日	温室气体——温室气体审定和核查机构的要求在使用认证——T845
ASQE 19011S	2008 年 5 月 19 日	质量和/或环境管理体系审核指南——美国补充指南——T853

资料来源：美国质量学会网站，http：//asq. org/，2011 年 12 月 25 日。

由表 3 - 15 可以看出，美国质量学会为配合 ISO 14000 环境管理体系的实施，制订了详细的有关环境绩效管理的系列质量标准，极大地丰富了绩效评价的内容与方法。

（五）美国化学工程师学会的“可持续性计量项目”

美国化学工程师学会（AIChE）下属的废弃物减量化研究中心为配合 WBCSD 提出的生态效率，主持了可持续指标发展项目，目的是发展可持续指标。项目已取得什么是可持续发展、指标应该衡量各种产品或服务的相对价值或公司在可持续性方面的进步。成员已在能源消耗强度方面达成了共识。其中期报告于 1998 年 10 月完成，重点研究是否存在公认的指标可以计量大量能源使用过程中的有毒物质扩散问题。[①]

① 详见 http：//www. aiche. org/uploadedFiles/IFS/Centers/AIChE _ Sustainability _ Index _ Factors_ in_ Detail_ Jan_ 09. pdf。

AIChE的工作与WBCSD的"生态指标"非常相似。但AIChE使用的EPIs指标的实际计量单位仍很模糊。AIChE在可持续性指数（2009）中规定的设计环境绩效方面的指标集中于资源耗用量（能源、材料、水资源消耗强度，可循环使用的能源和原材料）、温室气体排放（温室气体排放密集度）、其他排放（废气、水、废水、危险废弃物排放）和合规性管理（环境责任、罚款和处罚、环境资本投资）四个方面（Calvin and Beth，2009）。

由此可见，美国政府在提高美国在国际标准化组织和质量标准制定中国际地位的同时，也为世界各国提供了丰富的环境绩效评价资料。

二　日本环境省对环境绩效评价工作的推动

日本是世界上资源比较贫乏的国家，相对于欧美等发达国家，日本的环境会计发展的时间不长，但是非常迅速，目前已居于世界先进水平。

（一）日本环境省（MOE）发布的环境会计系列指南

日本环境会计规范化发展的标志是日本环境省（MOE）1999年3月《关于环保成本公示指南》的发表，因此1999年被日本会计界誉为环境会计元年。之后，MOE于2000年正式公布了《环境会计指南2000》和《环境会计系统（2000年度报告）》。根据日本企业的使用反馈，MOE于2002年发布了《环境会计指南（2002修订版）》。根据MOE对2003年度的调查，被调查的2795家企业有61家引进了环境会计（比例为2.18%），上市公司的引入比例为31.8%。[①] 最新版的指南是MOE于2004年12月公布的《环境会计指南2005》。2005版的指南修订了以下内容：根据环境特性引入新的环境类别；修订了环保效益内容；重组概念的经济利益与环境保护活动有关；系统化的环境会计信息披露的格式；整理和修订了内部管理表格。修订后的指南显示了合并范围和合并方法的一定态度，也指明了用于环境会计数字分析的指数的意义和种类。指南不具强制性，企业可依情况自行选择是否编制及报告环境会计信息。指南对环境成本与环境效益、环境资产与环境负债的、环境保全效果和环境经济效果及环境报告应记载的事项方面做了较为详细的规定。不仅如此，日本内阁于2003年3月提出，到2010年有50%以上的上市公司和30%的未上市但雇员超过500人的企业应发布环境报告（日本环境省，2004）。这都标

① 数据详见日本环境省网站，http：//www.env.go.jp/en/press/2005/0215a.html，2010年12月28日。

志着日本环境会计正向规范化、普及化的方向迈进。

（二）日本环境省（MOE）发布的《组织环境绩效指标指南》（2002 年版）

日本环境省关于公司环境绩效指标的文件有两份：2000 版的《公司环境绩效指标》和 2002 版的《组织环境绩效指标指南》（2002 年版）。修订后的指南认为，环境绩效指标是为了给组织内外部利益相关者提供评价企业环境保护活动的决策信息，环境绩效指标须具有相关性、可比性、可验证、明晰性和全面性，环境绩效指标评价包括时间序列比较和与标准比较两种方法。

《组织环境绩效指标指南》（2002 年版）确定的指标体系根据普遍适用性分为九个核心指标和五类分项指标两个层次。核心指标依据物质平衡原理来设定，具体指标及其与企业经营活动的关系如图 3 – 3 所示。

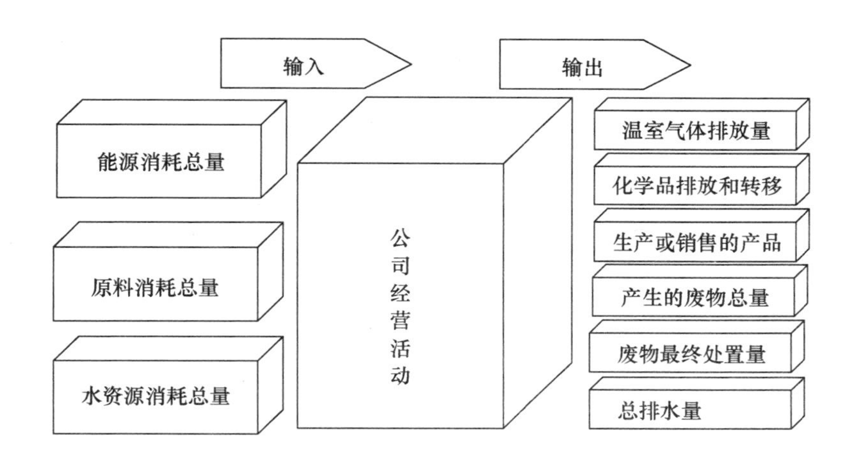

图 3 – 3　日本环境核心指标

分项指标是指那些不能作为核心指标的分类指标。组织可以根据需要使用这些指标，如计量和管理组织的环境负担、组织的环境努力及其成果时。分项指标分为定性指标（核心指标的补充）、重要的环境指标（并不适用于所有行业）、为建立可持续发展社会的未来重要指标、环境管理指标和管理相关指标五类。

从内容上，MOE 认为环境绩效指标框架包括经营指标、环境管理指标和管理相关指标。其中，核心指标是经营指标的一部分，其余的均是分项指标。指标之间的关系与内容如表 3 – 16 所示。

表 3 – 16　　MOE 环境绩效指标结构

<table>
<tr><td colspan="4">经营指标</td></tr>
<tr><td rowspan="2">核心指标</td><td>输入</td><td colspan="2">能源消耗总量、原料消耗总量、水资源消耗总量</td></tr>
<tr><td>输出</td><td colspan="2">温室气体排放量、化学品排放和转移、生产或销售的产品总量、产生废弃物总量、废弃物最终处置量、总排水量</td></tr>
<tr><td rowspan="5">分项指标</td><td>定性指标——核心指标的补充</td><td colspan="2">能源消耗的统计分析、输入资源的种类及状况、水资源的统计分析、《京都议定书》规定的六种物质的排放
PRTR（污染物转移与登记制度）物质的排放和转移量
其他物质排放规定
以单位计量而不是以重量计量的产品或服务量
为减少环境负担而生产或销售的产品量
获环境标志认证的产品产量或销售量
容器和包装物的使用量、废弃物处理方法
产生的废弃物种类、排泄的废水水域类别、水资源质量</td></tr>
<tr><td>并不适合于所有
行业的重要指标
为建立可持续发展
社会的未来重要指标</td><td colspan="2">组织重复用水量、二氧化硫和氮氧化物的排放
排放物的浓度规定、噪声、震动、恶臭
氮、磷、水排放浓度规定
循环使用物质规定、组织再生原料
组织的热再生原料、产品组的能效
产品使用中的二氧化碳排放量
各产品组可再用和回收的零件比例
回收的产品数量、容器数和包装材料量
原料消耗量、包装容器的再利用、再循环和热回收数量及其比例
土壤、地下水和沉淀物的污染状况
绿化、植树和恢复的地区、化学物质储存</td></tr>
<tr><td>环境管理指标</td><td colspan="2">环境管理系统、环境会计
绿色采购（购买）、环境交流与合作
环保法律法规遵守、职业安全及健康
环境保护技术、环境友好产品和服务的研究和开发
有关环境的社会贡献</td></tr>
<tr><td rowspan="2">管理相关指标</td><td>管理指标（与经营指标合并测量效率的指标）</td><td>销售额、生产量
楼面面积、雇员人数等</td></tr>
<tr><td>与管理指标相关的指标</td><td>生态效益综合指标</td></tr>
</table>

《组织环境绩效指标指南》（2002 年版）的环境绩效指标对于大型企业的环境绩效评价和环境报告的编制提供了详细的指南，为中小企业的环境绩效指标设定也起到了参考作用。指标设计既考虑了企业内外部信息需求，整合了国家和地方的环境政策，为组织内部和外部利益相关者评价组

织环境努力作出合理的决策提供了有用的信息。

（三）民间组织发起的日本环境政策优先指数

为适应日益增长的环境保护需求，企业除了遵循一些正式被政府机构公开认可的环境会计方法外，正在积极引入一种新发展起来的日本环境政策优先指数（JEPIX）方法。JEPIX 的目标是提供一种简便实用的环境会计和公司环境管理排名方法，用于反映公司环保行动与日本环境政策目标的差距。

JEPIX 主要用于企业环境绩效评估，是一种新的测量生态效率的生态会计指标体系，被视为生命周期影响评价的组成部分。它是在瑞士的生态资源稀缺原理、“与目标的差距”方法以及生态簿记概念的基础上发展起来的。其最大优点是使用物理单位衡量的不同类型的环境影响可以通过环境影响点（EIP）变得完全可比。具体体现在以下四个方面：

第一，JEPIX 以生态资源稀缺概念为基础，以生态因子指标来衡量企业的环境绩效。生态因子的计算公式如式（3－2）所示：

$$生态因子 = \frac{F}{Fk} \times \frac{1}{Fk} \tag{3-2}$$

式（3－2）中，分子 F 代表一类环境影响的“实际流量”（如 CO_2、SO_X、NO_X 等的排放量），分母 Fk 代表“临界流量”（或称为目标流量）。当实际流量 F 逐渐达到临界流量 Fk 甚至超过 Fk（后者就是 JEPIX 指数实际计算的部分），环境将会恶化，这就意味着环境稀缺增加。

第二，JEPIX 的评价标准是环境影响点（EIP，即环境影响实际流量与目标流量之比）这个单评分指数，可以清楚地显示选择性环境措施、生产程序或者新产品的优先行动。

第三，JEPIX 的优先性是与日本政府和国际条约（如《蒙特利尔议定书》、《联合国气候变化公约》等）的环境政策一致。由于目标流量的估计反映了日本政府的环境政策，因此 JEPIX 指数的比率计算能够揭示与政策目标的差距。如果政府制定的环境目标更严格（比如，目标流量数据被估计得低些），JEPIX 生态因子将会上升，从而导致环境影响的较高分。这种情况下，管理层合理的决策就是增加对这个特殊环境政策的关注度。

第四，JEPIX 是由民间组织基于自愿的“自下而上”方法制定的，因此更有可能被企业自愿使用。

在 JEPIX 论坛的倡议下，日本很多著名大型工业公司开始组织考试用

JEPIX 来评价其环境绩效，包括小松公司、佳能公司及银行、保险公司、大学和城市等 100 多家公司和组织。[①]

三 英国环境、食品和农村事务部对环境关键绩效指标工作的促进

随着世界各国对环境问题的广泛关注，英国自 1990 年起先后多次发布环境年度报告。为积极响应《里约环境宣言》的号召，英国于 1997 年率先制订了可持续发展战略计划，并于 1999 年和 2005 年又制定了另外两份可持续发展战略，先确定了经济、社会和环境同步发展的目标，引入了各种量化指标，之后规划了到 2020 年的发展方向。随着 2006 年《环境关键绩效指标：英国企业报告指南》和 2007 年可持续发展指标统计的发布，英国的环保政策和环境问题已经成为世界可持续发展理念的有机组成部分。

英国环境、食品和农村事务部（DEFRA）是英国的政府部门之一，该部负责制定与空气质量、化学品、土地、废弃物及再利用、噪声、水务、气候变化和能源、消费者产品和环境问题、农业与环境等问题相关的政策和法规，以指导全国的环境保护工作。DEFRA 与威尔士、苏格兰和北爱尔兰的有关行政部门紧密协作，通常引导欧盟和国际的环境问题磋商。在尊重环境、资源和生物多样化极限的可持续战略下，该部确立了改善环境并确保生活需要的自然资源不受损害并世代保存的环境原则。

（一）《环境关键绩效指标：英国企业报告指南》（2006）的基本内容

为配合英国政府提出的到 2020 年可持续发展战略和欧盟现代化账目指令（AMD）和 ACCA 发布的《环境报告指南——关键绩效指标》的实施，DEFRA 于 2006 年发布了《环境关键绩效指标：英国企业报告指南》，目的是为所有在英国经营的企业定义与业务部门最相关的关键绩效指标（KPIs），就如何报告环境绩效和使用环境 KPIs 提供明确的指导，以便树立使用 KPIs 进行环境绩效管理的企业理念。

有效管理和报告环境绩效可以为企业带来成本节约和生产率提高、销售增加、优先的供应商地位、增加投资吸引力、创新产品和服务、人员招聘和经营执照获得等诸多好处。而环境 KPIs 为组织提供了反映环境目标达到程度的计量工具，以帮助组织衡量环境与企业经营的相互影响。KPIs 的重要特点是集中于重要环境报告事项并与欧盟的 ADM 要求一致。

---

① 数据详见 S. Schaltegger，M. Bennett and R. Burritt（eds.），Sustainability Accounting and Reporting：Development，Linkages and Reflection. An Introduction，Springer Netherlands，2006：339－354。

报告需遵循透明、问责和可靠性原则，KPIs 的制定还需满足定量、相关和可比性的要求。具体的环境包括向空气排放的废弃物、向水体排放的废弃物和排放于土壤的废弃物和资源使用四大类，同时需要考虑供应链和产品对周围环境的影响，具体如表 3 – 17 所示。

表 3 – 17　　DEFRA 的环境关键绩效指标体系

指标性质	一级指标	指标解释
KPIs	向空气排放的废弃物	1. 温室气体 2. 酸雨、超营养化和烟雾前兆 3. 灰尘和颗粒 4. 消耗臭氧层物质 5. 挥发性有机化合物 6. 排放到空气的金属
	向水体排放的废弃物	7. 养分和有机污染物 8. 排放于水中的金属
	排放于土壤的废弃物	9. 农药和肥料 10. 排放到土地的金属 11. 酸性物质和有机污染物 12. 垃圾（填埋、焚烧和回收） 13. 放射性废弃物
	资源使用	14. 水资源的使用和提取 15. 天然气 16. 石油 17. 金属 18. 煤炭 19. 矿物质 20. 天然材料 21. 林产品 22. 农产品
补充指标	供应链和产品对环境的影响	生物多样性 环境罚款和开支

报告的第四章对每个关键绩效指标的定义、内容范围、来源、间接与直接的环境影响及计量程序进行了详细说明。指南规定，报告编制一般按照选取相关 KPIs、识别关键利益相关者的信息需求、确定数据要求和来源、收集必要数据和报告 KPIs 等步骤进行。

（二）《环境关键绩效指标：英国企业报告指南》的评析

《环境关键绩效指标：英国企业报告指南》是 DEFRA 适应社会的需

求而制定的，对于企业优化生产流程，挖掘由环境绩效改善带来的成本降低途径，发现新的市场机会，简化组织的管理和报告工作提供了积极的作用。但是由于该指南主要用于组织报告环境绩效，企业并不涉及所有的指标，因此在指标选择上增大了企业的自主性，也不便于公司间整体环境绩效水平的比较。有关业务部门的分析认为，目前已经拥有完善的报告系统的公司（约占80%），极有可能报告五个或以下的KPIs，这份指南旨在帮助更多的企业达到这样一个水平——理解并改善其环境绩效。

四　加拿大环境绩效评价的工作进展

加拿大是在西方工业化国家中取得卓越环境保护成效的国家。它国土辽阔，拥有森林、矿产及水等丰富的资源，人口却只有3000万左右。尽管其在资源总量和人均拥有量上独具优势，但是，加拿大政府仍高度重视对自然资源合理与高效的开发和利用，很好地保护了生态环境。加拿大在环境绩效评价工作方面具有开拓性的经验，具有代表性的是加拿大注册会计师协会发布的《环境绩效报告》（1994），加拿大国家环境与经济圆桌会议（NRTEE）发布的《计量企业生态效益：一套核心指标的可能性》（1999）和《计算生态效益：工业手册》（2001）。这些成果极大地丰富了世界环境会计和生态效率指标的内容。

（一）加拿大《环境绩效报告》（1994）

随着国际商会《可持续发展经营许可证：环境管理原则》（1991），联合国环境与发展大会《里约环境与发展宣言》（1992）和加拿大商会《公司环境报告指南》（1992）等环境问题披露文件的公布，加拿大特许会计师协会等于1994年共同合作完成了《环境绩效报告》，对企业如何报告环境绩效信息提供了全面的指导，是当今最为全面和系统的环境绩效报告指南。

《环境绩效报告》的第五部分专门论述了组织环境绩效指标的一般特征、指标种类及组织报告环境绩效指标的选择标准。① 报告认为，环境绩效指标需具有以下三个方面的特点：第一，须与环境目标或政策法规标准等具有一致性；第二，对用户的信息需求作出回应；第三，易于被用户理解和使用。

环境绩效指标可分为绝对指标（用一种单位计量，如质量或体积等

① 《环境绩效报告》的其他内容，如绩效报告的程序、内容及要求在第二章第八节已经论述，此处重点探讨加拿大环境绩效指标的相关内容。

物理指标）和相对指标（两种单位计量，如以产量为基础的效率指标和时间序列指标）。根据与组织经营活动、产品或服务对环境的影响，可以从输入（如自然资源、土地等）、输出（如产品、副产品、服务等）、影响（如排放物、废弃物、噪声、灰尘等）和效果（如人类及动植物的居住状况）四个角度对绩效指标进行分类。环境数据可以通过生产系统、物料供应系统、财务系统及其他管理系统的途径获得，还需注意数量选择的恰当性和行业特征。

《环境绩效报告》在附录 C 中列明的工业环境绩效指标包括 16 个一级指标和若干二级指标，具体如表 3－18 所示。

表 3－18　　　　CICA 的环境绩效指标示例

一级	二级	一级	二级
野外环境和野生动物的保护		自我监测系统	内外部审计
破坏和恢复的土地		环境责任程序	供应商标准 顾客使用信息 产品包装
提取、获得或更新的资源			
污染预防	技术 加工程序 危险物质的储存和处理	科技革新	替代输入 替代技术 替代产品、服务或包装
固体废弃物管理	垃圾掩埋法 再使用和回收 废弃物减少措施	员工环保意识	培训计划 雇员行动
危险废弃物管理	危险废弃物数量 危险废弃物毒性	法律法规遵从	遵从程度 不遵守情形
能源保护	能源使用 能源保护措施	信息交流	向董事会报告 咨询利益相关者 社区参与和支持
空气方案	排放物 排放减少措施		
水资源方案	工业废水量 水处理设施/ 废水净化措施	环境绩效分析	行业协会的环境项目支持 是否获得环境奖励

CICA 的《环境绩效报告》列举了大量的报告形式，针对不同的使用者提供了极为详细的报告建议。但是，报告没有设定明确的环境绩效指标体系，只在附录中提供了不同行业的环境绩效指标，数据缺乏精确性，不

利于企业间环境绩效水平的比较。这可能增加信息披露成本，影响企业环境信息披露的积极性。因此，在实际操作中，需谨慎参考。

（二）《计量企业生态效益：一套核心指标的可能性》（1999）

面对 WBCSD 于里约环境与发展会议提出的生态效率概念，加拿大的研究者们发现不存在报告生态效益信息的标准，以供公司内外部利益相关者做出正确的决策。为解决这个问题，加拿大国家环境与经济圆桌会议（NRTEE）开始为公司报告生态效率提供标准指标。在一些自愿参与实践的公司两年的参与下，NRTEE 于 1999 年发布了《计量企业生态效益：一套核心指标的可能性》（1999）。这份文件的主要成果是证明了能源强度指标——每单位产出的能源消耗——有意义并容易被广泛接受；资源强度指标——每单位产出的资源消耗——具备可行性，但是与行业相关；污染处置指标——处于可行性研究阶段。

报告认同了 WBCSD 关于生态效益的概念，认为生态效益是一种实践工具，可以帮助内外部利益相关者制定和实现环境绩效目标，发展计量和报告生态效益的方法。NRTEE 在三种生态效益指标的基础上，发展了以下指标：第一，资源生产率指数（RP），数值等于公司产品、副产品和可用废弃物等容纳原料和能源与生产过程中消耗的原料和能源的比。第二，产品和处置成本的持久比例（PDCD），表示生命周期产品的管理和再使用，等于产品生产成本（以购买价格表示）和产品使用寿命的最终处置成本的和。第三，有毒物质排放指标（TR），表示一段时间（或制造某一特定产品）内有毒物质的释放数量，等于每种有毒物质的释放数量与其毒性权重的加权数比上一定期间的产品产出。

《计量企业生态效益：一套核心指标的可能性》详细讨论了能源强度指标、资源强度指标和污染物处置指标的计算公式、补充指标，各指标因子的定义、技术可行性及解释使用问题。它解决了企业选择哪些最实用的生态效率指标，需要哪些数据和资源，如何解释和应用这些指标，向谁提供报告，如何评估指标的成本与效益等问题。相比 NRTEE 以前的工作，生态效益核心指标的计算考虑了产品的生命周期因素，对大量数据进行了集合，在考虑财务因素的同时，对数据加权和制定程序问题进行了相应的处理。

（三）《计算生态效益：工业手册》（2001）

为帮助公司明确生态效益核心指标使用的目的和范围，跟踪和报告其环境改善和经济绩效，NRTEE 于 2001 年发布了《计算生态效益：工业手册》

（简称《手册》），对能源强度指标、废弃物强度指标、水强度指标及有关补充指标进行了定义，为用户计算每个核心指标及补充指标提供说明和建议。

生态效益报告的范围可以是公司整体、业务分部、产品生产线、设备或设施及某个生产工序。

《手册》提出的生态效益指标的计算公式为：生态效益 = 环境负担/提供产品或服务的单位。其中，分母依据企业经营活动的不同，可以在产品生产或运输的产品单位、销售金额、兆瓦小时及楼面面积的平方米等中间选择。各核心指标的计算如式（3－3）、式（3－4）、式（3－5）和式（3－6）所示：

$$\text{核心能源强度指标}=\frac{\text{生产产品或提供服务过程中的直接或间接能源消耗}}{\text{产品或服务的单位}}=\frac{\text{总能耗（MJ）}}{\text{分母值}} \quad (3-3)$$

式（3－3）中的核心能源是指电力、石油、煤气、焦炭、煤炭、风力、核能及太阳能，生物质能，地热能等其他能源。按种类包括化石能源、非化石能源、工序能耗、内在能量、交通能源和产生的能源。

$$\text{核心废弃物强度指标}=\frac{\text{产品直接和间接的原料总消耗}-\text{产品和副产品析出原料}}{\text{产品或服务的单位}}=\frac{\text{原料总消耗量}-\text{产品和副产品产量（Kg）}}{\text{分母值}} \quad (3-4)$$

或者：

$$\text{核心废弃物强度指标}=\frac{\text{产品线排出的废弃物总量}}{\text{产品或废弃物的单位}}=\frac{\text{废弃物产生总量（Kg）}}{\text{分母值}} \quad (3-5)$$

式（3－4）是质量平衡计算法，式（3－5）是废弃物产出计算法。

$$\text{核心水强度指标}=\frac{\text{总耗水量}}{\text{产品或服务的单位}} \quad (3-6)$$

除上述核心指标外，《手册》还提出了生命周期能源强度指标、过剩能源强度指标、运输能源材料强度指标、运输能源人员强度指标；废弃物利用、水排放强度三类核心指标的补充指标及其计算步骤。

《手册》为环境核心绩效指标的进化发展提供了宝贵建议，有利于企业内部环境绩效趋势比较，也为内部决策提供了大量信息，但企业选取的效益指标分母不同，会导致缺乏可比性。

总之，NRTEE 项目与 MEPI 和 WBCSD 的工作路线类似，属于一种高度综合指数，在使用和环境绩效指标的发展中存在一定问题。

五　荷兰对产品环境绩效评价的贡献

20 世纪 90 年代初以来，荷兰在给经济发展施加环境压力方面获得了较大进展，达到了几个显著的目标（如关于二氧化硫的排放、有毒空气污染物、地下水枯竭、防洪、磷浓度、生态网络的扩展等方面）。这些进展反映了荷兰对经济和环境政策加强的重视。荷兰当前的环境议题包括生物多样性丧失、气候变化、自然资源的过度开发、对人类健康和外部安全的威胁、对生命质量的损害，以及可能的无法控制风险。这些压力部分来自荷兰的发展选择，如密集型的农业和交通。① 荷兰的未来环境工作应集中于两点：提高荷兰环境政策的成本效益性和加强环境管理的国际合作。

为对排放污染物质对环境的影响进行量化评估，荷兰国家废弃物再利用研究中心于 1996 年 12 月发布了生态指标 95 和生态指标 99。

（一）生态指标 95

生态指标 95 是一种以产品设计为导向的环境绩效评价方法，有利于更简单地呈现生命周期评估的结果。该法通过对温室效应、臭氧层破坏、酸化、重金属、冬季和夏季烟雾、富营养化问题、有毒物质排放等一系列环境影响的评估，得出更简单的评价结果。其评价模式如图 3－4 所示。

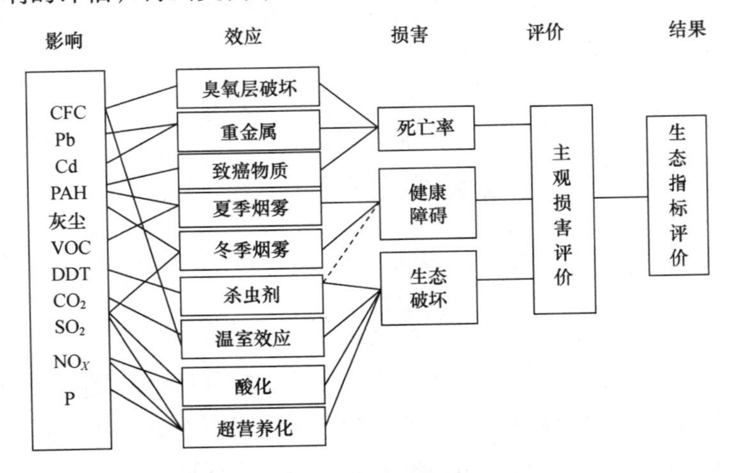

图 3－4　生态指标 95 的评价程序

① The OECD Environment Progamme, Environmental performance review of the Netherlands http: //www. oecd. org/, 2010－12－28.

生态指标95的环境影响模式和标准化因子大小如表3－19所示，标准化因子来自1990年欧洲每人每年所承担的某种环境负荷的大小。

表3－19　　生态指标95环境影响模式和标准化因子

效应类别	环境效应		单位	标准化因子
环境保护	温室效应		ep. ka CO2	0.000 076 5
	臭氧层破坏		ep. ka CFC11	1.08
	酸化		ep. ka SO4	0.008 88
	富营养化		ep. ka PO4	0.0262
健康安全	烟雾	夏季	ep. ka C2H4	18.4
		冬季	ep. SPM	92
	有毒物质排放	重金属	ep. ka Pb	0.0106
		致癌原	ep. ka B（a）P	0.0558
		杀虫剂	Kg act. Sub.	1.04
资源耗竭	固体废弃物		Kg	0.000 006 29
	能源消耗		MJ（LHV）	0

资料来源：A. Rafaschieri et al.，1999；Sima Pro5.1 User Manual。

生态指标95的权重及评价标准如表3－20所示。

表3－20　　生态指标95的权重及评价标准

环境影响	参考标准	权重	标准
温室效应	CML（IPCC）	2.5	每十年温度上升0.1度，造成5%的生态系统受损害
臭氧层破坏	CML（IPCC）	100	每年每百万居民中一人死亡的概率
酸化	CML	10	造成5%的生态系统受损害
富营养化	CML	5	使河川及湖泊中不知数量的水中生态系统受损（受损率约5%）
夏季烟雾	CML	2.5	烟雾期间，造成人体健康不适，尤其是气喘病人和老年人
冬季烟雾	空气质量指南	5	烟雾期间，造成人体健康不适，尤其是气喘病人和老年人
杀虫剂	积极成分	25	造成5%的生态系统受损害

续表

环境影响	参考标准	权重	标准
空气中的重金属	空气质量指南	5	存于孩童血液中的含铅量，使寿命及学习效率降低，影响人数未知
水中的重金属	水质量指南	5	河川中的含镉量对人类造成的影响
致癌原	空气质量指南	10	每年每百万人中一人死亡的概率

资料来源：SimaPro6 Database Manual – Methods Library（2004）；另 CML 即 SimaPro 2 方法（CML1992）。

生态效益评价方法一般都是按“与目标的距离”的原则进行，其基本假设是当前环境状况与目标值之间的差是评价的重要依据。而生态指标95 的目标值依据欧洲实际环境数据编制，具有较强的实际意义。

（二）生态指标99

生态指标99 是由生态指标95 概念而得，均是损害导向的评估方法。生态指标99 只讨论了发生在欧洲的环境问题，将损害分为人体健康损害、生态系统质量损害和资源耗用三大类。生命周期评价需解决技术、生态和价值三个层面的问题，生态指标99 为解决这三个层面的问题，计算出合适的生态指标，将评价模式分为三阶段，具体如图 3－5 所示。

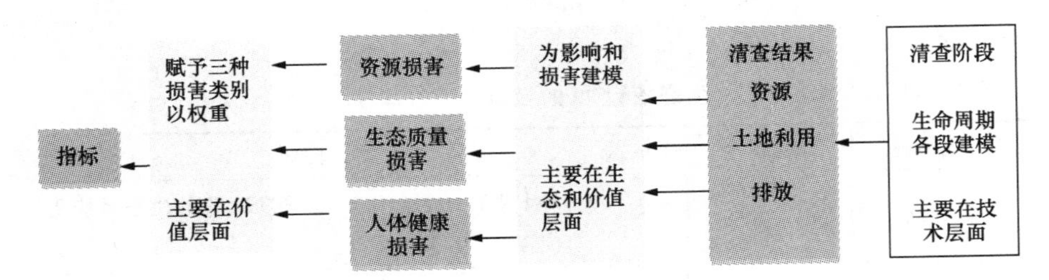

图 3－5 生态指标 99 的核心概念

生态指标99 与生态指标95 最大的差异就是生态指标99 的损害评估模型更具科学性、可信度更高。该方法将致癌物质、吸入性有机物、吸入性无机物、气候变化、臭氧层损耗、生态毒性、酸化/富营养化、土地利用、矿物和石化燃料折算为生态指标99 损害因子当量，再经标准化和加权处理得到各损害指标的生态环境影响指数。它的科学性体现在其评价产品环境绩效的五个步骤：第一，特征化阶段，生态指标99 加入了土地利用和生态方面的指标；第二，损害评估阶段，将特征化结果分别乘以损害当量因子；第三，标准化阶段，引用欧洲 1993 年的最新值为参考依据；第四，评价加权阶段，以专家小组对人体健康、生态系统和资源损害的严重性的考虑作为权重因子，分为三个版本，更具科学性；第五，得出单一评价值。

生态指标 99 的评估模式如图 3－6 所示。①

荷兰制定的生态指标 95 与生态指标 99 为荷兰生产环境更友好的产品提供了评价依据，是一种切实的评价工具，虽然不是最好，却是当前最切实可行的环境绩效指标和方法。②

第三节 发展中国家的环境绩效评价实践

发展中国家一般都具有人口众多、资源贫乏的特点，加上经济发展的相对落后，往往在环境管理上存在很多特殊的问题。当前的问题一般是环保法规制定不严或虽有法规但执行力度不够，因此，环境管理的重点是法规遵从。在发达国家进入污染预防的较高级阶段时，发展中国家的环保无疑处于较低层次。但是，这些发展中国家正积极地采取措施应对绿色贸易壁垒和经济可持续发展中的一切环境问题，取得了令人振奋的成功。最典型的就是印尼的 PROPER 环境等级绩效评价方案，取得了较大的成果，给印度、中国、菲律宾、泰国、墨西哥等其他发展中国家提供了可资借鉴的参考信息。

一 印度尼西亚的 PROPER 计划

1995 年 6 月，印尼成为第一个接受公共环境报告倡议的发展中国家。印尼的环境影响管理厅（BAPEDAL）建立了一个“污染控制、评价和评级计划”（PROPER）。该程序是由 BAPEDAL 这个政府组织来对企业开展环境绩效评价，结果通过五种颜色的等级排列以记者招待会和网络的形式向公众公开。评价结果依次用“金、绿、蓝、红、黑”五种颜色代表环境绩效从优秀到低劣，此法提供了一种简单而有效地向公众传递环境信息的方式。

---

① 图 3－6 资料是笔者对 SimaPro 6 Database－Method Library 2004 年的资料整理而得。

② 此部分内容参考产品生态咨询网，http：//www. pre. nl/eco－indicator99/eco－indicator_99. htm，2010－12－28。

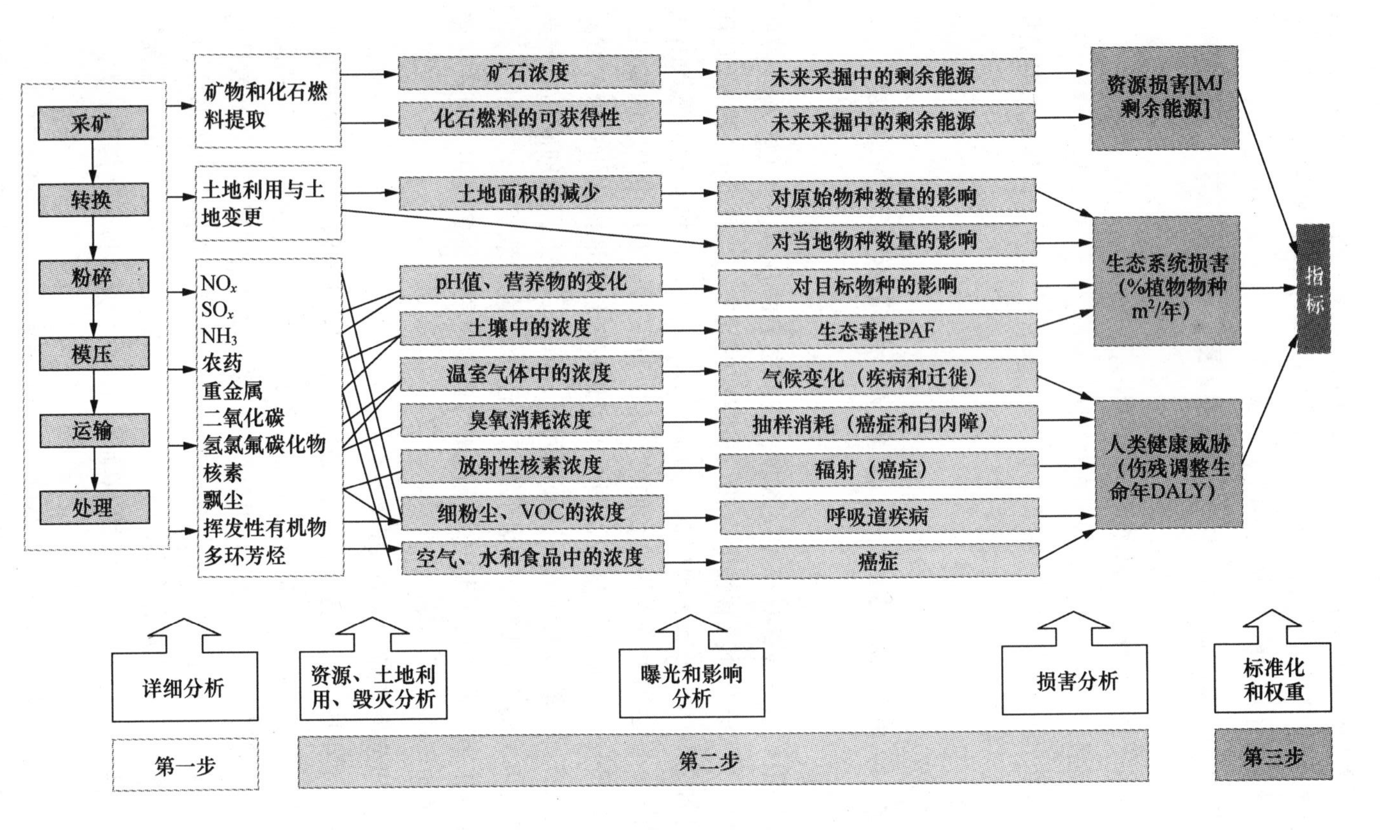

图 3－6　生态指标 99 的评估模式

早期的结果显示，PROPER 对于改善公司的环境绩效非常有效，通过为政策制定者、NGOs 和社会公众提供更多的信息，此计划对企业未来的环境改善增加了压力。PROPER 的成功使得在落后国家发展经济会阻碍环境绩效的改善这个观点受到质疑，因此，PROPER 被认为是发展中国家首创的企业环境绩效信息公开制度。

（一）PROPER 的产生背景

印度尼西亚政府控制污染的传统手段是制定法规和采取市场手段，但是由于其机构能力较软弱，使得这些方式降低污染的效果并不明显。因此，印尼环境影响管理厅负责污染控制的议员 Nabiel Makarim 就设想能否通过环保部门的信息公开，将公众的压力施加给企业，促使企业遵从环保法规改善环境绩效，从而达到污染控制的目的。这便是 PROPER 方法——印度尼西亚公共曝光程序的雏形。

（二）PROPER 的基本内容

印尼的环境影响管理厅认为 PROPER 等级排名的有效性取决于公众是否认可这个评级程序。对于这点，印尼政府通过建立包括其他政府机构、非政府组织和著名的公共形象组织咨询委员会来确保评级程序的机构有效性，使得 PROPER 评级计划在实施的初期具有较高的准确性和连续性。

PROPER 计划具有以下关键特征：

第一，递增式方法。为保证 PROPER 具有较高程度的准确性，首先应该在小范围实施 PROPER 程序，随着时间和经验的增加，再扩大评价领域和评价对象的范围。在初始阶段，环境绩效评价的领域集中在水污染，然后逐步扩展到对危险废弃物和空气污染的评价。因为印尼早在 20 世纪 80 年代就开始立法防治水污染，有管理水污染的丰富经验。PROPER 计划吸收一些自愿参与环境绩效评价的企业，同时，印尼的 BAPEDAL 还强制一些重污染的工厂参与此项目，使得 PROPER 具有半自愿的特征。当 1995 年 6 月引入 PROPER 计划时，印尼有 14 个行业的 187 家工厂参与了此计划。

第二，污染物分布和指标。根据水资源法规，污染物管理的绩效分为中等、差和非常差三类。属于水体污染的项目至少 40 种，具体包括有机物、危险物、有毒物品、营养品、金属和其他。

第三，评级程序。评级是整体战略中保证政治认可度和确保评级准确高质量的重要步骤。评级的具体程序可参见图 3－7，其中包括广泛的数据收集、验证和分析程序；另外，需要咨询委员会来确保外部利益相关者的参与；最后，此程序由环境部来评价。这样保障了 PROPER 计划的高政治认可度和行业严肃性。

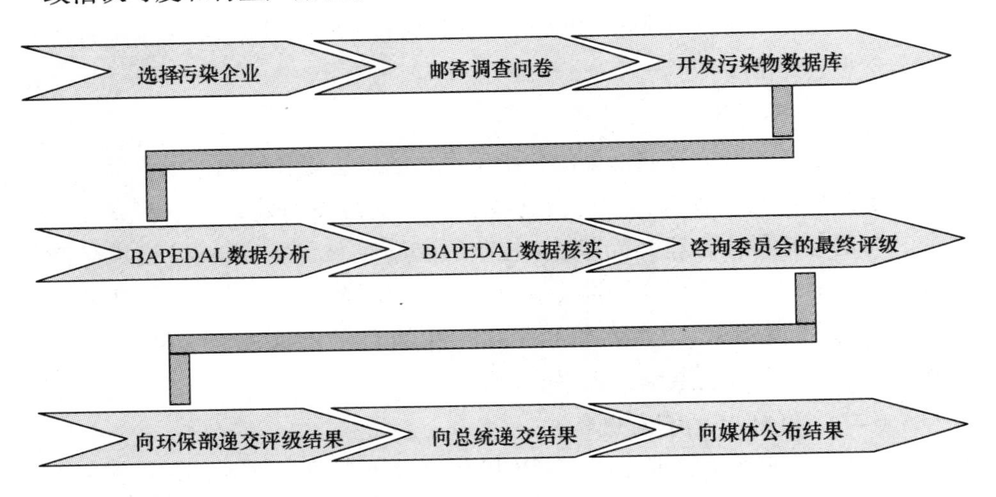

图 3－7　绩效评级程序

第四，基于多媒体的环境绩效概念分析框架。基于多媒体的环境绩效分析的基本框架可参见图 3－8。工厂产生的废弃物以废气、废水和危险废弃物的形式存在，同时也要消耗水、能源和材料。此框架中，基于多媒体的工厂环境绩效评估系统包括四个部分：开发汇总污染物规则、绩效类别确定、解决类别和连续性问题、特殊污染物的确定标准。

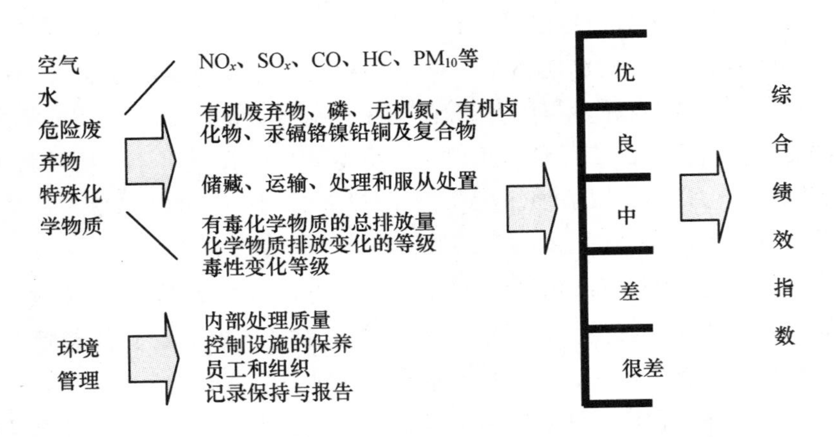

图 3－8　基于多媒体的环境绩效分析框架

第五，综合指数的选择。PROPER 以谨慎和透明原则选择了 min - min 模型，综合指标的表示方法如式（3 - 7）所示：

$$综合指数(I) = worst[空气、水、危险废弃物、特别化学物质] \quad (3-7)$$

式（3 - 7）所列指标对绩效较差的污染者会产生刺激作用。然而，如果没有与污染物相关的成本与效益信息，就无法评价指数的偏离程度。在评价初期，这个指标可以最小化分级的误差，当数据与经验更丰富时，应当调整评价体系。

第六，绩效评价类别。PROPER 的五种颜色级别的定义如表 3 - 21 所示。

表 3 - 21　　BAPEDAL 的五色环境绩效评价系统

颜色	绩效等级	定义	政策目标	激励
金	优	清洁工艺、废弃物最少化、污染防治	促使采用清洁工艺	公众表扬
绿	良	优于标准、好的维护及管理		
蓝	中	有治理且达到最低标准		
红	差	有治理但未能达标	施加压力强制治理	公众压力与执法
黑	很差	没有污染控制措施，对环境造成严重的破坏		

（三）PROPER 计划的评析

世界银行出版了关于 PROPER 的几份报告和案例研究，并于 1998 年将其誉为“以知识为基础的现代政策工具”。[①] 受其影响，菲律宾、泰国、印度等发展中国家也积极计划引进 PROPER 程序。

在 PROPER 的评级过程中，BAPEDAL 系统强调了信息公布的作用，这种方式使得责任制和数据收集工作增强，政策决策及规划中信息使用更加客观，不仅提高了环保部门的威信，而且对全体人员的士气有积极的影响。

总体而言，PROPER 的评级强调了信息手段在企业的环境管理、公众行动和市场估价中具有重要作用，PROPER 计划具有花费低、可改善环保部门的工作、贫民可能受益最多等优点，但仍存在影响分布、成本与效

① 参见世界银行官方网站，http：//www.worldbank.org./NIPR/wdr99.htm，2010 - 12 - 29。

益、不连续、风险难以解释、公众注意力受多种因素影响以及扩展等主要问题，因此应将其与行政命令结合使用。PROPER 与行政命令的对比如图 3 – 22 所示。

表 3 – 22　　　　PROPER 方法与行政命令的对比

重要特性	PROPER 法	行政命令
效果的概念	涉及从违规到清洁技术	两类：服从和不服从
动机	企业声誉、市场及管理部门的威胁	管理部门的威胁
公众参与程度	方法的核心所在	没有或有限
法规的作用	制定标准/效果方法/检查/有选择地强制/信息发布	制定标准/检查/强制执行

二　菲律宾的 Eco – Watch 项目

菲律宾于 1996 年引入了 Eco – Watch，其原理与 PROPER 一样，即通过信息公开制度来减少污染。菲律宾总统 1996 年 12 月 7 日签署 23 个行业（大约代表 2000 家公司）的协议备忘录，正式启动了生态标签战役——工业 Eco – Watch 项目，其目的是鼓励国内企业遵守环境法规，并对环境绩效超标的企业给予奖励。

项目允许政府专门设立环境分级制度，将这些公司的环境绩效按等级分为五种颜色（金、蓝、绿、棕、黑）的标签系统，类似于印尼的 PROPER 计划。颜色从金、蓝、绿、棕、黑分别代表环境业绩一流、很好、遵守、不遵守、非常差。程序最早用来评价水的质量，监测的参数包括水中的生化需氧量（BOD）和固体悬浮物总量（TSS）。若公司没有任何污染控制措施或导致了严重的环境损害，则属于黑色级；若公司达到所有的环境标准和必要的程序（如自我报告污染数据）则属于蓝色级；若公司连续三年持续地达到环境标准，并且执行至少两项诸如减少废弃物和回收利用的环境控制程序，则属于金色级。

Eco – Watch 评级系统的引入解决了常规法规对于污染降低的失败问题。通过 1998 年的一项对 52 家企业的调查，最初参与评价的 48 家不遵从法规的公司（属于黑色或红色级），通过等级评价后，环境绩效得到显著改善，属于蓝色等级的企业从 8% 增加到了 58% 。[①]

---

① http：//www. danang. gov. vn/，2010 – 12 – 29.

菲律宾 Eco－Watch 披露程序的开发者正在积极追求类似的政治策略。鉴于 Eco－Watch 程序取得的成功，菲律宾已经发起了滨海 Eco－Watch 方案——滨海将依据水质量和休闲的舒适度进行等级划分。

三　其他发展中国家的环境绩效评价状况

印度的科技与环境中心（CSE）于 20 世纪 90 年代末期发起了“绿色排名项目”（GRP）。此项目目的是监测印度公司的环境业绩并据此进行等级排名。

仅次于印尼和菲律宾，中国、泰国和墨西哥也利用信息公开披露来进行环境管理。最近，越南正在实施环境等级排名方案，通过学习越南一些城市实施等级项目的经验，包括胡志明市出版的“绿皮书”和“黑皮书”的两种图书。图书依据行业自 2001 年以来的环境绩效表现，将其划分为“绿”和“黑”两大类别。

第四节　中国环境绩效评价工作的演进

20 世纪 90 年代中期中国开始实施 ISO 14000 系列环境管理标准，环境绩效的概念便由此引入。据我国学者陈汎的调查，国内有关环境绩效的研究 1997 年首次出现，2000 年之后逐渐成为热点。[①] 学界对环境绩效研究的具体情况已在导言介绍，此处不再赘述。我国环保监管机构从 2003 年起逐渐把环境保护作为一种战略决策，制定了一系列法规文件，对上市公司的环境绩效评价的研究与开展起到了宏观指导作用。

我国当前的环境绩效评价实践主要停留国家或省级的宏观层面，如 OECD 于 2006 年完成的中国国家环境绩效评估，2008 年开始的中国省级环境绩效评估项目。[②] 对企业层面的环境绩效评估还处于初始阶段，如国家环保总局与世界银行联合于 2000 年和 2004 年对江苏省、重庆市、安徽省的部分企业开展的环境行为评价研究，已取得初步成果，形成了一系列规范文件。这不仅与国家环保部门的引导紧密相关，对上市公司环境绩效

① 数据详见陈汎《企业环境绩效评价：在中国的研究与实践》，《海峡科学》2008 年第 7 期，第 31 页。

② 此项目由中国环境规划院、美国耶鲁大学、哥伦比亚大学合作启动，一个前沿性的研究项目，希望借助这个前沿性项目，来促进中国环境问题的科学决策并提高公共管理。

评价工作的开展也可以起到经验借鉴作用。

一 环境绩效评价的主要规范

与企业环境绩效评价直接相关的法规文件主要包括国家环保总局发布的《关于对申请上市的企业和申请再融资的上市企业进行环境保护核查的规定》(2003)、《关于开展创建国家环境友好企业活动的通知》及其附件《"国家环境友好企业"指标解释》(2003)、《关于加快推进企业环境行为评价工作的意见》及附件《企业环境行为评价技术指南》(2005) 等。

(一) 关于对申请上市和申请再融资的企业和上市企业进行环境保护核查的规范

为了促进重污染上市公司经营行为符合环保相关法律法规，避免上市公司因环境问题带来投资风险，国家环保总局于 2003 年制定了《关于对申请上市的企业和申请再融资的上市企业进行环境保护核查的规定》(环发［2003］101 号文)。

文件将开展环保核查的对象确定为申请上市的重污染行业企业、申请再融资的上市企业和募集资金投资于重污染行业的创业行为，其中，重污染行业暂定为冶金、石化、化工、煤炭、建材、火电、酿造、造纸、发酵、制药、制革、纺织和采矿业 13 个。申请上市的企业须符合以下环境要求：依法申领排污许可证，并达到许可证规定的要求；主要污染物的排放达到国家或地方规定的标准；工业固体废弃物和危险废弃物的安全处置率均达到 100%；企业单位主要产品的主要污染物排放量达到国内同行业先进水平；环保设施稳定运转率达到 95% 以上；新、改、扩建项目"环境影响评价"和"三同时"制度执行率达到 100%，并经环保部门验收合格；产品及其生产过程中不含有或使用国家法律、法规、标准中禁用的物质以及我国签署的国际公约中禁用的物质；按规定及时足额缴纳排污费。

环保核查行为对引导重污染行业上市公司的正确环保行为具有重大意义。截至 2007 年 7 月 15 日，在环保总局已经受理的上市环保核查公司中，有 10 家企业因查出的环保问题而没有通过环保核查（亦称暂缓审核)，阻碍了其上市的进程。[①]

(二) 关于开展创建国家环境友好企业活动的规范

为促进企业积极开展清洁生产活动，深化工业污染防治，国家环保总

① 如河北威远生物化工股份有限公司、广东塔牌集团股份有限公司等未通过核查，数据详见中华人民共和国环境保护部网站，http://www.mep.gov.cn/，2010-12-30。

局于2003年5月23日下发了《关于开展创建国家环境友好企业活动的通知》（环发［2003］92号）及附件《"国家环境友好企业"指标解释》。附件将指标分为环境、管理和产品三大类，具体内容如表3－23所示。

表3－23　"国家环境友好企业"环境绩效指标

指标	二级指标	计算公式或含义	考核要求	数据或资料来源
环境指标	企业排放污染物	企业排放的废气、废水、噪声、固体废弃物、放射性废弃物	达标，达标率100%	内部管理和环保部门监督台账
	单位产品综合能耗	＝能源消耗量（克标准煤）／生产出1吨某产品（吨）	≤同行业领先水平	企业统计，出具行业协会证明
	单位产品水耗	＝耗水量（吨）／生产出1吨某产品（吨）	≤同行业领先水平	同上
	单位工业产值主要污染物排放量	＝主要污染物排放量（吨）／工业总产值（万元）	≤同行业领先水平	同上
	废弃物综合利用率	＝报告期内企业综合利用的废弃物量/报告期内企业废弃物产生量×100%	≤同行业领先水平	企业统计，地环保审核，行业协会证明
	环境管理体系	已获ISO 14001认证；或建立完善的环境管理体系	出具认证证书或相关材料	同上
管理指标	实施清洁生产	产品范围；清洁生产审核；方案取得良好环境和经济效益	提供清洁生产审核报告和方案实施情况总结报告	企业统计，省级环保核实；考核组现场考核
	"环境影响评价"和"三同时"制度执行率	符合规定；近三年未违规；环保验收合格	执行率100%，并经环保部门验收合格	同上
	环保设施运转率	环保设施正常运转天数/（365－环保设施正常停转天数）×100%	达到95%以上 运行参数合运行要求	内部记录及环保检查台账
	固体废弃物和危险废弃物处置率	＝报告期内固体和危险废弃物处置量/报告期内固体和危险废弃物产生量	处置率达到100%	企业统计，省环保核实
	厂区清洁优美	厂区生产环境清洁优美	主厂区内绿化覆盖率达35%以上	企业统计，省环保核实，考核组考核
	排污口合规；在线监测	符合规范化整治要求；污染物在线监控装置	设立规范标志牌；安装并正常运行主污在线监控设备	同上

续表

指标	二级指标	计算公式或含义	考核要求	数据或资料来源
管理指标	排污许可证申领	领取排污许可证，遵守有关规定	出示排污登记材料和排污许可证正本，以及有关台账	同上
	按规定缴纳排污费	按时足额缴纳	出示按时足额缴纳排污费的有关资料	同上
	三年内无重复环境信访案件，无环境污染事故	近三年内无环境污染事故，及时认真处理环境信访案件，上访人满意，未发生重复信访	出示处理结果和上访人满意的有关证明材料	同上
	健全的环境管理机构和制度；环保档案完整；监测数据等各种基础数据资料齐全	环境管理机构和人员；环境管理制度健全完善；有近三年的完整环境保护档案和各种环境基础数据资料；日常监测污染物，有监测数据	出示有关的资料或证明材料	同上
	周围居民和企业员工的满意率	对企业的生产和生活环境是否满意	达90%以上	考核组现场问卷调查
	自愿继续削减污染物排放量	企业环保承诺、自愿减少协议	出示协议；三年无违法违规事件	企业统计，考核组现场考核
产品指标	(1) 产品及其生产过程中不得含有或使用国家法律、法规、标准中禁用的物质； (2) 产品及其生产过程中不得含有或使用我国签署的国际公约中禁用的物质； (3) 产品安全、卫生和质量要求应符合国家、行业或企业相关标准的要求； (4) 在环境标志认证范围之内的产品，按照认证标准要求进行考核			同上

指标解释详细地说明了企业能源资源消耗等环境指标、环境管理指标和产品环境要求等指标，并提出了考核要求和具体的数据来源，具有切实可行性，对促进企业按照标准履行环保承诺，加强产品各生产阶段的减排起到重要的指导作用。全国首批共8家企业获得此称号，截至2006年12

月 18 日，全国有 30 家企业获得“国家环境友好企业”称号。为进一步提高这项工作的计划性和规范性，国家环保总局于 2005 年又发文《关于进一步做好创建国家环境友好企业工作的通知》（环办［2005］27 号），以帮助企业持续改善其环境行为，向更高的目标迈进。

（三）关于企业环境行为评价的规范

国家环保总局在总结 2003 年和 2004 年企业环境行为评价试点结果的基础上，为推进全国企业的环境行为评价工作，于 2005 年发布了《关于加快推进企业环境行为评价工作的意见》（环发［2005］125 号，以下简称《意见》）。《意见》规定从 2006 年起，各省、自治区、直辖市要选择部分地区开展试点工作，有条件的地区要全面推行企业环境行为评价；到 2010 年前，全国所有城市全面推行企业环境行为评价，并纳入社会信用体系建设。评价参考印尼的 PROPER 原则，将企业的环境行为按照优劣程度分为很好、好、一般、差和很差五个级别，分别用绿色、蓝色、黄色、红色和黑色来表示，并向社会公布，以方便公众了解和辨识。具体评定依据如表 3－24 所示。

表 3－24　　中国企业环境行为评价评级系统

颜色	评价标准
绿色	企业达到国家或地方污染物排放标准和环境管理要求，通过 ISO 14001 认证或者通过清洁生产审核，模范遵守环境保护法律法规
蓝色	企业达到国家或地方污染物排放标准和环境管理要求，没有环境违法行为
黄色	企业达到国家或地方污染物排放标准，但超过总量控制指标，或有过其他环境违法行为
红色	企业做了控制污染的努力，但未达到国家或地方污染物排放标准，或者发生过一般或较大环境事件
黑色	企业污染物排放严重超标或多次超标，对环境造成较为严重影响，有重要环境违法行为或者发生重大或特别重大环境事件

《意见》的附件《企业环境行为评价技术指南》规定的环境行为评价指标体系由污染排放指标（13 个评价因子）、环境管理指标（6 个方面）和社会影响指标（4 种情况）三大类共 17 项指标组成。该指南考虑东中

西部的环保工作的差异，特提出了分别适用于东部和中西部的 A、B 两套评价标准。评价采取的方法是单一指标判别法，具体的等级划分逻辑如图 3－9 所示。

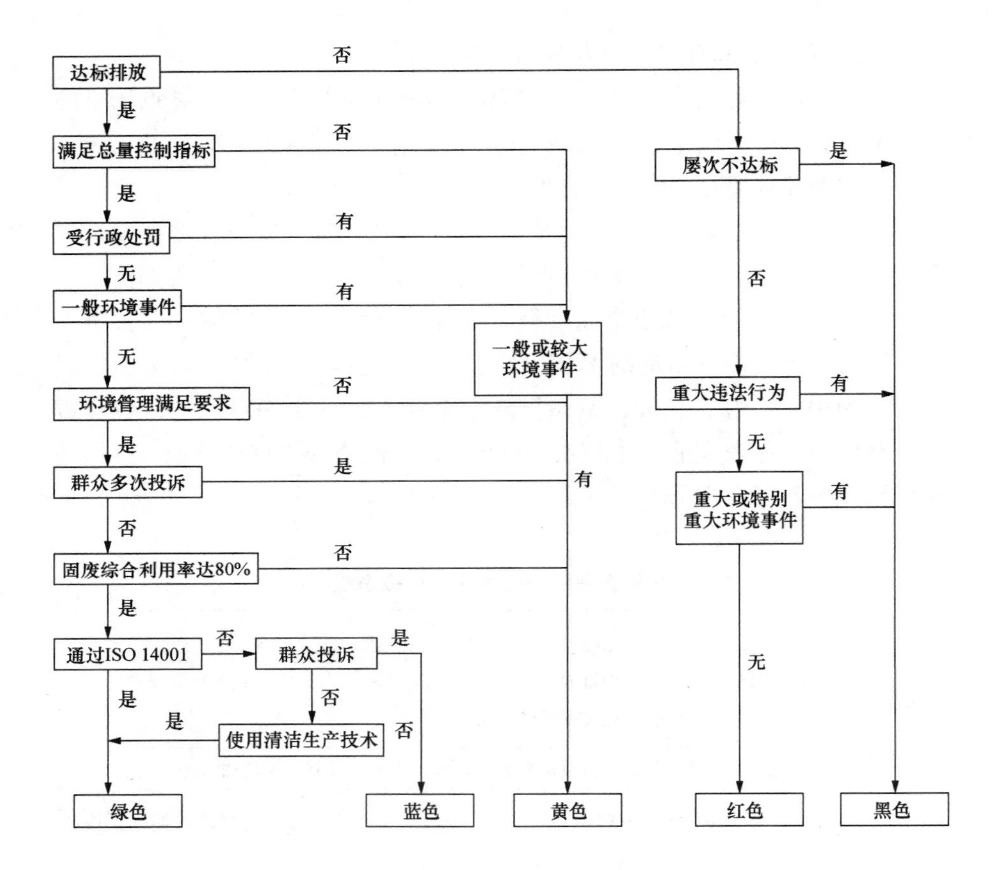

图 3－9　中国企业环境行为评价逻辑框架

这种单一的评价法积极引入了印尼的 PROPER 思想，具有较强的可操作性。但其主要依赖于信息公开引致的公众压力，再由这个压力推动企业环境绩效的改善，因此，用此法评价企业行为时，需要加强企业环境信息的公开工作，建立“环保部门牵头，多政府部门参与，纪检部门监督”的工作协调机制，以满足进一步推广信息公开制度的需要，并保证绩效评价结果的公正性。

二　上市公司环境信息披露的有关规范

有关上市公司环境绩效信息披露的规范主要有《关于企业环境信息公开的公告》（2003）、《环境信息公开办法（试行）》（2007）、《上市公司环境信息披露指南（征求意见稿）》（2010）等。这三份文件基本可以说明我国企业环境信息公开规范的发展趋势。三份文件关于企业环境信息披露的对象、披露范围、披露要求、奖励与惩罚等具体内容可参见表3－25。

表3－25　环境信息披露的规范要求变化

项目	程度	《关于企业环境信息公开的公告》（2003）	《环境信息公开办法（试行）》（2007）	《上市公司环境信息披露指南（征求意见稿）》（2010）
披露对象	强制	超标排放的污染严重企业名单	污染物排放超过排放标准，或者污染物排放总量超过核定的排放总量控制指标的污染严重的企业名单	上海证券交易所和深圳证券交易所A股市场的重污染行业上市公司，包括：（1）污染物超标排放或者污染物排放总量超过规定限额的污染严重企业；（2）生产中使用或排放有毒有害物质的企业；（3）应当开展清洁生产审核的企业
	自愿	其他企业	其他企业	其他行业的上市公司
	临时	2次（含）以上主要污染物排放没有达标；2次（含）以上污染物排放总量超标；连续2次（含）以上出现环境违法行为；发生重大污染事故；发生集体性环境信访案件	—	突发环境事件或受到重大环保处罚

续表

项目	程度	《关于企业环境信息公开的公告》（2003）	《环境信息公开办法（试行）》（2007）	《上市公司环境信息披露指南（征求意见稿）》（2010）
披露内容	强制	（1）企业环境保护方针；（2）污染物排放总量；（3）企业环境污染治理；（4）环保守法；（5）环境管理	（1）企业名称、地址、法定代表人；（2）主要污染物的名称、排放方式、排放浓度和总量、超标、超总量情况；（3）企业环保设施的建设和运行情况；（4）环境污染事故应急预案	年度环境报告：（1）重大环境问题的发生情况；（2）环境影响评价和“三同时”制度执行情况；（3）污染物达标排放情况；（4）一般工业固体废弃物和危险废弃物依法处理处置情况；（5）总量减排任务完成情况；（6）依法缴纳排污费的情况；（7）清洁生产实施情况；（8）环境风险管理体系建立和运行情况 临时报告：重大环保事件——应当报告环境事件的发生时间、地点、主要污染物质和数量、事件环境影响和人员伤害情况（如有）、已采取的应急处理措施；重大环保处罚——应披露违法情形和违反的法律条款、处罚时间、处罚具体内容、整改方案及进度
	自愿	（1）企业资源消耗；（2）企业污染物排放强度；（3）企业环境的关注程度；（4）下一年度的环境保护目标；（5）当年致力于社区环境改善的主要活动；（6）获得的环境保护荣誉；（7）减少污染物排放并提高资源利用效率的自觉行动和实际效果；（8）对全球气候变暖、臭氧层消耗、生物多样性减少、酸雨和富营养化等方面的潜在环境影响	（1）企业环境保护方针、年度环境保护目标及成效；（2）企业年度资源消耗总量；（3）企业环保投资和环境技术开发情况；（4）企业排放污染物种类、数量、浓度和去向；（5）企业环保设施的建设和运行情况；（6）企业在生产过程中产生的废弃物的处理、处置情况，废弃产品的回收、综合利用情况；（7）与环保部门签订的改善环境行为的自愿协议；（8）企业履行社会责任的情况；（9）企业自愿公开的其他环境信息	（1）经营者的环保理念；（2）上市公司的环境管理组织结构和环保目标；（3）环境管理情况；（4）环境绩效情况；（5）其他环境信息

续表

项目	程度	《关于企业环境信息公开的公告》（2003）	《环境信息公开办法（试行）》（2007）	《上市公司环境信息披露指南（征求意见稿）》（2010）
披露形式	强制	国家和省级环保部门的政府网站，报纸和其他形式的媒体，印制小册子	所在地主要媒体	年度环境报告——环境保护部网站和公司网站；临时环境报告——环保部网站、《中国环境报》和公司网站
	自愿	政府网站、企业网站、年度环境报告书	媒体、互联网等方式，或者年度环境报告	
披露要求		如实、准确、具三年连续性	及时、准确	准确、及时、完整
披露原则		自愿公开与强制性公开结合	自愿公开与强制性公开结合	自愿公开与强制性公开结合
违规处罚		对不公布或者未按规定公布污染物排放情况的，应依据《清洁生产促进法》，按照相应的管理权限，由县级以上环保部门公布，可以并处相应的罚款	不公布或者未按规定要求公布污染物排放情况的，由县级以上环保部门依据《清洁生产促进法》的规定，处10万元以下罚款，并代为公布	—
披露奖励		—	自愿公开企业环境行为信息且模范遵守环保法律法规的企业，环保部门可以给予公开表彰、优先安排环保专项资金项目、优先推荐清洁生产示范项目或者其他国家提供资金补助的示范项目及其他奖励措施	—
披露时间		—	—	事件发生后一天内或得知处罚决定后一天

从表3－25可以看出，我国环保部正在逐步引导企业规范化披露其环境信息，具体体现在以下几个方面：

第一，具有强制环境信息披露的披露对象逐步扩大，并更加明确，而具有临时环境信息披露义务的披露对象范围相对缩小。表3－25中披露对象一栏的资料显示，三份规范文件规定的具强制性披露义务的企业，由2007年前的“污染物排放超标的企业”扩大到“生产中使用或排放有毒有害物质的企业”及“环保部规定应当开展清洁生产审核的企业”，并且进一步明确为“在上海证券交易所和深圳证券交易所 A 股市场的重污染行业上市公司”。自愿性披露环境信息的企业范围基本没什么变化，但具临时环境信息公开义务的企业范围缩小至“突发环境事件”和“受到重大环保处罚”。这说明，环保部正在扩大强制性环境信息披露的企业范围，而重污染行业上市公司则是环境信息公开的重点监控对象。

第二，强制性和自愿性披露的环境信息更加丰富。需强制公开的环境信息除 2003 年规定的废弃物排放、法规遵守、环境管理、污染治理等之外，逐步扩大到 2007 年环保设施建设与运行、环保事故应急预案等内容，到 2010 年更加丰富，除上述内容外，还包括重大环境事故情况、温室气体等的污染物总量减排、清洁生产实施、环境风险管理体系的建立等。而鼓励企业自愿披露的环境信息包括环保方针与目标、资源消耗、污染物排放、废弃物利用等，2007 年的文件规范又扩展到年度环保成效、环保技术开发、环境承诺、社会责任等内容，到 2010 年基本形成了包括环境理念、环境管理体系、环境标志认证、污染预防措施、环境绩效、生物多样性、环境教育与培训等具有较完善内容的环境报告体系。这些变化不仅受到哥本哈根气候大会等国际环境关注点的影响，与我国当前的经济发展形势、人们不断提高的环保意识也是分不开的。

第三，披露形式、披露要求与披露原则变化不大。信息披露的方式一般为环保部网站、企业网站、报纸、所在地主要媒体等，披露载体一般采用年度环境报告书和小册子的模式，最近明确包括《中国环境报》。披露要求基本是及时、准确、连续，现在还包括完整性。而披露原则均是自愿与强制相结合，未发生变化。

第四，信息披露的奖励与处罚。从表 3 – 25 可以看出，2003 年的《关于企业环境信息公开的公告》对不公布和未按规定公布有关信息的企业做了处罚规定，2007 年的《环境信息公开办法（试行）》不仅明确了环境信息公开不合规的处罚额度（10 万以下），还规定了自愿公开环境信息的奖励措施。这说明，国家环保部正在逐步采取激励措施加大对环境信息公开的重视程度。

第五，受 2010 年紫金矿业污水渗漏环境污染事故的影响，国家环保部于 2010 年发布的《上市公司环境信息披露指南（征求意见稿）》专门规定了临时环境报告的发布时间要求。

以上分析表明，我国环境保护部非常重视上市公司的环境信息公开工作，这在基础数据来源上，促进了上市公司环境绩效评价工作的开展。但这些文件均由国家环保部发布，没有得到其他部门，如中国证监会、财政部等部门的协调与配合，其作用范围必定会受到一定限制，难以完全发挥信息公开的指导作用。

三　与上市公司环境绩效评价间接相关的规范

为配合上市公司环境绩效评价工作的积极开展，国务院办公厅、中国证券监督管理委员会和环境保护部还就上市公司环境信息公开披露和环保核查等方面发布了一系列文件。这些规范的发布机构、名称、文件号及相关内容如表3－26所示。

表3－26　　中国与环境绩效评价间接相关的文件规范

发布机构	文件名称	文件号	涉及环境绩效评价的具体规定	主要影响
国务院办公厅	《国务院关于落实科学发展观加强环境保护的决定》	国发［2005］39号	规定“企业应当公开环境信息”	确立了环境保护的战略地位
	《关于加快发展循环经济的若干意见》	国发［2005］22号	号召以尽可能少的资源消耗和尽可能小的环境代价，取得最大的经济产出和最少的废弃物排放	提出了“减量化、再利用、资源化”原则
	《国务院关于印发〈节能减排综合性工作方案〉的通知》	国发［2007］15号	提出“加强上市公司环保核查”	明确了节能减排目标、要求及实现途径
中国证券监督管理委员会	《上市公司信息披露管理办法》	2007年第40号令	上市公司作为信息披露义务人，应当向所有投资者公开披露信息	详细规定了信息披露形式和具体内容
	《关于重污染行业生产经营公司IPO申请申报文件的通知》	发行监管函［2008］6号	规定“从事火力发电、钢铁、水泥、电解铝行业和跨省从事其他重污染行业生产经营公司申请首次公开发行股票的，申请文件中应当提供国家环保总局的核查意见；未取得相关意见的，不受理申请。”	引发了公众对上市公司环保核查的广泛关注

续表

发布机构	文件名称	文件号	涉及环境绩效评价的具体规定	主要影响
环境保护部	《关于做好上市公司环保情况核查工作的通知》	环发［2001］156号	确定环保核查主要内容：近三年是否发生环境污染事故和环境违法行为；现阶段生产过程是否对环境造成污染，是否达到国家和地方规定的环保要求，对环境污染是否采取治理措施以及治理效果评价；募股资金拟投资项目是否符合环境保护要求	提出对污染严重上市公司进行环保核查
	《关于对申请上市的企业和申请再融资的上市企业进行环境保护核查的通知》	环发［2003］101号	确定核查对象、核查内容、核查要求及核查程序	督促重污染行业上市企业遵守环保法规，避免污染问题带来投资风险
	《关于进一步规范重污染行业生产经营公司申请上市或再融资环境保护核查工作的通知》和《上市公司环境保护核查工作指南》	环办［2007］105号	在环发［2003］101号基础上，新增“从事火力发电、钢铁、水泥、电解铝行业的公司”为核查对象，暂定核查范围，提出了公示要求	进一步规范和推动了环保核查工作
	《关于加强上市公司环境保护监督管理工作的指导意见》	环发［2008］24号	提出要积极探索建立上市公司环境信息披露机制，开展上市公司环境绩效评估研究与试点及加大对上市公司遵守环保法规的监督检查力度等要求	贯彻国家各种文件精神，引导上市公司履行保护环境的社会责任
	《关于开展上市公司环保后督查工作的通知》	环办函［2009］777号	决定对2007—2008年通过国家环保部上市环保核查的公司开展环保后督查工作	督促上市公司履行环保承诺，改进环境行为
	《关于进一步严格上市环保核查管理制度加强上市公司环保核查后督查工作的通知》	环发［2010］78号）	由省级环保部门将2005年以来和今年第一、第二季度上市公司环保核查情况，按照附件要求于2010年7月31日前报告环境保护部	完善上市公司环境信息披露机制、加大上市环保核查信息公开力度

四　中国环境绩效评价规范的特点

由上，我国企业层面的环境绩效评价工作，没有建立起如欧盟的 MEPI 那样的环境绩效数据库，也没有制定如 ISO 14001 那样专门针对某一行业或公司的环境绩效评价指标体系，但已取得了巨大进步，体现在以下三个方面：第一，企业的环境绩效评价模式参考了印尼 PROPER 程序依靠环境信息公开制度影响企业环境绩效的模式，与其不同的是，我国的环境行为评价制度还引入了经济激励和法律制裁手段，更适合国情；第二，国家环保部门虽未建立起上市企业的环境绩效评估指标体系，但先后制定了许多与其相关的法规文件，起到了督促上市公司法规遵从有效管理环境的重要作用，为上市公司环境绩效评价指标体系的建立也提供了切实可靠的依据；第三，这些法规文件虽然制定依据、规定对象和内容不同，但其最终目的都是改善企业的环境绩效。主要特点是绩效指标主要集中于污染物排放与制度执行等信息，涉及环保社会影响类指标（如环保信访、投诉等）。

我国微观层面的企业环境绩效评价尚处于初步发展阶段，虽取得了一定成果，但还存在环保法规缺乏必要的细节说明、可操作性欠缺、主动报告意识不强、执法不力、定量财务指标缺乏等问题，还需社会各界的协调配合以促进其完善发展。

第五节　比较与启示

综观各国际组织、发达国家、发展中国家和我国环境绩效评价工作的进展，由于受各国政治经济发展水平、法制环境、企业文化等因素的制约，环境绩效指标体系的可操作性和工作进展的重点存在较大差异。但是在评价所贯穿的理念方面呈现出一些共同的特点，在评价进程方面还存在着一定的规律性，这些成果对于认清我国上市公司当前环境绩效工作任务，制定切实的环境绩效指标具有积极的指导意义。

一　环境绩效评价工作体现的基本理念

国际层次上全球环境绩效评价的标准化工作，说明绩效的指标体系设定依赖于其信息提供目的，分为内部管理和对外报告两种，前者主要考虑自身经营特点，后者需要借助某种权威机构的协调，具有广泛认可度。除此之外，指标的设定还与评价的对象是企业整体还是个别产品而出现差异。无论如何，这些环境绩效评价标准都体现了以下基本原理：

（一）环境与财务双赢观

综观环境绩效评价的发展历程，可以看出，环境绩效评价产生于经济发展引致的环境问题，经过近40年的发展，其目标仍是保持企业营利性的同时尽可能减少对自然环境的破坏。这根源于企业的性质，即一种以营利为目的的组织。这种性质决定了企业不可能为了承担环保责任而放弃对财务绩效的追求。因此，财务与环境之间的最理想状态就是“双赢”，也就是说，在企业的发展过程中，保持财务绩效和环境绩效的同时提升，使得企业和社会同时获益。并且，大量案例研究和实证资料也充分表明“双赢”可能性的存在。[①] 这种“双赢”体现在环境管理标准中，就是在评价企业的环境绩效时，需结合考虑企业的财务指标。最典型的成果就是WBCSD提出的“生态效益”复合评价指标，与我国《关于加快发展循环经济的若干意见》（2005）的思想也是一致的，其衡量公式为：生态效益=产品或服务的价值/环境影响。我国常用的排污强度指标，即单位产出的排污量，可视为生态效益指标的倒数。除此，国内有些企业披露的万元产值综合能耗、单位产值水耗、单位产值废弃物排放量等指标[②]，均是结合财务指标的环境绩效指标。

（二）生命周期观

评价企业整体的环境绩效通常应考虑产品生命周期的全过程，贯彻“从摇篮到坟墓”的思想，包括原材料获取、产品生产、使用直至最后处置等过程的全部环境影响，整合到环境管理战略决策之中，在产品设计、材料采购、营销和售后服务的每个过程尽可能减少环境污染成本的发生。因此，在设计评价指标时，还需考虑企业上下游企业的环境问题，全面遵循生命周期理念。比较典型的例子就是ISO 14040生命周期评价系列标准和生态指标99产品标准的发布。

（三）物质与能量守恒观

根据热力学第一定律，物质和能量既不能被消灭也不能被创造。运用到环境管理之中就是：物质的生产受到供给限制，生产越多，废弃物就越

---

① 关于财务绩效与环境绩效双赢的文献回顾，请参见第五章有关部分的论述。

② 具体指标可参见第四章和第六章有关上市公司环境绩效信息披露的内容。

多。这就是发展循环经济“减量化、再利用、资源化”的理论依据之所在。进一步将其运用到环境绩效评价指标的设定中，就类似于经济学的投入产出分析，其关系可以简化为：资源投入 = 产品或服务产出 + 污染物排放。不仅避免了“末端治理”的局限，对于提高资源使用效率与效果、两型社会的建立都具有重大的理论意义。

（四）标准化与个性化相结合

绩效指标标准化的目的是提高信息可比性，从而最大化信息的决策使用价值。这对于企业内外部沟通、加强公众参与与监督将大有裨益。但是，不同地区不同行业的企业的环境管理行为受到各种不同因素的影响，因而其主要环境因素也具有很大的差异性。这种状况就需要在制定指标时设置不同层次的指标，如通用指标与行业专用指标，以协调企业内部管理和外部报告之间、标准化与个性化之间的矛盾问题。最能体现这个观点的例子就是 GRI 的核心指标和附加指标的设定、我国环境信息披露强制性和自愿性相结合的信息披露原则等。

上述理念分别从财务角度、技术和管理层面结合、评价范围拓宽、时间维度、空间维度等体现环境绩效指标的设定原则，这些环境绩效评价的基本原理对于结合财务绩效与环境绩效，制定具有中国特色的环境绩效指标体系具有重大的理论借鉴意义。但是这些研究成果仍存在诸如行业绩效指标差异大、企业间整体环境绩效的比较困难、大部分环境影响指标难以标准化等问题，因此，它们都不可能成为要求企业必须遵守环境绩效的行为准则或验证性标准，只能定位于环境绩效评价的指导纲要。要将环境绩效评价指标发展为类如国际会计准则那样的程度，还需社会各界的巨大努力，我们任重而道远。

二 环境绩效评价的发展趋势

综合上述不同组织、不同地区环境绩效评价的发展过程，可以发现环境绩效评价经历了“污染控制/法规遵从→污染预防→生态效益→生态革新→生态伦理→可持续发展”的发展过程。这个过程对我们的启示就是，首先需明确我国环境管理现状，然后对症下药，紧追慢赶，尽快缩小与发达国家环境管理的差距。

我国的环境管理与经济发展一样，正面临着环境瓶颈问题——西方发达国家设置的绿色贸易壁垒。要改变这种状况，我国政府需要从内外部两个角度来完善现存制度存在的问题。

从内部而言，要从财务绩效方面，深入挖掘上市公司环境管理的原因，促进企业自主评价和报告环境绩效的自觉性。不仅要加紧 ISO 14031 标准的推广应用，尽快由政策引导过渡到企业的自发行为阶段，还要加紧企业环境报告制度的制定与推广步伐，辅之以相应的财务激励惩罚措施，以保障制度的正确实施。最后，还需推动环境管理体系审核机制的建立，起到环境信息公开的激励效果。

从外部而言，需要从完善企业外部环境绩效评价制度着手。可从下列方面来进行：一是将企业环境绩效评价制度法制化，以国务院暂行条例或环保部规章的形式明确环境管理制度的重要地位，确定企业环境绩效评价工作的主体、对象、实施的频率、报告方式和激励与惩罚机制；二是引入财务业绩等量化评价指标，现存制度主要是定性指标的评价，对财务指标考虑不够深入，因此应协调财务、环境和统计各界人士，共同协商较好体现双赢目标的绩效评价指标与评价方式；三是加紧各行业环境绩效数据标准的制定，进一步细化国家环境绩效评价指标的内容，以增强指标的可操作性和可比性；四是调整判定标准，结合一般通用指标和核心指标，参考生命周期模式和物质平衡原理，制定一套在全国通用的环境绩效评价指标体系。

总之，我国应从战略角度，发展“三重底线”的绩效报告模式，完善各种环境相关法律法规，加强执法力度，尽快制定适合国情的环境报告指南。从引导和规范上市公司的环境绩效评价与报告，带动更多企业的自主环境绩效评价，从微观层面环境与财务双赢的实现，达到整个国家和地球的环境状况改善。

第四章　上市公司环境绩效信息披露现状评析

中华人民共和国环保部办公厅2009年8月3日发函《关于开展上市公司环保后督查工作的通知》（环办函［2009］777号），决定对2007—2008年通过该部上市环保核查的100家公司开展环保后督察工作①，目的是督促上市公司切实履行环保承诺，持续改进环境行为，防治工业污染，从而有效提升上市公司的整体环境保护水平。本书基于上述公司所处行业及污染程度的代表性，以其为研究对象，通过考察这些样本公司公开披露的环境绩效信息，特别是环境财务信息披露，并依据与环保有关的法律规范对其环境绩效进行评价，以期为建立上市公司环境绩效评价体系提供参考设计与运行思路。

第一节　研究背景与文献回顾

一　研究背景

2010年6月，全球报告倡议组织（GRI）在荷兰首都阿姆斯特丹举行了可持续发展和透明度全球大会，其宗旨是倡导可持续发展报告的范围更加广泛与更加快捷的应用。与会代表提出，随着社会对可持续发展问题更多的关注，机构投资者开始认为，公司在ESG上的良好表现将对长期经济价值的创造产生极其重要的影响。但过去几十年颁布的一系列会计准则和在会计信息披露监管要求下，公司财务报表变得篇幅冗长、内容复杂、难懂且编制成本高昂，从而削弱了财务报表对普通大众的有用性。基于

① 文档附件标号有101家公司，因21号和23号同为“河北威远生物化工股份有限公司”，因此实为100家公司。

此，美国证券交易委员会（SEC）提出将 XBRL 引入财务报告领域，简化财务信息的报告、接收和分析过程。这次会议给出了一个信号，那就是投资者将要求公司加大 ESG 方面的信息。

我国政府积极响应国际社会对环境保护的呼声，不仅通过上市环保核查严格了公司上市的门槛，而且国家相关管理部门相继出台一系列规范，较具有代表性的有《上市公司环境信息披露指南（征求意见稿）》（2010）、《关于开展上市公司环保后督查工作的通知》（环办函［2009］777 号）、《环境信息公开办法（试行）》（2007）、《上海证券交易所上市公司环境信息披露指引》（2008）、《深圳证券交易所上市公司社会责任指引》（2006）、《公开发行证券的公司信息披露内容与格式准则第 1 号——招股说明书（2006 年修订）》（2006）、《首次申请上市或再融资的上市公司环境保护核查工作指南》（2007）、《关于对申请上市的企业和申请再融资的上市企业进行环境保护核查的通知》（环发［2003］101 号）、《关于贯彻执行国务院办公厅转发发改委等部门关于制止钢铁电解铝水泥行业盲目投资若干意见的紧急通知》（环发［2004］12 号）、《关于进一步规范重污染行业生产经营公司申请上市或再融资环境保护核查工作的通知》（环办［2007］105 号）、《关于印发〈上市公司环保核查行业分类管理名录〉的通知》（环办函［2008］373 号）、《关于重污染行业生产经营公司 IPO 申请申报文件的通知》（环办［2007］105 号）以及《企业会计准则第 5 号——生物资产》（2006）等。

目前国内外投资者越来越重视公司的环境管理活动，因为它将影响企业的长期盈利水平。因此，我们需要切实了解企业在公开渠道披露的环境绩效信息，方便投资者及其他利益相关者评价企业在环境管理方面所做的努力，为他们做出正确的决策提供有力的支持。

二 文献回顾

为满足不同利益相关者对公司环境绩效信息的需求，许多公司在环境报告、广告以及营销过程中披露环境信息（Gray and Stone，1994；Gray et al.，1995；Ilinitch et al.，1998）。根据日本环境省（MOEJ，2004）的调查报告，2003 年日本 2795 家公司中有 63.0% 的公司披露了环境信息。①但是，这些公司披露的信息在内容、范围、方式以及复杂性方面存在较大

① 参见日本环境省官方网站，http：//www.env.go.jp，2010 - 7 - 22。

差异（Kokubu et al.，2002），投资者很难评价这些公司在保护环境方面到底做得好还是不好。

国内学者近年的研究表明，目前我国上市公司的环境信息披露尚不充分。耿建新、焦若静（2002）通过分析上海证券市场30家强污染行业在招股说明书中披露的环境保护信息，认为我国上市公司目前对于环境信息披露的程度与我国相关法律法规的具体规定基本吻合，并建议上市公司应披露环保资本性支出、环保运营费用及其效果等财务数据。王立彦（2004）以实施ISO 14001的企业为代表，调查分析了企业实施环境策略的成本和收益，并运用环境会计进行环境绩效评估。周一虹（2006）通过对2004年年报的研究发现，上市公司的环境信息披露比例为60%，与其行业特点不符，披露比例明显偏低，并且大多是定性数据，不利于投资者决策。唐久芳（2008）通过构建Logistic模型，分析108家化工行业上市公司三年（2004—2006）内的316个样本，发现环境信息披露与公司每股营业利润、主营业务收入的对数显著正相关，与公司发展能力、资产负债率、上市注册地负相关。

综上所述，我国社会各界已经非常重视环境绩效信息的披露问题，但尚缺整体描述重污染行业上市公司的环境绩效管理与披露状况，特别是没有从社会责任报告或可持续发展报告等环境专门报告中披露的环境绩效信息来综合评价企业的环境管理水平。因此，全面了解我国具有代表性行业的环境绩效信息披露现状，发现我国当前环境管理工作需要注意的问题，既可以为企业环境管理提供政策建议，还可为利益相关者评价上市公司环境绩效提供参考标准。

第二节　研究设计与样本结构

一　研究范围与目标

本书以环保部办公厅发布的《关于开展上市公司环保后督查工作的通知》为依据，以2007—2008年通过环保部上市环保核查的100家公司为基础。剔除截至2010年6月1日仍未上市的28家公司后，确定研究对象为72家公司。样本公司的基本情况如表4－1所示。

表 4-1 样本公司股票代码与公司简称

公司代码	公司简称	公司代码	公司简称	公司代码	公司简称
600019	宝钢股份	600295/900936（AB）	鄂尔多斯	002172	澳洋科技
600022	济南钢铁	600362/0358（AH）	江西铜业	002192	路翔股份
600028/SNP（AN）	中国石化	600585/0914（AH）	海螺水泥	002211	宏达新材
600058	五矿发展	600600/0168（AH）	青岛啤酒	002233	塔牌集团
600061	中纺投资	600623/900909（AB）	双钱股份	002246	北化股份
600062	双鹤药业	601088/1088（AH）	中国神华	002250	联化科技
600083	博信投资	601600/2600/ACH（AHN）	中国铝业	002271	东方雨虹
600117	西宁特钢	601857/0857/PTR（AHN）	中国石油	002275	桂林三金
600201	金宇集团	601898/01898（AH）	中煤能源	002287	奇正藏药
600231	凌钢股份	601899/2899（AH）	紫金矿业	002326	永太科技
600259	广晟有色	300041	回天胶业	002340	格林美
600351	亚宝药业	000401	冀东水泥	002343	禾欣股份
600408	安泰集团	000488/200488/1812（ABH）	晨鸣纸业	002360	同德化工
600449	宁夏赛马	000629	攀钢钒钛	002377	国创高新
600491	龙元建设	000729	燕京啤酒	002385	大北农
600569	安阳钢铁	000731	四川美丰	002386	天原集团
600596	新安股份	000807	云铝股份	002392	北京利尔
600720	祁连山	000825	太钢不锈	002422	科伦药业
600765	中航重机	000885	同力水泥	H01893	中材股份
600795	国电电力	002007	华兰生物	H02009	金隅股份
600803	威远生化	002018	华星化工	H03323	北新建材
601101	昊华能源	002019	鑫富药业	H08253	天元铝业
601168	西部矿业	002042	飞亚股份	H02626	湖南有色
601958	金钼股份	002088	鲁阳股份	002433	皮宝制药

注：（1）表中公司代码栏括号所示 ABHN 分别代表 A 股、B 股、H 股和 N 股，与前代码依次对应，未写明的均为 A 股；（2）代码 600765 股票，原为“力源液压”，于 2009 年 5 月 21 日更名为“中航重机”。

本章目标是通过研究这些重污染上市公司在公开渠道所披露的环境绩效信息，特别是与环境有关的财务信息，综合评价我国上市公司环境管理工作取得的成效与存在的问题，为社会各界综合评价上市公司环境绩效提供相应的思路与建议。

二　样本选择与数据来源

文中数据收集范围为72家上市公司的招股说明书、年度财务报告、社会责任报告、可持续发展报告及环境报告，共收集到招股说明书29份、年报221份，专门报告78份[①]，确定最终研究样本为328份。文中数据收集途径主要是通过中国证监会指定信息披露网站——深交所、上交所及巨潮资讯网而获得，部分较长时期（四年以上）数据主要通过上市公司主页网站手工收集而得。

（一）股票种类

上市公司的股票种类说明不同证券市场监管对企业环境绩效管理水平的影响。样本公司股票种类具体情况如表4－2所示。

表4－2　　　　样本公司股票种类

种类	沪市A股						深市A股			港市H股			合计
	AN	AH	AB	ANH	A	小计	ABH	A	小计	AH	H	小计	
数量	1	6	2	2	23	34	1	32	33	9	5	14	72

从表4－2得知，72家样本公司中，在上海证券交易所上市的共有34家，其中有2家同时发行B股，有8家在香港证券交易所上市，有3家在纽约证券交易所上市；在深圳证券交易所上市的有33家，其中晨鸣纸业同时发行B股，并在香港证券交易所上市。单独在香港联交所上市的有5家。这说明，样本公司主要是在上海证券交易所和深圳证券交易所上市。考察这些公司是否同时在香港联合交易所和纽约证券交易所上市，有助于考察不同监管体系下企业环境绩效管理水平的差异。

（二）地区分布表

以区域经济学中对我国区域范围的划分为据，东部地区包括辽宁、河北、北京、天津、山东、江苏、浙江、上海、福建、广东、广西和海南（12个），中部包括黑龙江、吉林、内蒙古自治区、山西、河南、湖北、江西、安徽和湖南（9个），西部地区包括陕西、甘肃、青海、宁夏回族自治区、新疆维吾尔自治区、四川、重庆、云南、贵州和西藏自治区（10个）。其样本公司的区域结构如表4－3所示。

---

① 专门报告指社会责任报告、健康安全环境报告、环境报告、可持续发展报告等包括环境绩效信息的报告，下同。

表 4－3　　样本公司地区分布

东部地区		中部地区		西部地区	
北京	16	内蒙古	2	四川	5
江苏	2	山西	5	甘肃	2
浙江	6	河南	4	贵州	1
福建	1	湖北	2	青海	2
山东	4	江西	1	云南	1
河北	2	安徽	3	宁夏	1
辽宁	1	湖南	1	广西	1
广东	6				
上海	3				
小计	41	小计	18	小计	13

表 4－3 说明，样本公司主要分布于经济比较发达的东部地区（所占比例约为 56.94%），而经济欠发达的中西部地区样本公司数相对较少（所占比例分别为 25.00% 和 18.05%）。

（三）行业分布表

根据 2008 年 6 月 24 日《上市公司环保核查行业分类管理名录》的通知，我国目前需要通过环保核查的行业范围包括钢铁、火电、电解铝、水泥、冶金、煤炭、建材、化工、采矿、石化、轻工、制药、纺织和制革 12 类，本书样本所涉及的行业分布如表 4－4 所示。

表 4－4　　样本公司行业分布

项目＼行业	火电	钢铁	水泥	电解铝	煤炭	冶金	建材	采矿	化工	石化	制药	轻工	纺织	制革	其他	合计
数量	1	7	6	3	0	1	4	9	19	3	8	4	3	0	4	72
比例（%）	1.39	9.72	8.33	4.17	0.0	1.39	5.56	12.50	26.39	4.17	11.11	5.56	4.17	0.0	5.56	100

注：“其他”类包括家居建材、综合类、普通机械制造业和商业经济与代理业各一家。

从表 4－4 可知，虽然接受环保核查的上市公司都属于重污染行业，但主要集中于钢铁、水泥、采矿、化工和制药五大行业。

第三节　样本公司环境绩效信息披露状况解析与思考

目前，我国资本市场上可以收集到的披露环境绩效信息的正式报告主要包括招股说明书、年度财务报告和社会责任报告、可持续发展报告等。本书样本公司所披露的具体环境绩效信息纷繁复杂，下面以披露载体为依据将其分三类进行解析。

一　招股说明书的环境绩效信息

股份有限公司申请其股票上市交易，需要向国务院证券监督管理机构提交上市报告书、申请上市的股东大会决议、公司章程、公司营业执照、经法定验证机构验证的公司最近三年的或者公司成立以来的财务会计报告、法律意见书和证券公司的推荐书，以及最近一次的招股说明书。经核准符合相关条件后，才可以安排该股票上市交易。鉴于很难从资本市场公开获得专门的环境技术报告，本部分仅以可公开获得的招股说明书为对象进行研究。根据招股说明书中对环境绩效信息披露的相关法律规范，对比评价上市公司招股说明书中披露的环境绩效信息，找出企业当前在环境绩效信息披露中存在的问题，对如何完善招股说明书中环境绩效信息披露规范具有指导意义。

（一）相关规范要求

根据《关于对申请上市的企业和申请再融资的上市企业进行环境保护核查的通知》（环发［2003］101号）、《关于进一步规范重污染行业生产经营公司申请上市或再融资环境保护核查工作的通知》（环办［2007］105号）、《首次申请上市或再融资的上市公司环境保护核查工作指南》（2007）、《关于印发〈上市公司环保核查行业分类管理名录〉的通知》（环办函［2008］373号）、《关于重污染行业生产经营公司IPO申请申报文件的通知》（环办［2007］105号）、《环境信息公开办法（试行）》（2007）等文件通知，重污染行业企业申请上市须进行环境保护核查工作，化工、冶金、煤炭、石化、火力发电、造纸、建材、制药、酿造、纺织、发酵、制革及采矿业等行业被暂定为重污染行业。须核查企业的范围包括申请环保核查公司的分公司、全资子公司及从事重污染行业生产经营的子公司，及利用募集资金从事重污染行业的生产经营企业。国家环保部必须对从事火力发电、钢铁、水泥及电解铝生产及跨省从事其他重污染行业的生产经营公司执行环境保护核查，并向中国证券监督管理委员会提交核查意见。倘若公司申请首次公开发售，申请文件中应当提供环境保护部的核查意见。未取得相关核查意见的，中国证监会不受理该申请。

中国证监会2006年5月18日发布的《公开发行证券的公司信息披露内容与格式准则第1号——招股说明书（2006年修订）》，与环境保护相关的规定如下：第一，第二十八条规定发行人应披露的风险因素，包括投资项目在市场前景、技术保障、产业政策、环境保护、土地使用、融资安排、与他人合作等方面存在的问题，还包括由于环境保护等方面法律、法规、政策变化引致的风险；第二，第四十四条规定发行人应根据重要性原则披露主营业务的具体情况，包括存在高危险、重污染情况的，应披露安全生产及污染治理情况，因安全生产及环境保护原因受到处罚的情况，近三年相关费用成本支出及未来支出情况，说明是否符合国家关于安全生产和环境保护的要求；第三，第一百零六条规定募集资金直接投资于固定资产项目的，发行人可视实际情况并根据重要性原则披露投资项目可能存在的环保问题、采取的措施及资金投入情况。

中国证监会2006年发布的《公开发行证券的公司信息披露内容与格式准则第9号——首次公开发行股票申请文件》规定，发行人应向证券监督管理部门提供生产经营和募集资金投资项目符合环境保护要求的证明文件。其中重污染行业的发行人需要提供省级环保部门出具的证明文件。

中国证监会2006年发布的《公开发行证券的公司信息披露编报规则第12号——公开发行证券的法律意见书和律师工作报告》第四十条第三款规定，发行人是否有因环境保护、知识产权、产品质量、劳动安全、人身权等原因产生的侵权之债，如有，应说明对本次发行上市的影响。第四十六条规定，发行人的生产经营活动和拟投资项目是否符合有关环境保护的要求，有关部门是否出具意见，近三年来是否因违反环境保护方面的法律、法规而被处罚。

（二）信息披露现状解析

在72家样本公司中，共收集到29家公司的招股说明书，其中在上海证券交易所上市的有6家，在深圳证券交易所上市的有21家，在香港证券交易所上市的有2家，其披露的环境绩效信息如表4－5所示。

表4－5　招股说明书披露的环境绩效信息概览

项目		披露的环境信息举例	公司数	所占百分比
环保风险	定性	主要披露公司的主要污染物及处理对策，由于环保标准和法律更加严格，公司将支付更多的环保支出或导致更大的环保违法成本，对经营业绩和财务状况会产生不利影响	22	75.86
发行人环境保护情况	定性	获得ISO 14001环境管理体系认证	13	44.83
		是否设环境与安全部（科）	15	51.72
		是否获得环保先进企业称号	5	17.24
		环保税收优惠或资源税成本	7	24.14
		是否拥有先进的环保技术	6	20.69
		绿化比率或绿化系数	7	24.14
		主要污染物及处理措施	22	75.86
		通过环保部上市环保核查	29	100.00
		取得排污或采矿许可证	9	31.03
	定量	单位产出能耗	2	6.90
		近三年环保支出	14	48.28
		环保投入累计金额	8	27.59
		政府环保补助	3	10.34
		排污费	4	13.79
		绿化费	3	10.34
投资项目可能存在的环保问题	定性	主要污染物及处理措施	23	79.31
		通过环保局环境影响评价批复	14	48.28
	定量	环保投资额/环保支出占投资比	17	58.62
其他信息	定量	环保或有负债	1	3.45
		废弃物收入	1	3.45
	定性	是否曾受到环保处罚	4	13.79

从对表4－5所反映的四类信息的具体分析可以发现，从整体上看，样本公司基本按照中国证监会及环保部的要求在招股说明书中披露了公司面临的主要环保风险、环保现状、募集资金投资项目可能存在的环保问

题、采取的措施及资金投入情况等环境绩效信息。具体有如下五个特点：

第一，上市环保核查情况。样本公司全部按照环保部的要求在上市前进行了环保核查，获得同意其上市的环保批复。29 份样本公司的招股说明书全部披露获得有关环保批复，披露比例为 100%。这说明上市环保核查政策对于促进企业加强环境管理积极披露环境绩效信息起到了很好的推动作用。

第二，发行人应披露的与环境保护相关风险因素。对于投资项目风险因素的披露规定，主要是提醒投资者注意相关环保政策变化可能引致的投资项目的潜在风险，投资者应据此全面衡量该投资项目的收益与风险，避免投资损失。上市公司对此应具有披露义务。根据统计，样本公司中有 22 家公司单独披露了环境保护风险，占样本总体的 75.86%。这些披露环保风险的公司在招股说明书中表明：由于经济的不断发展，人们环保意识在不断增强，国家对环境保护工作日益重视，政府正在实施日趋严格的环保法律和法规，同时颁布并执行更加严格的环保标准。这将导致公司更多的环保投入或者增加公司违反环保法律的成本，从而对经营业绩和财务状况产生不利影响。并且，样本公司对这一部分的描述基本上是定性的。此外，样本公司中还有 7 家公司尚未单独披露募集资金投资项目的环境保护风险因素。鉴于样本公司均属于重污染行业，不可避免地存在环保风险，因此有必要加强这些公司对环保风险的披露。

第三，募集资金投资项目在环境保护方面可能存在的问题。样本公司主要从投资项目的主要污染物及处理对策（23 家，79.31%）、投资项目涉及的环保投资额或环保投资占建设项目总投资的百分比（17 家，58.62%）、环保管理和监测以及环保项目获得环保局批复（14 家，48.28%）等方面说明了投资项目在环保方面的问题。还有少数公司说明了环保项目中的绿化费及绿化投资额（如北京利尔和大北农）。

这些数据说明，样本公司基本按照证监局规定披露了募集资金可能涉及的环保问题。但是，《公开发行证券的公司信息披露内容与格式准则第 1 号——招股说明书（2006 年修订）》第四十四条和第一百零六条并没有要求企业具体披露哪些环保信息，只是在第一百零六条规定，募集资金直接投资于固定资产项目的，发行人可视实际情况并根据重要性原则对投资项目可能存在的环保问题、采取的措施及资金投入情况进行披露。这便给发行人披露信息留下了选择空间，发行人很可能基于自身利益的保护而披露较好的环境绩效信息。样本公司还有6家尚未披露项目的主要污染物及处理措施，有12家尚未披露投资项目的环保投资额或环保投资比。因此，国家有关部门以后应强制重污染行业披露募集资金投资项目可能存在的环保问题，若投资项目不涉及环保问题应说明原因，并且对应披露的环保信息内容的详细程度作进一步细化与引导。

第四，发行人的环境保护情况。样本公司在发行人环境保护情况部分披露了以下信息：生产经营活动符合国家有关环保要求，遵守环保相关法律法规；建设项目“环境影响评价”和“三同时”制度执行率达到100%；环保设施保持完好并正常运行，稳定运转率达到95%；排放的主要污染物达到国家规定的排放标准；依法申领排污许可证，并达到排污许可证要求；现有产品及其生产过程中不含有或使用国家法律、法规、标准中禁用的物质以及我国签署的国际公约中禁用的物质；能按规定缴纳排污费；拟投资项目产生的环境污染能够得到有效控制；近三年该公司没有重大违反国家和地方有关环保法律法规的行为，没有发生重大污染事故，没有受过环保部门的重大处罚；募集资金投向均已完成环境影响评价工作，并已获得有关环保局的批复等。

对发行人环保基本情况的信息分析，可以从定性和定量两个角度进行。定性方面主要从是否建立ISO 14001环境管理体系（13家，44.83%）、是否设环境与安全部（15家，51.72%）、是否获得环保先进企业称号（5家，17.24%）、涉及环保税收优惠或资源税成本（7家，24.14%）、是否拥有先进的环保技术（6家，20.69%）、绿化比率或系数（7家，24.14%）、主要污染物及处理措施（22家，75.86%）、取得排污或采矿许可证（9家，31.03%）等。定量信息主要包括单位产出能耗（2家，6.90%）、近三年环保支出（14家，48.28%）、环保累计投入（8家，27.59%）、获得政府环保补助（3家，10.34%）、排污费（4家，13.79%）、绿化费（3家，10.34%）等。

表4－5数据说明，样本公司对于主要污染物及处理对策、单设安全环保部、通过ISO 14001环保管理系统认证等定性信息以及近三年环保费用或环保支出的定量信息的披露较为重视。而对是否获得环保先进企业称号、环保税收优惠或资源税成本影响、是否拥有环保技术、绿化比率或系数、取得排污或采矿许可证等定性信息以及单位产出能耗、环保累计投入、获得政府环保补助、排污费、绿化费等定量信息的披露却略显不足。

究其原因，主要是由于样本公司迫于证监会或环保部的文件规定而强制进行了环境信息披露，对诸如环保先进技术、环保荣誉称号等自愿性环境信息的披露缺乏主动性与积极性。这或许正是政府未来鼓励企业进行环境信息披露的方向。

第五，其他环保信息。除上述规定的三大块环保信息之外，样本公司还披露了环保或有负债（1家）、废弃物处理收入（1家）、是否曾因环保污染事故受到处罚（4家）等其他与环保有关的问题。样本公司中因环保问题受到处罚的4家（包括601899紫金矿业、002172澳洋科技、002326永太科技、H02626湖南有色），因安全问题受到处罚的有1家（002250联化科技），这些公司均按照《公开发行证券的公司信息披露内容与格式准则第1号——招股说明书（2006年修订）》第四十四条的规定，详细披露了因安全生产及环境保护原因受到处罚的具体情况，以及近三年相关费用成本支出及未来支出情况、“三废”处理基本情况、环保设施及运营情况、环保处罚或投诉情况、整改现状、环保治理现状、通过改造整治验收符合国家关于安全生产和环境保护的要求、获得环境影响评价报告的批复等。这说明受到环保处罚或投诉的公司为了达到募集资金的目的，更加积极地按照相关政策要求披露环境绩效信息。

另外，对环保信息进行定性描述的样本公司有4家（002377国创高新、002242科伦药业、H2626湖南有色、H2009金隅股份），以后应在定量环保投入等方面提供更多信息。

（三）政策完善的思考与建议

由于样本公司对于环境绩效信息的披露主要是基于法律法规的强制性规定，并且这些法律规范对上市公司需要披露的环境保护信息内容没有作出比较详细的规定，因此很难在强污染公司信息披露方面发挥有效作用。我国环保管理当局（主要包括证监会和环保部）应在企业披露的三大块环境信息（环保风险、发行人环保管理现状以及募集资金投资项目可能涉及的环保问题）的基础上，鼓励和引导企业按以下要求在招股说明书中披露相关环境保护信息：

第一，扩大重污染行业环境信息的披露范围。应强制要求重污染企业在招股说明书中披露以下信息：与环境保护相关的风险因素；在发行人的环境保护及污染治理部分，要求企业提供环境管理现状信息（如是否获得ISO环境管理体系认证、是否单设安全环保部门、是否拥有环保先进技术、企业主要污染物及处理措施以及是否取得排污许可证等），除了存在环保处罚或投诉企业之外，要求重污染行业企业披露其污染治理措施及现状、近三年相关环保费用成本支出及未来支出情况、排污费及绿化费等环保财务信息；在募集资金投资项目可能存在的环保问题部分，要求企业列示项目的主要污染物及处理对策、投资项目的环保投资额及环保投资占项目投资比重以及获得环保部门批复等情况。

第二，在形式和内容上进一步细化上市环保核查项目。在形式上，除原有三条规定外，应鼓励企业在招股说明书中披露排污费、环保费、绿化费等财务数据，帮助投资者对企业的环保行为做出合理的定量财务评价。在内容上，应多鼓励上市公司特别是重污染行业提供下列环境信息：环保资源税对企业经营成本的具体影响，拥有环保先进技术的企业在税收上可以获得多大的税收优惠；要求重污染行业必须单独设立安全环保部门；企业上市之前必须取得排污许可证并予以披露；鼓励企业建立或获得相应的环保标准体系认证（ISO14001 认证），等等。

第三，尽快制定上市公司有关环保数据的范围标准。需要为污染行业或非污染行业设定参考比率范围，达不到则不允许上市。这主要是由于我国企业自愿进行环境绩效信息披露的动机并不明显，所以应采取各种措施，引导企业自觉披露定量环境信息。需要进行特别规定的比例如不同行业的环保投资比（环保投资比 = 企业环保投资额/项目投资总额），不仅包括企业募集资金之前的环保投资占总资产比，还包括募集资金的环保投资比，并进行前后期比较。标准比率可以参考国家 2000—2007 年环境污染治理投资占 GDP 比重（1.02%、1.01%、1.19%、1.30%、1.22%、1.36%），或者参考国家 2009 年 4 万亿元投资中包括节能环保工程 2100 亿元，环保投资比率为 5.25%，等等；企业绿化费率或绿化面积占总面积比；单位产出综合能耗、万元产值综合能耗及其降低率，等等。

除此之外，还应鼓励企业披露获得的环保奖励、相关的政府环保补助、环保或有事项及环保收益，以便投资者全面评价企业募集资金的环保风险与收益，从而做出合理的决策。

二　年度财务报告的环境绩效信息

年报是企业报告其基本情况和财务表现的重要途径，其中财务会计报告部分是年报的核心内容。对于财务报告是否应该包括环境绩效信息，目前存在较大争议。联合国第九届会议（1997）就如何在财务报告中披露环境信息发表了意见，如报表附注中应说明与环境有关的或有负债、税收影响和政府补贴等事项。[①] 美国与环境事项有关的会计准则是财务会计准则委员会（FASB）第5号准则（SFAS No.5）《或有负债会计》（1975）、FASB的第19号准则（SFAS No.19，1997）。之后，美国证券交易委员会（SEC）（1988、1993）要求公开上市的公司在10K表和年度报告中的“管理层讨论与分析（MD&A）”部分披露与场地恢复和其他退出成本相关的重大负债等。这说明美国公司首先集中在年报的“管理者讨论与分析”部分披露相关环境信息，再次是“报表附注”及“健康、安全和环境”部分。挪威等国则要求在年报的董事会报告中披露包括有关污染物和排放物的具体信息以及清理计划的信息。欧洲国家的公司倾向于在年度报告的“健康、安全和环境”部分提供环境信息，其次是“经营回顾”和“报表附注”部分。

（一）相关规范要求

我国与环保相关的会计准则主要有《企业会计准则第4号——固定资产》（2006）、《企业会计准则第13号——或有事项》（2006）、《企业会计准则第27号——石油天然气开采》（2006）、《企业会计准则第5号——生物资产》（2006）、《企业会计准则第16号——政府补助》（2006）等。前三号准则主要是对固定资产的弃置费用做出了规定，认为弃置费用是指根据国家法律和行政法规、国际公约等规定，企业承担的环境保护和生态恢复等义务所确定的支出。企业应当根据第13号准则，按照现值计算确定应计入固定资产成本的金额和相应的预计负债。油气资产的弃置费用应当按照第27号会计准则处理。《企业会计准则第5号——生物资产》（2006）中规定，公益性生物资产，是指以防护、环境保护为主要目的的生物资产，包括防风固沙林、水土保持林和水源涵养林等，首次在我国会计准则中提及“环境资产”。《企业会计准则第16号——政府补助》规定，为了环境保护，政府对符合条件的企业实行增值税先征后返政策，返还的税款专项用于环保支出。

除此之外，还有2003年7月1日开始实施的《排污费征收使用管理条例》（国务院令第369号）、《矿产资源补偿费征收管理规定》（国务院令第150号）和财政部、地质矿产部发布的《矿产资源补偿费征收管理核算规

---

① http：//www.14edu.com/kuaiji/052J2P52010.html，2010-07-15.

定》等。文件规定，向大气、海洋、水体排放污染物，没有建设工业固体废弃物贮存或者处置的设施、场所，或者工业固体废弃物贮存或者处置的设施、场所不符合环境保护标准的，按照排放污染物的种类、数量缴纳排污费，以及产生环境噪声污染超过国家环境噪声标准的排污者，按照标准缴纳排污费，但不免除其防治污染、赔偿污染损害的责任和法律、行政法规规定的其他责任。矿产资源补偿费的计算并缴纳按式（4－1）进行：

$$\text{矿产资源补偿} = \text{自用矿产品移交使用量} \times \text{矿产品销售平均价格} \times \text{补偿费费率} \times \text{开采回采率系数} \quad (4-1)$$

式（4－1）中的开采回采系数算法如式（4－2）所示：

$$\text{开采回采率系数} = \frac{\text{核定开采回采率}}{\text{实际开采回采率}} \quad (4-2)$$

（二）公司年报的时间分布

在72家样本公司中，9家于2010年上市的公司没有公布2009年年度财务报告，只收集到63家上市公司在公开网站上发布的221份年度财务报告。其年份分布状况如表4－6所示。

表4－6　样本公司年报时间分布表

上市地址	公司家数	2006年前	2006年	2007年	2008年	2009年	合计
沪市	33	9	21	32	33	33	128
深市	25	7	11	16	20	25	79
港市	5	0	2	3	4	5	14
合计	63	16	34	51	57	63	221
各年披露份数所占百分比		7.24	15.38	23.08	25.79	28.51	100.00

由表4－6可知，从横向分布看，63家公司中沪市有33家、深市有25家、港市有5家。从年报年份进行纵向分析，可以发现，221份年报主要集中分布于2006—2009年度（各年比率分别为15.38%、23.08%、25.79%、28.51%，合计92.76%），2006年以前的年度报告共16份（约占7.24%）。究其原因，一是样本数据主要来自上交所、深交所网站和巨潮资讯数据库，这些数据库一般公布上市公司近三年的财务报告；二是少数年报时间跨度较长的公司（公布2006年报的公司，如冀东水泥、华兰生物、凌源钢铁、华星化工、鑫富药业和国电电力等）年报信息主要来

自于公司主页网站信息。

（三）环境绩效信息分类解析

年度财务报告（以下简称“年报”）披露的环境绩效信息可以从定性和定量两个方面进行分析。定性的环境绩效信息主要来自“董事会报告”的“公司经营情况分析”、“管理层分析与讨论”以及“公司发展前景展望”等几个部分。其中，“管理层分析与讨论”披露的环境绩效信息较为丰富，除了企业存在的环保风险与机遇、获得环保相关认证等相关定性信息外，有些公司还披露了万元产值能耗、吨钢综合能耗、二氧化硫排放总量、烟粉尘排放总量、废水排放总量、废水中化学需氧量排放总量等环保定量指标。其他环境绩效定量信息主要来自“会计报表附注”对会计科目的数据说明。年报环境绩效信息具体情况如表4－7和表4－8所示。

表4－7 董事会报告披露的环境绩效信息

举例		披露情况			
		披露公司数		披露次数	
		数目	所占比重（%）	数目	所占比重（%）
第一大类：定性信息					
公司环保情况/节能减排情况——一般描述		29	46.03	53	23.98
ISO 认证		8	12.70	9	4.07
理念/目标/技术/优势/机遇		18	28.57	27	12.22
环保荣誉称号		11	17.46	12	5.43
安全环保部/HSE/环保委员会		10	15.87	17	7.69
环保风险与对策		24	38.10	46	20.81
技改环保项目（BOT 项目/CDM 项目及余热发电等）		10	15.87	15	6.79
环保批复/核查/许可证		8	12.70	11	4.98
第二大类：定量信息					
环保投入	节能研发，占营业收入的比重（%）	22	34.92	39	17.65
能源节约量	节电节煤节水	12	19.05	16	7.24
万元产值综合能耗	降低率	7	11.11	12	5.43
	数值	2	3.17	2	0.90

续表

举例		披露情况			
		披露公司数		披露次数	
		数目	所占比重（%）	数目	所占比重（%）
污染物排放量/减排量/减排（%）		2	3.17	2	0.90
吨钢烟粉尘排放量/吨钢化学需氧量排放量		5	7.94	8	3.6
每年减少二氧化硫/吨钢二氧化硫排放量		4	6.35	5	2.3
每年减少二氧化碳		2	3.17	2	0.9
吨钢综合能耗		6	9.52	8	3.62
余热发电		3	4.76	3	1.36
废弃物综合利用率/废渣利用量		3	4.76	3	1.36
绿化问题	占用绿化带费用/绿化率/复垦种植率/回采率	3	4.76	4	1.81
环保效益	环保技术攻关创效、年发电、节煤、环保经济效益、年减排	15	23.81	22	9.95
其他环保绩效指标	抄纸用水重复率/吨钢耗新水/单位产品能耗等	20	31.75	27	12.22

表4-8　会计报表附注披露的环境绩效信息

会计科目	披露内容		披露公司数		披露次数	
	具体内容		数目	所占比重（%）	数目	所占比重（%）
货币资金	其他货币资金	闭矿生态复原准备金	1	1.59	2	0.90
其他应收款	环保基础设施建设借款/代垫水电费		2	3.17	2	0.90
	销售水电收入		2	3.17	3	1.36
预付账款	环保设备未入账		1	1.59	1	0.45
在建工程	总价、本年新增、本年转固、年末余额	环保技术改造/环保补助转固定资产	22	34.92	38	17.19
	计入环保工程的借款费用资本化金额		3	4.76	3	1.36
	计提减值准备	节能设备	1	1.59	1	0.45
长期应收款	生态环境恢复治理保证金（包括减值）		1	1.59	1	0.45
长期待摊费用	原始发生额、年初数、本年增加、本年摊销、累计摊销、年末数、剩余摊销期限	绿化工程/厂区绿化/矿厂平整/占地费/场地租赁	6	9.52	15	6.79

续表

会计科目	披露内容	披露公司数		披露次数	
	具体内容	数目	所占比重（%）	数目	所占比重（%）
长期资产减值准备	实施环保节能项目需要被更新替代而产生的固定资产减值	1	1.59	1	0.45
递延所得税资产/负债	可抵扣排污费/节能环保设备投资/购置环保设备预计可抵免	3	4.76	4	1.81
税收优惠	生产环保产品/环保设备所得税减免/节能技术改造抵免所得税/增值税返还	10	15.87	14	6.33
应交税费	矿产资源补偿费/资源税	5	7.94	10	4.52
其他应交款	矿产资源补偿费	1	1.59	1	0.45
预提费用	水电费	3	4.76	3	1.36
	排污费	1	1.59	5	2.26
其他应付款	排污费	1	1.59	1	0.45
	环保局	1	1.59	1	0.45
	水电费/蒸汽费	2	3.17	5	2.26
	年末大额/一年以内/绿化树苗款	1	1.59	1	0.45
或有事项/或有负债	环保贷款罚息/污染物清理费用	2	3.17	6	2.71
预计负债	预提未来拆除费/矿山环境恢复保证金/植被恢复费	3	4.76	3	1.36
一年内到期的非流动负债	环保贷款	1	1.59	2	0.90
长期应付款	采矿权价款——矿山生态环境恢复治理保证金	2	3.17	3	1.36
营业成本	经营成本：环境保护费用选煤及采矿费、矿山环境恢复治理保证金	2	3.17	3	1.36
其他业务收入	水电费、成本、利润、增值税应付豁免	4	6.35	5	2.26
财务费用	环保项目财政贴息	1	1.59	1	0.45
管理费用	煤水电费	4	6.35	7	3.17
	排污费	1	1.59	3	1.36
	安全环保费	2	3.17	2	0.90
	矿产资源补偿费	1	1.59	3	1.36
	定性分析：环保费增多导致排污费减少/环保费较多	2	3.17	3	1.36

续表

会计科目	披露内容		披露公司数		披露次数	
	具体内容		数目	所占比重（%）	数目	所占比重（%）
政府补助	递延收益/专项应付款/其他非流动负债	年初、本增、本减、年末、本年摊销	24	38.10	58	26.24
	转资本公积	环保工程	12	19.05	19	8.60
	营业外收入	环保政府补助收益/排污费返还	23	36.51	37	16.74
	补贴收入	技改资金，环保治理资金等	15	23.81	25	11.31
	合计		45	71.43	139	62.90
支付的其他与经营活动有关的现金	排污费		16	25.40	36	16.29
	绿化费	包含于物管费中	9	14.29	23	10.41
	水电费	水电物管费、水电费、咨询、审计费、水电排污费	14	22.22	32	14.48
	安全环保费	绿化环保费	3	4.76	7	3.17
	其他	财政局环保治理资金代付资源补偿费、环境卫生、排污费等	3	4.76	6	2.71
支付的其他与经营活动有关的现金	粉煤灰综合利用费：电煤综合补助/灰渣处置费		1	1.59	4	1.81
	小计		25	39.68	108	48.87
收到的其他与经营活动有关的现金	退植被恢复费、粉煤灰环保资助款、水费补偿		1	1.59	1	0.45
关联方交易	非控制/关联方采购——接受环境卫生及绿化服务		3	4.76	8	3.62

从表4－7和表4－8可以看出，样本公司在年度财务报告中披露了较为丰富的环境绩效信息，不仅在董事会报告部分披露了充分的环境绩效信息，财务报表的很多会计科目也包含了广泛的环境信息。对上述信息从定性描述和定量指标两个方面进行简要分析：

1. 董事会报告披露的定性环境绩效信息

董事会报告披露的定性环境绩效信息，主要可分为以下八个方面：

ISO 14001 认证；公司环保情况；环保理念与目标；环保荣誉称号；是否承担技改环保项目；是否单独设立安全环保部；环保风险与对策；获得排污许可证环保项目批复。其中，公司环保情况与环保风险描述的最多，比例分别为46.03%和38.10%。这说明很多上市公司开始在年报中披露环境保护基本情况和环境风险与对策信息。但是，对具体的定性描述指标，企业间及同一企业各年份的披露却不统一。如这些定性指标信息虽有所披露，但是披露程度和披露频率（披露次数）明显不具有一贯性。鉴于样本公司属于环保核查的重污染行业，因此建议公司必须在年度财务报告中的董事会报告部分详细说明上述八种环境管理绩效信息，不仅让报表使用者全面了解企业的环境管理水平，也可以促进上市公司通过自觉地完善相应的环境管理措施来加强自身的环境管理水平。

2. 管理层分析与讨论披露的定量性环境绩效信息

董事会报告中管理层分析与讨论部分涉及的定量性环境绩效信息，主要包括环保投入、节能量、万元产值综合能耗、主要污染物排放量或减排百分比、吨钢烟粉尘排放量、吨钢化学需氧量排放、吨钢二氧化硫排放、每年减排二氧化硫、每年二氧化碳减排量、吨钢综合能耗、余热发电、废弃物综合利用率（或废渣利用量）、绿化率或复垦种植率或回采率、环保效益（如环保技术攻关创效、“四新”项目创效、发电、节煤、经济效益、年减排、年发电、年处理垃圾多少吨、等效系数、年利用煤矸石、节省投资、淘汰落后产能等）及其他相关信息（如抄纸用水重复率、吨钢耗新水、单位产品能耗、电煤单耗或原材料单耗降低、减少主营业务成本、大气降尘量、废水排放总量、粉尘合格率回收率、大气质量达标天数、工业取水量减少、入炉焦比、转炉石灰消耗、勘探和采矿许可证费用等）。样本公司在董事会报告中披露的最多的指标包括环保投入（34.92%）、能源节约量（19.05%）、万元产值综合能耗（14.28%）、环保效益（23.81%）及其他环保专业指标（31.75%）。并且，通过比较发现，钢铁行业披露的环境绩效信息相对全面，特别是吨钢烟粉尘排放量、吨钢化学需氧量排放、吨钢二氧化硫排放、吨钢综合能耗、吨钢耗新水等环境绩效指标披露得较为详细，并且具有一致性。这不仅与《国务院办公厅转发发展改革委等部门关于制止钢铁电解铝水泥行业盲目投资若干意见的通知》（国办发［2003］103 号）等文件的发布有关，也是环保部加大对钢铁行业环保专项检查的结果。

3. 会计报表附注披露的环境绩效信息

会计报表附注中披露的环境绩效信息非常丰富，并主要是环境事项所涉及会计科目的定量性环境财务信息。上市公司因环境保护涉及的会计科目不仅包括资产负债表项目，还包括利润表项目和现金流量表项目。披露得较为详细的科目主要包括在建工程（34.92%）、长期待摊费用（9.52%）、递延所得税资产或递延所得税负债（4.76%）、所得税抵免或增值税返还（15.87%）、或有负债（7.93%）、政府补助（71.43%）、支付的其他与经营活动有关的现金（39.68%）等科目。下面对这些项目进行详细说明。

（1）在建工程。样本公司较为详细地披露了在建环保工程的种类和基本内容（22家）、环保在建工程借款费用资本化金额（3家）及减值准备的计提（1家）。种类包括环保技术改造项目、节能技改工程、节能工程、噪声治理工程、绿化工程、电子废弃物综合利用项目、环保设计费、除尘环保工程、污水治理工程、深海排污工程、余热综合回收、余热综合利用等。具体内容包括工程名称、预算数、年初数、本年增加数、工程进度、利息资本化、累计金额，涵盖本年利息资本化金额、本年利息资本化率（%）、本年转入固定资产数、其他减少数、年末数、资金来源、工程投入占预算的比例等内容。样本公司按照准则的规定较为全面地披露了环保在建工程的具体情况。通过这些信息报表使用者可以考察企业在环境保护方面的具体投入资金数量、资金投入的来源是国家政府补助还是自有资金、环保工程项目占整个投资项目的百分比有多大、通过减值准备的提取来判断是否有更先进的环保设施等，方便投资者综合评价企业的环境投入水平。证监会、财政部与环保部等政府监管部门未来需要明确的是哪些属于在建环保工程以及相比其他在建工程而言，需要披露哪些特定信息。

（2）弃置费用。对于《企业会计准则第4号——固定资产》提及的弃置费用，涉及的会计科目主要包括货币资金、长期应收款、应交税费（矿产资源补偿费、资源税）、其他应交款（矿产资源补偿费）、预计负债、长期应付款（采矿权价款）、营业成本、管理费用等，内容主要包括闭矿生态复原准备金、矿山生态环境恢复治理保证金、预提未来的拆除费用、植被恢复费等。这些科目涉及的环保项目数额不仅可以帮助利益相关者理解企业是否按照规定计提相应的生态环境恢复治理保证金、矿产资源补偿费、植被恢复费、资源税，并是否按规定及时足额缴纳。样本公司9

家采矿企业（代码分别是 601898 中煤能源、601899 紫金矿业、601600 中国铝业、002340 格林美、600259 广晟有色、601101 昊华能源、601958 金钼股份、601088 神华能源、H8253 天元铝业）有 6 家在有关科目中披露了矿产资源的补偿费或提取了闭矿生态复原准备金等，还有格林美、广晟有色及天元铝业的年报中尚未披露相关信息。另外，两家天然气开采业（中国石油和中国石化）中，中国石化在年报中计提了油气资产弃置拆除义务的预计负债，而中国石油也在 2009 年报中披露了油气资产原值中与资产弃置义务相关的部分为 393. 98 亿元，2009 年度对该部分计提的折耗为 31. 44 亿元。这充分说明，大部分公司已经按照准则要求披露了相关资产弃置费用的问题，仍有少数公司需要在年报中确认生态环境恢复治理保证金的问题。报表使用者可以根据这些费用的高低判断企业对资源环境的损害程度，结合其产出来综合评判其经济行为的环境绩效。

（3）长期待摊费用。样本公司有 6 家公司披露了长期待摊费用的具体情况。长期待摊费用主要涉及企业的绿化问题，包括绿化工程、厂区绿化、矿厂平整、占地费、场地租赁等具体项目。结合“支付的其他与经营活动有关的现金”或“管理费用”中绿化费的大小，报表使用者可以综合评判企业在绿化方面的投入，与同行业先进水平比较其在绿化方面所做的环境努力。

（4）递延所得税资产或递延所得税负债。样本公司有 12 家公司提及了环保税收优惠问题，约占 19. 05%。说明国家非常重视环保先进企业的发展，在税收上鼓励企业开展各种环境保护措施。

（5）政府补助。样本公司有 45 家（占 71. 43%）披露了 139 次（占 62. 90%）环保政府补助的相关会计事项。根据第 16 号企业会计准则，政府补助分为与资产相关的政府补助和与收益相关的政府补助。样本公司基本按照准则披露了政府补助的种类及金额、计入当期损益的政府补助金额以及本期返还的政府补助金额及原因，有 15 家公司尚未区分计入资产和计入当期损益的环保政府补助，这有待进一步规范。笔者将与环保相关的政府补助信息主要分为递延收益（与专项应付款和其他非流动负债归为一类）、计入当期损益的金额（营业外收入）两大类。环保政府补助主要用于节能降耗、环境治理、矿山建设和科技研发等方面，内容具体包括污染防治专项资金、清洁生产补助、循环经济发展专项基金、副产物综合利用补助、节能技术改造财政专项资金、科技三项费及排污费减免、增值税返还、余热发电补贴、环保治理资金、环境保护专项资金、环境在线监测补贴、节能减排奖励、淘汰落后产能企业奖励资金、节能降耗先进企业奖励、除尘改造项目专项资金、矿山冶理专项基金、矿产资源保护项目专项补助经费等。其中，转入资本公积的政府补助主要涉及节能技术改造财政奖励资金、污防专项资金、工业节能奖和高新技术研究开发专项资金等。这说明国家加大了对重污染行业的环保支持力度，从另一个侧面也意味着企业的环保信息披露还是基于强制因素，自愿性动机不明显。

（6）环保或有负债。有2家公司（塔牌集团和中国石化）在附注中说明环保贷款罚息、污染物清理费用的环保或有负债。但有很多公司表明，中国政府已经开始执行并可能加大执行更为严谨的环保标准，环保方面的负债存在着若干不确定因素，主要包括各个场地受污染的性质和程度、所需清理措施的范围、可供选择的补救策略而产生不同的成本、环保补救规定方面的变动以及物色新的补救场地等。由于未知的可能受污染程度和未知的所需纠正措施的实施时间和范围，现时无法确定这些日后费用的数额。因此，现时无法合理地估计建议中的或未来的环保法规所引致环保方面的负债后果，而后果也可能会非常重大。

（7）排污费。排污费主要是国家对排放废气、废水、固体废弃物、噪声污染的企业征收的一种费用，它可以在一定程度反映企业对环境污染程度的大小。样本公司披露的排污费信息主要在“支付的其他与经营活动有关的现金”（16家，25.40%）、管理费用（1家，1.59%）、预提费用（1家，1.59%）及其他应付款（1家，1.59%）。除此之外，有些公司还单独披露了安全环保费、绿化环保费或者与招待费等合计披露排污费。大部分企业对排污费的披露不够明确，因此建议企业应在年报中单独披露排污费的缴纳依据、计入何种费用、是否缴纳等信息，方便报表使用者评判企业对环境污染的大小程度。

（8）其他信息。预提费用、其他应付款、管理费用、支付的其他与经营活动有关的现金等科目中有时会披露企业所耗用的水电费，其他业务利润中则可能披露企业出售的水电收入及成本信息。因为水电是一种可以计价的自然资源，因此，笔者建议企业应明确披露当年所耗用的水、电等费用，每年的变动额及其原因等信息。可以使报表使用者从资源消耗的角度理解企业对资源的节约程度。

另外，环保设备款、环保借款、环保项目贴息、收到的其他与经营活动有关的现金（植被恢复费、粉煤灰环保资助款、水费补偿）及关联方交易等也披露了企业的环境绩效信息，这些都有助于报表使用者全面了解企业的环境管理整体现状。

（四）年报环境信息披露的改善建议

1. 总体要求

上述分析表明，报表使用者可以通过企业发布的年度报告获得关于企业环保投入、资源消耗、污染物排放、循环经济效益等各方面的环境绩效信息。但是各企业之间及一个企业各年份之间存在较为严重的不一致现象，迫切需要相应的规范来指导年报中的环境绩效信息披露。需要进一步规范的是：

第一，披露项目的内容口径及格式。即哪些信息需要披露、披露的程度如何、怎样披露等问题。不仅包括董事会报告中的“管理层分析和讨论”中的环境绩效信息披露的形式和内容，还包括环境保护所涉及的重要会计报表项目，如政府环保补助、环保设施、环保税收优惠影响、排污费等的披露内容与标准。

第二，披露项目的一贯性。在不同行业企业和同一企业的不同年度之间披露的环境绩效应具有一贯性与可比性，以方便报表使用者综合评判企业的环境绩效管理水平。

第三，信息披露的及时性。污染行业企业不仅应在发生污染事故的合理期限内通过临时公告告知投资者相关事件的经过及影响，而且也应在年报的相应部分予以披露。企业应该在国家的大力扶持下，积极主动地配合国家环保政策，采取有效的环保措施，综合考虑投资项目的环保效益与经济效益的长远关系，以期把对环境的影响降到最低。

2. 董事会报告环境绩效信息披露的政策建议

董事会报告所披露的环境绩效信息非常有助于报表使用者综合评价企业的环境绩效，但是却存在定性信息包括的内容不够明确，定量环境绩效指标对普通年报用户而言过于专业等现象，因此笔者对其做出如下建议：

第一，在管理层讨论与分析中确定需要披露的环境信息种类，可以考虑分为必要披露和参考披露两个层次披露相关信息，必要披露的如公司的环保理念与目标、公司主要污染物及治理情况、环保风险状况、环保部门设置情况及排污许可证的获得等信息，参考披露的信息如是否获得环保荣誉称号、是否拥有环保先进技术、存在哪些环保优势与机遇、是否获得ISO 14001 环境管理体系认证等信息。

第二，进一步确定环境财务绩效的指标内容。在年报中应重点披露环保投入额、环保效益等指标，特别是进行环保所获得的收益额，以方便利益相关者比较环保投入与产出，直观明了地了解企业的环境管理绩效。

第三，鼓励企业披露万元产值综合能耗这个比较成熟的指标，不仅要求披露万元产值综合能耗的数值，还要求披露每年的降低率。目的是给不同利益相关方提供简单的环境绩效信息，以便比较不同行业的环保管理要求，特别是对于企业顾客而言，可以根据这个数据来评价产品的环保程度，这样便可以通过市场调节来促进企业自觉的环保管理行为。

第四，鼓励企业在某一部分或专门报告中单独披露环境绩效信息。对于每年的环保投入额、项目环保投资比、资源和能源的消耗与使用、能源节约量、污染物排放量或减排量、发展循环经济所取得的效益、绿化费或绿化率、温室气体排放、对周边环境的影响（也称生物多样性）、单位产品综合能耗、大气达标天数及其他环境绩效指标，企业既可以用一个简单直观的数值（如全部转化为碳当量）在年报中进行披露，也可以在单独的专门报告中予以详细说明。当然，鼓励企业编制单独报告来披露这些具体环境指标，并与同行业先进水平进行对比，以方便投资者评价企业的环境绩效。

3. 会计报表附注环境绩效信息披露的政策建议

会计报表附注中与环保相关的会计科目比较多，需要进一步规范的是：第一，明确在建环保工程的种类与披露内容，报表使用者需结合在建工程和政府补助考虑企业接受政府环保支助力度及企业环保管理工作的努力程度；第二，要求所有采矿企业说明矿山生态复原金的提取问题；第三，尽快制定绿化费标准或行业绿化率标准，并需强制企业披露绿化信息；第四，鼓励企业披露涉及的环保税收问题，以便查找企业或政府在环保方面的改进方向；第五，要求企业在报表适当科目中披露排污费的缴纳情况，以便投资者综合评判企业的环境绩效。

除此之外，建议上市公司建立专门的环保投资账户、环境成本账户等，内容包括发生在污染治理和控制、生态环境恢复、环境评价、环境监视、环境审计等方面的费用。通过比较环境保护的成本与经济活动的效益，为环境、经济的决策提供支持。

三　社会责任报告或可持续发展报告的环境绩效信息

（一）相关规范要求

我国与社会责任报告相关的规范文件主要包括《环境信息公开办法

（试行）》（环保总局令第 35 号），鼓励企业自愿公开年度环境保护目标及成效，企业环境保护方针，企业环保投资和环境技术开发情况，企业环保设施的建设和运行情况，企业年度资源消耗总量，企业排放污染物种类、数量、浓度和去向，废弃产品的回收、综合利用情况，企业在生产过程中产生的废弃物处理、处置情况，与环保部门签订的改善环境行为的自愿协议、企业履行社会责任的情况及企业自愿公开的其他环境信息，并建议通过媒体、互联网或者企业年度环境报告的形式向社会公开环境信息。只有超标排污列入环保部门公布名单的企业才被强制要求公开环境信息。

除此之外，上海证券交易所于 2008 年 5 月发文《关于加强上市公司社会责任承担工作的通知》和《上市公司环境信息披露指引》，规定公司可以根据自身特点拟定年度社会责任报告的具体内容，但至少应当包括公司在促进环境及生态可持续发展方面的工作，并鼓励上市公司在披露公司年度报告的同时在该所网站上披露公司的年度社会责任报告。上市公司根据自身需要，在公司年度社会责任报告中披露或单独披露环境信息，这些鼓励披露的环境信息第八条“公司受到环保部门奖励的情况”与《环境信息公开办法（试行）》的第八条“企业履行社会责任的情况”不同，其余八条均都与《环境信息公开办法（试行）》的规定一致。另外，还规定对从事火力发电、钢铁、水泥、电解铝、矿产开发等对环境影响较大行业的公司，应当披露前款第（一）项至第（七）项所列的环境信息，并应重点说明公司在环保投资和环境技术开发方面的工作情况。被列入环保部门的污染严重企业名单的上市公司，应当在环保部门公布名单后两日内披露公司污染物的名称、排放方式、排放浓度和总量、超标、超总量情况，公司环保设施的建设和运行情况，公司环境污染事故应急预案以及公司为减少污染物排放所采取的措施及今后的工作安排。并指出上市公司不得以商业秘密为由，拒绝公开前款所列的环境信息。

深圳证券交易所 2006 年 9 月发布的《上市公司社会责任指引》第五章是环境保护与可持续发展，规定了公司环境保护政策的具体内容，应指派专人负责环境保护体系的建立、实施、保持和改进及定期检查环保政策的实施情况，鼓励公司应尽量采用资源利用率高、污染物排放量少的设备、工艺和技术并进行排污申报登记。在第七章制度建设与信息披露部分，规定公司可将社会责任报告与年度报告同时对外披露，但社会责任报告的内容至少应包括关于职工保护、环境污染、商品质量、社区关系等方面的社会责任制度的建设和执行情况等。

上述文件是目前规范企业环境信息披露的主要文件，它们提倡企业通过互联网、媒体、企业年度环境报告和社会责任报告的方式披露有关环境信息，并对披露的内容进行了初步规划，使得上市公司纷纷发布社会责任报告或可持续发展报告，披露相关环境信息。这些规范文件对促进企业披露环境信息取得了较大的积极作用。但是，文件仅对超标排污列入环保部门公布名单的企业，从事火力发电、钢铁、水泥、电解铝、矿产开发等对环境影响较大行业的公司，以及受到污染处罚的公司强制要求披露相关环境信息。这些规范文件没有明确上市公司需披露的环境信息种类，导致企业对是否公布社会责任报告及在社会责任报告如何披露、披露哪些环境信息具有较大的随意性，不利于报告使用者综合评判企业的环境绩效管理水平。

（二）公司专门报告的时间分布

截至2010年6月1日，笔者共收集到36家样本公司发布的78份与环境相关的报告，包括社会责任报告、可持续发展报告、健康安全环境保护以及环境报告等。具体分布年份如表4－9所示。

表4－9　环境专门报告年份分布

上市地址	公司家数	报告份数					
		2006年前	2006年	2007年	2008年	2009年	合计
沪市	21	9	3	5	19	20	56
深市	15	0	0	1	11	10	22
合计	36	9	3	6	30	30	78

注：深市2008年和2009年均有7家，2008年4家，2009年3家；沪市2008年和2009年均有18家，2008年1家，2009年2家。

从表4－9中可以发现以下现象：第一，样本公司披露社会责任报告或可持续发展报告的36家样本公司中，有3家公司（分别是宝钢股份、中国石化和中国石油）公布了2006年及以前的可持续发展报告或环境报告，6家公司于2007年公布了与环境相关的专门报告，有30家公司于2008年公布了与环境相关的专门报告，有31家公司于2009年发布了与环境相关的专门报告。第二，同时公布2008年和2009年社会责任报告的有25家（深市7家，沪市18家），约占样本总体的71.43%，披露比例较高。第三，在上海证券交易所上市的34家公司中，有61.76%的公司

（21 家）披露了相关社会责任或可持续发展报告，而在深圳证券交易所上市的 33 家公司中只有 45. 45% 的公司（15 家）披露相关社会责任报告或可持续发展报告。并且沪市连续两年披露专门报告的公司数比重为 85. 71%，深市为 46. 67%，明显低于沪市。

以上现象说明：第一，上海证券交易所和深圳证券交易所近年发布的《上市公司环境信息披露指引》、《上市公司社会责任指引》等规范对企业通过专门报告披露环境绩效信息起到了重要的促进与引导作用，因为近两年发布社会责任报告的数量明显增加。第二，我国企业披露环境绩效信息还处于初期水平，主要还是靠政府颁布法律规范强制上市公司披露相关环境绩效信息，企业自愿性披露动机不够明显。究其原因，主要有以下几点：（1）是披露较长时期的社会责任报告或可持续发展报告的三家公司中，有两家同时在中国和美国上市；（2）同时在内地和香港特区上市的公司共 9 家，近两年全部公布了社会责任报告或可持续发展报告；（3）两项指引规定的强制程度不同导致了两市公司发布报告数量的差异。第三，样本公司在专门报告披露环境绩效信息的数量还受到其上市时间迟早的影响。在深圳证券交易所近三年上市的样本公司包括 17 家（深市 2010 年上市的有 9 家，2009 年上市的 3 家，2008 年上市的 5 家，2007 年 2 家），而在上海证券交易所上市的样本公司中近三年上市仅 2 家，这不仅是导致深交所的样本公司披露专门报告比率低于上交所样本公司披露专门报告比率的另一个主要原因，同时从侧面证明公司披露环境专门报告的自愿性不够。

（三）环境绩效信息分类解析

《环境信息公开办法（试行）》及《上海证券交易所上市公司环境信息披露指引》的规定，可以将企业自愿披露的环境信息分为定性的环境管理信息及定量的环境信息。定性信息包括：年度环境保护目标；企业环境保护方针；企业排放污染物种类、数量、浓度和去向；与环保部门签订的改善环境行为的自愿协议；企业在生产过程中产生的废弃物的处理、处置情况，废弃产品的回收、综合利用情况；企业自愿公开的其他环境信息。定量信息包括：年度环境保护成效；企业年度资源消耗总量；企业环保设施的建设和运行情况；企业环保投资和环境技术开发情况。

1. 环境绩效信息分类

根据上述法律规范，参考全球报告促进行动（GRI）于 2006 年发布的《可持续报告指南》（第三版）及企业实际报告的环境绩效信息，笔者将78份专门报告的信息从定性信息和定量信息两个方面进行考察。定性指标分为报告参照指南（GRI）、是否加入WBCSD、是否单设环保部/HSE、是否履行环境承诺、环境保护方针与政策、是否拥有环保先进技术、环境管理体系认证（ISO 14001/方圆标志认证）、是否获得环保荣誉称号或受到环保部门奖励（称号或奖金）、是否通过环保审核、节能措施和途径的描述——机制目标方法、环境监测和员工环保意识培训12个方面。定量指标主要分为综合指标、资源和能源消耗指标、环保投资、环境成本与环保效益指标、污染物排放指标、废弃物回收和综合利用指标、生态保护与植被恢复指标及其他类7大类指标，每类指标又根据具体情况下设若干二级指标。专门报告披露的环境绩效信息具体情况如表4－10所示。

表4－10　专门报告环境绩效信息披露一览表

项目	指标	单位	公司数		披露次数	
			数目	比重（%）	数目	比重（%）
定性指标	专门报告编制指南	GRI	8	22.22	17	21.79
	是否加入WBCSD		1	2.78	1	1.28
	是否单设环保部门/HSE		9	25.00	19	24.36
	是否履行环境承诺		4	11.11	9	11.54
	是否通过环境管理体系认证	ISO 14001/方圆标志认证	20	55.56	37	47.44
	是否获得环保部门奖励	“中华宝钢环境奖”等	16	44.44	32	41.03
	主要污染物及处理措施	节能机制目标方法	28	77.78	50	64.10
	是否拥有环保先进技术		14	38.89	23	29.49
	环境监测	空气、烟道、水	6	16.67	10	12.82
	环境保护方针与政策		10	27.78	22	28.21
	员工环保意识培训	次/人数	2	5.56	6	7.69
	遵守法规	是否通过环保审核	8	22.22	10	12.82
		环境污染事故（次）	3	8.33	3	3.85

续表

项目	指标	单位	公司数		披露次数	
			数目	比重（%）	数目	比重（%）
综合指标	万元产值综合能耗	下降率	6	16.67	14	17.95
		下降额（吨标煤）	1	2.78	1	1.28
		数值（吨标煤/万元）	6	16.67	9	11.54
		下降率 + 下降额	6	16.67	9	11.54
		小计	7	19.44	24	30.77
环保投资	年投资额/累计投资额	万元	23	63.89	52	66.67
	项目投资额	万元	15	41.67	22	28.21
	同时披露年度投资额与项目投资额		12	33.33	27	34.62
	小计		26	72.22	55	70.51
	吨煤提取矿区基金		1	2.78	1	1.28
环境成本	年环境成本	元	1	2.78	3	3.85
环保效益	燃料费用节约/产生利税/减排	元	13	36.11	29	37.18
	年节电节能	千瓦时/吨标准煤	16	44.44	22	28.21
	节能量	万吨标煤	12	33.33	14	17.95
	年节水	吨	10	27.78	16	20.51
	节气/年节约土地/减少污染	吨/平方米/水、森林、土地	3	8.33	3	3.85
资源消耗	原辅料的消耗	种类及数量	1	2.78	3	3.85
能源消耗	综合能源消耗量	吨标准煤/年	6	16.67	12	15.38
	炼油综合能耗/乙烯综合能耗	千克标煤/吨	2	5.56	3	3.85
	工业取水量/水耗下降	万吨，减少（%）	7	19.44	12	15.38
	吨钢综合能耗	公斤标准煤	6	16.67	11	14.10
	吨钢耗新水	吨	6	16.67	14	17.95
	吨机制纸综合能耗	千克标准煤	1	2.78	1	1.28
	单位电量耗油	吨/亿千瓦时	1	2.78	1	1.28
	吨铝电耗、单位产品能耗	千瓦时，克/千瓦时	4	11.11	5	6.41
	外购能源/石煤水油	万吨标煤	1	2.78	3	3.85

续表

项目	指标		单位	公司数		披露次数	
				数目	比重（%）	数目	比重（%）
污染物排放	二氧化碳减排		万吨/年/单位产品(%)	14	38.89	18	23.08
	废水	废水排放量	吨/万元产值	9	25.00	20	25.64
		废水中化学需氧量排放量	同比减少（%）	16	44.44	41	52.56
		废水达标率	挥发酚去除率/SS 去除率	5	13.89	5	6.41
	固体废弃物	排放量/废渣产生量	吨/万元产值	2	5.56	4	5.13
	废气	废气排放量	(万标立/万元产值)	7	19.44	9	11.54
		二氧化硫排放量	公斤/克/万吨/万元产值	19	52.78	41	52.56
		氮氧化物减排	(%)	5	13.89	13	16.67
		烟粉尘/降尘	排放下降	10	27.78	17	21.79
	其他	污泥排放吨	下降公斤	1	2.78	1	1.28
		铝氟化物排放量等	千克/吨	3	8.33	17	21.79
废弃物回收和综合利用	废弃物资源化利用指标	体固废弃物综合利用	利用率91%	10	27.78	17	21.79
			利用量（吨）	12	33.33	17	21.79
			小计	16	44.44	24	30.77
		水重复利用率	循环水利用率/废水利用率	12	33.33	22	28.21
	矿产资源综合开发利用指标	回采率/贫化率/回收率	煤矿回采率	2	5.56	4	5.13
	生态环境修复指标	土地复垦率/矿山次生地质灾害治理率	土地复垦费或复垦面积	2	5.56	2	2.56

续表

项目	指标	单位	公司数		披露次数	
			数目	比重（%）	数目	比重（%）
废弃物资源化利用指标	供蒸汽	发电	1	2.78	1	1.28
	烟粉尘回收/处理节能/除尘率	万吨/%	3	8.33	3	3.85
	污水处理/垃圾处理	吨	4	11.11	6	7.69
	噪声治理		4	11.11	4	5.13
	余能回收/副产物创效/废料回收/余热发电	万吨标煤/吨/元	10	27.78	18	23.08
生态保护与植被恢复	植树	株	8	22.22	9	11.54
	绿化面积/人工造林	亩/平方米	11	30.56	17	21.79
	绿化率	40	11	30.56	16	20.51
	小计——绿化		14	38.89	21	26.92
	其他	鸟类/野生动物保护	2	5.56	3	3.85
其他指标	电除尘效率	%	1	2.78	1	1.28
	财政奖励资金	万元	3	8.33	3	3.85

为了便于分析，将表4-10的环境绩效信息分为以下八个方面：

第一，公司环境管理定性描述。这部分信息主要集中于12个方面，从表中可以看出，披露的较多的主要是：专门报告编制指南，有8家公司（22.22%）披露专门报告遵守了GRI《可持续报告指南》；是否单设环保部门，有9家（25.00%）公司设立了安全环保部或者HSE（健康、安全和环保部）；是否履行环境承诺，有4家（11.11%）公司在专门报告中做出了相应的环境承诺，这些承诺主要是针对环保法规的遵从以及未来节能减排的目标等方面；是否通过环境管理体系认证，有20家（55.56%）公司披露通过ISO 14001环境管理体系认证或方圆标志认证等其他环境认证；是否获得环保部门奖励，有16家（44.44%）公司披露曾获得环保荣誉称号，这些荣誉称号包括“中华环境奖”、“绿色东方企业环保奖”、“国家清洁生产审核示范企业”、“省资源综合利用先进单位”、“省环境友好型企业”、“省节能先进企业”、“绿化先进单位”、“市节能先进单位”、“污染减排先进单位”、“省节能突出贡献企业”、“市节能突出贡献企业”，等等。除此之外，主要污染物及处理措施（28 家，77.78%）、环保技术开发（14 家，38.89%）、是否拥有环保先进技术（14 家，38.89%）、环境保护方针与政策（10 家，27.78%）、环境监测（6 家，16.67%）、员工环保意识培训（2 家，5.56%）及对环保法规的遵从（8 家通过环保审核，3 家发生过环保事故的企业均按要求披露了相关影响及后续环保措施）。

第二，综合指标。我国披露较多的是万元工业总产值综合能耗。这主要是为了响应 WBCSD 提出的生态效益指标架构的基础上发展出来的一个综合指标。样本公司中有 7 家公司（19.44%）说明了这个指标，但是说明的方式也有只披露万元产值综合能耗下降率、下降额、万元产值综合能耗当年数值或同时披露以上三类数据。说明企业披露信息的方式存在很大的随意性。

第三，环保投资、环境成本与环保效益。样本公司有 23 家（63.89%）披露了年度环保投资总额或累计环保投资额，有 15 家（41.67%）披露了项目的环保投资额，同时披露上述两项的公司有 12 家（33.33%）。说明企业开始重视环保投资额的信息披露。另外，宝钢公司还在 2007—2009 年的《可持续发展报告》中披露了较为全面的环境成本信息（环境成本的具体内容可参见表 4-11）。这不仅为我国企业核算环境成本提供了理论参考依据，也对投资者评价企业的环境管理绩效提供了重要的信息。除此，企业披露了不同形式的环保效益指标，如环保管理节约燃料费用或减排效益（13 家，36.11%）、年节电节能量（16 家，44.44%）、节能量（12 家，33.33%）、年节水（10 家，27.78%）及其他信息。结合环保投资或环境成本信息，企业可以计算环保收益投资比，以便激发企业的环保热情。如云铝股份《2009 可持续发展报告》披露清洁生产共计投资 4223 万元，年产生经济效益约 8000 万元，收益投资比达 1.8∶1。

第四，资源和能源消耗指标。从表 4-10 中数据来看，披露原材料及辅料消耗的企业只有 1 家（宝钢股份）。能源消耗中披露较多的是综合能源消耗量（6 家，16.67%）、工业取水量（7 家，19.44%）、吨钢综合能耗（6 家，16.67%）及吨钢耗新水（6 家，16.67%）、单位产品能耗（4 家，11.11%）。这些数据说明样本企业对于资源和能源消耗指标的认识不够深入（只有钢铁行业披露的指标相对全面一点），还只是停留在强制披露阶段，因为这部分没有强制要求披露。

表4-11　　环境成本分类与项目

环境保护成本分类	环境保护成本项目	
费用化项目	排污费	向国家缴纳的污染物排放权费用
	体系审核费	体系审核产生的费用
	环境监测费	厂区污染源日常监测产生的费用
	环保设施运行费	设施能耗费、药剂费、维修费
	环保设施折旧费	环保设施折旧费用
	环保人工费	从事环境保护管理、环保设施运行人员工资、福利
	有害物质运输费	有害物质运输费用
	绿化费	厂区绿化及日常维护费用
	固废处置费	处理固体废弃物所产生的费用
	新、改、扩建项目环保改善投入	污染防治、环境改善、综合利用方面的直接服务生产及具有一定前沿性环保方面的科研投入
	环境研发费	污染防治、环境改善、综合利用方面的直接服务生产及具有一定前沿性的环保方面的科研投入
	其他、宣传	环境管理产生其他费用
资本化项目	新、改、扩建项目环保技改投入	
	“三同时”配套环保项目投入	

第五，污染物排放指标。污染物排放指标有绝对数和相对数两种披露形式，如二氧化碳排放，有年排放多少万吨或者万元产值二氧化碳排放量等形式。这两种形式应该都要求披露，以便利益相关方全面评价整个污染物对环境的影响，也可以考察污染排放的效率问题。污染物排放可从以下四个方面来分析：一是二氧化碳减排，有14家（38.89%）公司说明了温室气体减排量或降低百分比，这对于提倡低碳经济的今天具有非常重要的意义，如青岛啤酒2009年披露获得二氧化碳减排量收益近300万元；二是废水排放，披露较多的是废水排放量、废水中COD（化学需氧量）排放量以及外排废水达标率，分别为9家（25.00%）、16家（44.44%）、5家（13.89%）；三是固定废弃物排放，包括废渣（高炉渣、炉渣和粉煤灰、含铁尘泥/危险废弃物等）排放量；四是废气排放，主要指标包括废气、有毒气体排放量、废气中SO_2排放、氮氧化物、烟尘、空气达标天数

等指标。披露的最多的是二氧化硫排放，有 19 家公司（52.78%）披露了二氧化硫的排放问题。除此之外，还有企业披露了污泥排放、吨铝氟化物排放量、噪声控制等指标。

第六，废弃物回收和综合利用指标。这可以在一定程度上说明企业在循环经济方面所做的努力。根据 2009 年 1 月 1 日开始实施的《循环经济促进法》、《循环经济评价指标体系》（发改环资［2007］1815 号）及《矿山生态环境保护与污染防治技术政策》（环发［2005］109 号），将涉及的废弃物回收和综合利用指标分为废弃物资源化利用指标、矿产资源综合开发利用指标、生态环境修复指标。其中包括工业固体废弃物综合利用率（16 家，44.44%）、工业固体废弃物处置量（12 家，33.33%）、工业用水重复利用率（12 家，33.33%）、煤矿回采率（2 家，5.56%）、土地复垦率或复垦面积或复垦费（2 家，5.56%）。此外，余热发电或副产物创效也是企业重点披露的环境绩效信息之一，有 10 家（27.78%）公司披露了此项内容。

第七，生态恢复与植被保护指标。企业披露的信息主要集中于植树（8 家，22.22%）、人工造林或绿化面积（11 家，30.56%）、绿化率（11 家，30.56）、鸟类或野生动物保护等信息（2 家，5.56%）。生物多样性披露的总体数目是 14 家公司，比例为 38.89%。

第八，其他信息。有 1 家公司披露了电除尘效率，有 3 家企业披露了财政环保奖励资金数额，安泰集团《2008 社会责任报告》提出企业要加强环境信息披露，自觉接受社会各界监督等，宝钢股份 2009 年披露了公司因环境污染等造成的其他社会成本（包括排污费）仅为 0.004 元/股。

2. 环境绩效信息的法规遵循度评价

上述披露的环境信息对《环境信息公开办法（试行）》等规范的遵循情况可以参见表 4－12。

表 4－12　　　　专门报告的法规遵循情况

项目	披露情况		需改进的方向
	公司数	百分比(%)	
企业环境保护方针	12	33.33	需进一步清晰简单明了
年度环境保护目标	11	30.56	需用通用指标描述目标
环境技术开发	22	61.11	列明具体技术种类、对象及采用效果

续表

项目		披露情况		需改进的方向
		公司数	百分比(%)	
企业排放污染物种类、数量、浓度和去向		13	36.11	披露需更全面
企业在生产过程中产生的废弃物的处理、处置情况，废弃产品的回收、综合利用情况		29	80.56	列明废弃物种类、处置方式及回收利用率
与环保部门签订的改善环境行为的自愿协议		7	19.44	列明是否有协议及其具体实施情况
年度环境保护成效		23	63.89	需进一步标准化环保成效指标
企业年度资源消耗总量		12	33.33	需用统一指标标准化，用专门指标解释
企业环保设施的建设和运行情况		16	44.44	需列明种类及状况
企业环保投资		25	69.44	分类说明年度投资和项目投资额
其他信息	荣誉称号	16	44.44	无
	ISO 14001 认证	20	55.56	无

3. 环境绩效信息披露的综合评价

根据上述分析可以看出，大多数公司基本能按照我国《环境信息公开管理办法（试行）》等的规定进行环境绩效信息披露，披露方式从定性描述到定量指标说明，披露内容有环境管理、环保投资与效益、污染物排放、节能减排等指标，比较丰富。随着时间的延续，企业披露的信息也在不断丰富。披露得比较达标的涵盖规范十种信息的公司却只有两家（600022 济南钢铁和 600569 安阳钢铁），约占总体的 5.56%。

此外，还存在以下现象：第一，信息披露存在敷衍塞责的现象。如“塔牌集团”（2008）、“五矿发展”（2008）、“西部矿业”（2009）、“鑫富药业”（2008）只有定性泛泛的描述，很少或基本没有披露明确的环境定量数据。又如，000408（晨鸣纸业）的“环保计划”部分、600596（新安股份）社会责任报告中的“环境保护和可持续发展”部分及 000729（燕京啤酒）的技改节能等部分前后两年的几乎完全相同。第二，项目披露方式的选择存在较大的主观随意性。例如，对于“万元产值综合能耗”指标，有的企业只披露降低率，有的只披露了降低额，有的二者都披露，随意性较大，不利于企业间的相互比较。第三，部分公司专门报告的披露缺乏连续性。截至 2010 年 7 月 1 日，“华星化工”只披露了

2007 社会责任报告，“鑫富药业”、“飞亚股份”、“北化股份”、“东方雨虹”等公司只披露了 2008 年的社会责任报告，不利于综合评价上市公司环境绩效的整体变化趋势。第四，相比其他行业而言，钢铁行业披露的环境绩效信息要全面丰富，基本符合法规规定，如攀钢钒钛、太钢不锈、宝钢股份、济南钢铁、安阳钢铁等企业，不仅都披露了近两年的社会责任报告或可持续发展报告，而且披露的内容从环保政策方针目标、环保荣誉称号到环保投资、污染物排放量等比较丰富。第五，简单环境指标较多，考虑财务业绩的综合指标较少。样本公司披露的环境绩效信息大多是单个指标，如青岛啤酒（2009）披露的环保绩效为二氧化碳回收量同比增长 24.42%、电单耗同比降低 7.07%、标煤单耗同比降低 13.79%、能源成本共节约 7612 万元等，尚未结合企业产值，因此行业可比性不高。

（四）专门报告环境绩效信息披露的完善建议

基于上述原因，笔者作如下建议：第一，尽快制定上市公司环境绩效评价指标体系，划分各行业必要披露指标与选择披露指标，以及核心指标体系和扩展指标体系等。不仅可为上市公司披露环境绩效信息提供建议，也方便投资者综合评价企业的环境绩效。第二，规范专门报告环境信息披露的方式与内容。基于我国目前环境绩效信息披露还处于初级阶段，应详细规定专门报告中需要披露的环境信息的具体项目、内容以及详细程度，以“规则导向”为主。第三，要求企业披露主要污染物排放量及治理量的绝对数与相对数，以及环境绩效指标的行业标准或许可证标准，以便投资者综合评价企业的减排措施的有效性。第四，通过国家能源均价及单位换算标准，将上述定量的环境指标转化为通用的“标准煤”或货币化信息，这样便可以简单全面地衡量企业的环境绩效水平，如标准煤的发热量转化（1 吉焦耳 =34.18 千克标准煤，1 吨标煤 =29.26 吉焦耳）、电力折标系数（1 万千瓦时 =4.04 吨标准煤）、森林资源换算数（树木每生长 1 立方米约可吸收 1.83 吨二氧化碳，释放 1.62 吨氧气）等。

第四节　本章小结

本章通过对我国 2008—2009 年环保督察的 100 家上市公司的招股说明书、年度财务报告及社会责任报告或可持续发展报告的研究与分析，发现我国上市公司的环境绩效信息披露基本符合法律法规的要求。但是，对于环境绩效信息的披露内容、方式、完整性等还存在明显的不一致现象。这说明我国当前的环境绩效信息披露还处于初级阶段，主要基于政府强制力引起，企业自愿性披露意识不强。

综上所述，我国上市公司未来的环境绩效信息披露，应通过学习与借鉴国外已有的成功经验，结合自身情况，从制定完善的上市公司环保及会计法规着手，以加强政府引导与鼓励企业自愿披露相结合的方式，促进企业披露更多的环境绩效信息。结合利益相关者对上市公司环境绩效的评价，来督促公司不断改善自身的环境管理水平，达到财务与环境双赢的局面，实现企业、社会、环境的可持续发展。

由于本书只选取了我国上市公司的特殊部分——接受环保后督察的100家上市公司为研究样本，并且只是统计了其披露的数据内容与频率，没有对其披露动态进行考察。基于统计因素，笔者在搜集、整理资料时不可避免地存在一定程度的偏差，但是上述表格中的数据基本上能反映出当前我国上市公司环境绩效信息的披露状况。

第五章　上市公司环境绩效与财务绩效相关性研究

——基于排污费和 ISO 视角的经验证据

利润最大化的财务管理原则使得一些传统的经济学家认为，改进公司环境绩效的额外成本都将不可避免地降低公司的盈利水平。但是，这个观点受到了很多学者的质疑，最著名的就是波特和范德·林德（Porter and van der Linde），他们于 1995 年从理论上证明，降低污染的盈利机会是存在的。这些新的经济学派认为，可能存在一些机制使得好的环境绩效带来较高的利润水平。莱恩哈特（Reinhardt，1999）认为，较好的环境绩效能改进公司的能源使用效率，提升员工的环保意识与生产效率，最后增加企业的市场份额。环境绩效水平高的公司是否真的更容易获得较高的利润？环境绩效与财务绩效的关系究竟怎样？正相关？负相关？不相关还是间接相关？这些问题引起了广大国内外学者广泛的兴趣。本章以排污费水平的高低和是否获得 ISO 14001 环境管理体系认证作为环境绩效的两个代理变量，分析了国内 A 股上市公司 2006—2009 年的数据，试图来解释企业环境绩效与财务绩效的关系。研究发现，上市公司环境绩效与财务绩效存在因果关系。在控制了公司的一些基本特征之后，环境绩效与财务绩效存在显著正相关关系，并且随着环境绩效的改善，财务绩效随环境绩效投资的边际收益等于边际成本时不再呈上升趋势，而存在边际效益递减现象。这是因为，公司可能为此支付了过多的环境管理成本。除此之外，本书还发现，获得 ISO 14001 环境管理体系认证的公司财务指标明显优于未获得该认证的企业，但是市场对是否获得环境认证的企业评价并没有显著差异。

第一节　研究背景

20 世纪的人口膨胀和技术进步带来的工业扩张使得地球资源被快速地消耗。这些工业活动极大地提高了人们的生活水平，但同时也对环境造成了巨大的影响——自然生态系统更容易受到人类的破坏。许多植物、动物和野外栖息地的加速消失、水资源耗竭、烟雾、酸雨、臭氧层空洞和气候变暖等环境问题已成为整个世界关注的热点。随着联合国世界环境与发展委员会（WCED）1987 年“可持续发展”概念的提出、1992 年的巴西“环境与发展”大会的召开、2007 年美国《低碳经济法案》的出台、2009 年哥本哈根气候大会的召开以及 2010 年可持续发展和透明度全球大会的召开，世界各级组织对环境问题的关注与努力不断增强。尤其是 2010 年紫金矿业污染事故的爆发，使得上市公司环境信息披露和环境绩效的财务评价被提上了议事日程。

与此同时，资本市场的财务经济学文献在某种程度上忽视了利用环境绩效作为评价公司可投资性的标准。市场上过分关注财务分析师提出的论断，即较差的环境管理将会引发环境负债从而贬低公司价值。据此，对于环境绩效的评价往往是从负面的角度进行的，并且主要是基于环境负债的风险与披露，而不是基于环境绩效是一个导致企业价值增加的因素。将环境成本视为价值创造的动机，而不单纯地将环境成本视为潜在的或有负债，这个观念并不能有效地传递给投资者，使得投资者较难识别与评价环境活动的财务后果。

国外对环境绩效与财务绩效关系的研究比较深入，其所采用的环境绩效数据主要是以美国的 TRI（有毒物质排放清单，TRI）、CEP（经济优先权委员会，CEP）、IRRC（投资者经济责任联盟，IRRC）或者英国的 BMAC 排名（Britain’s Most Admired Companies）等作为环境绩效的代理变量。国内对于环境绩效的研究，主要是选取是否通过国家环境保护总局颁布的环境认证、最近三年是否通过环保核查、是否评选为环境友好企业及最近三年是否有重大环保事故等综合评分（邓丽，2004），用几个重要废弃物指标排放量集成一个综合指标（秦颖、武春友，2004）等，这些指标的选取与赋值具有较大的主观随意性。鉴于国内没有较成熟的环境排放数据库资料，本书试图以客观的企业排放数据——排污费作为环境绩效的代理变量，来考察我国上市公司环境绩效与财务绩效的相关性，以期挖掘上市公司环境管理的财务动机，发现我国上市公司环境绩效评价存在的问题，以促进环境业绩与财务业绩的结合，激发上市公司的自觉环境管理行为。

第二节　文献回顾

目前，关于公司环境绩效与财务绩效关系的研究引起了实证研究学派与公司社会责任领域的广泛关注。传统观点认为，用于废弃物处理与移除、污染预防策略的环境开支是公司资源的耗费，而与公司的生产贡献无关（Palmer et al.，1995）。然而，另一种研究学派认为，污染预防及与此相关的对公司生产过程的重新评价，可以使公司有机会从战略上改变其生产程序（如原材料的回收与再使用、环境影响较少的替代原材料的使用等），这种新的发明成果将会抵消环境管制带来的成本，从而给企业带来竞争优势（Porter and van der Linde，1995）。科纳和科恩（Konar and Cohen，2001）发现，较高的环境管理水平会导致环境遵从成本与负债的降低，从而更容易吸引投资者的关注。莱恩哈特（1999）认为，污染减少可以公司降低遵从成本和最小化未来负债方面的成本。由于数据的限制、方法的选择使得这些关于环境绩效与财务绩效关系的研究结果具有较大的不稳定性。鉴于可获得证据的非决定性，有些研究发现二者存在因果关系，有的学者认为，二者正相关；有些认为负相关，或者间接相关；还有一些认为，两者之间根本没有关系。

一　环境绩效与财务绩效的因果关系

20世纪末开始，学者们开始研究环境绩效与财务绩效的因果关系。所谓的“良性循环”，即环境绩效影响财务绩效，或者相反。这些观点被Hart和Ahuja（1996）、Waddock和Graves（1997）、Schaltegger和Synnestvedt（2002）、Orlitzky等（2003）、Vogel（2005）等人的研究结果所支持。他们发现财务绩效较好的公司在环境方面的投资更多，因为它们负担得起，并且环境绩效也可以帮助企业更成功一点。Zhang和Stern（2007）用格兰杰检验二者关系，发现以前较好的财务绩效对当前的环境绩效有正影响，而当前的环境绩效与财务绩效之间是中立的关系。这说明，财务绩效好的公司倾向于在环境活动方面投入更多，而公司的环境努力并不能直接导致盈利能力增加。Peloza（2009）发现财务绩效对环境绩效的影响大于环境绩效对财务绩效的影响。

二　环境绩效与财务绩效直接相关

学者们对于环境绩效与财务绩效直接相关有正相关和负相关两种结论。

（一）环境绩效与财务绩效正相关

在过去的30年间，很多学者对环保投资是一种成本并不能给公司带来财务利益的观点提出了质疑。在工业生态学中，人们认为，在环保法规遵从之上存在环境和公司利益的双赢情形（Nelson，1994；Panayotou and Zinnes，1994；Esty and Porter，1998；Reinhardt，1999）。另有一些学者认为公司存在同时保持“绿色”和竞争性的双赢情形（Porter and van der Linde，1995；Reinhardt，1999）。定性研究举出了很多例子说明污染预防的获利性（Denton1994；Deutsch，1998；Graedel and Allenby，1995；King，1995）。还有一些学者在环境绩效提供财务绩效的量度方面作出了自己的改进（Hart，1997）。

良好的环境绩效可以通过增加收入、降低成本和降低潜在危险事件来为公司提供经济利益（Peloza，2006）。既然污染水平变得很关键，任何环境事件都将玷污公司的声誉，从而使公司承担巨额的法律成本和环保罚款（Eiadat et at.，2008），这将严重影响公司的财务绩效。如果公司通过战略投资来降低污染排放，则环保诉讼风险将会降低（Sharfman and Fernando，2008）。这种效应被认为是“保险效应”（Godfrey et al.，2009）。

Spice（1978）发现用CEP计量的管道和造纸行业的环境绩效与公司的财务绩效显著正相关。波特和范德·林德（1995）认为，污染减少可以使公司降低因环境问题带来的成本（增加环保有效性、遵从成本和未来或有负债），他们还从理论上证明了降低污染的盈利机会是存在的。Klassen和McLaughlin（1996）研究发现，当公司发生不利的环境事件（如原油泄漏）时，公司股票具有显著负超额收益，当公司获得环境奖励时，股票拥有正的超额收益，从而，得出公司环境绩效与财务绩效正相关的结论。Harts和Ahuja（1996）研究显示，污染的变化（每美元的排放物）早于财务绩效的变化。哈特（Hart，1997）认为，超额收益（如高于行业平均水平的利润）源于公司潜在的环境管理水平差异。管理者可能拥有独特的资源或能力来运用营利性的环境战略，并且这种战略很难模仿。Rosso 和 Fouts（1997）发现公司财务回报与 CEP 环境绩效指数存在显著正相关关系。Stanwick 等（1998）运用实证研究方法研究了 500 强上市公司 1987—1992 年的数据，发现组织的社会绩效受到组织规模、公司营利性和污染物排放量的影响。Dowell 等（2000）发现公司采用单一、严格的世界环境标准，相比没有采用这些标准的公司而言具有更高的市场价值（托宾 Q）。King 和 Lenox（2001）通过研究美国 652 家制造业公司 1987—1996 年的数据后发现，低污染和高财务价值之间存在正相关关系。Triebswetter 和 Hitchens（2005）发现在环境倡议和公司的高生产率之间存在正相关关系。Salama（2005）通过运用中位数回归方法分析英国公司的面板数据，研究发现公司环境绩效与财务绩效之间的关系很显著。Darnall（2007）以 OECD 设备制造业为例，运用双因变量 Probit 模型探讨了环境政策压力、环境绩效与盈利能力的关系，认为环境绩效包括 6 个方面的指标（自然资源消耗、固体废弃物产生、废水量、区域空气污染、主要污染物和综合指数），研究发现，环境绩效与盈利能力和销售收入之间存在正相关关系，意味着环境和财务存在双赢的局面。但是，环境政策压力与财务绩效显著负相关，说明双赢局面并不是政策导向的。Montabon、Sroufe 和 Narasimhan（2007）运用内容分析法和联立方程分析了 45 份公司报告，结果发现环境管理实践与公司绩效正相关。

除此之外，还有学者从社会责任的角度分析了环境绩效与财务绩效的正相关关系。Orlitzky（2001）、Orlitzky 等（2003）通过对 52 份研究的综合分析发现，社会绩效和财务绩效之间存在正相关关系。Margolis 等（2007）通过综合分析 167 份研究文献中的 192 个回归效应后发现，公司社会绩效与财务绩效之间存在较弱的正相关关系。Doh 等（2009）利用声誉与合法性原则，调查了社会责任报告与公司财务绩效的关系，结果显示加入 Calvert 社会指数并不能带来正的市场反应，相比环境不积极的公司而言（从社会指数中扣除），环境积极公司（增加社会指数）表现出较好的经营绩效。Toffle 和 Lee（2009）发现精益生产①和可持续性之间的正相

① 精益生产是一个专门术语，用来描述制造业、工业或服务业的运作浪费很少或根本没有经营的废料产生，从而使操作非常有效。参见 http：//www.leanmanufacture.net/，2010－09－09。

关关系普遍存在。

从环境管理角度研究二者关系的有 Demal（2001），他发现企业对 ISO 14001 认证的程度和种类影响公司的竞争优势。Melnyk 等（2003）也证明了公司财务绩效与环境绩效都与公司的环境管理系统（EMS）的形式水平相关，获得了 ISO 14001 认证的企业与较好的整体绩效相关。

在财务研究领域，很多研究也验证了环境友好公司具有较高的市场回报。科恩等（1995）运用美国环境保护机构数据库计量的环境绩效构建两个行业均衡的公司组合。研究发现，绿色证券组合具有正的市场回报。类似地，怀特（White，1996）运用 CEP 的环境绩效排名研究发现，绿色公司的证券组合具有显著高的风险调整报酬。

（二）环境绩效与财务绩效负相关

与上述观点相反，另外一些学者通过研究发现，公司在环保方面的努力虽然提高了社会或环境绩效，但利用了资源和管理努力，偏离了公司的核心领域，从而降低了营利性。

Mahapatra（1984）采用较长时期较大样本比较了 6 个行业的污染控制开支，发现较高的污染控制支出并不意味着较好的环境绩效，还指出，这些支出消耗了公司可以带来利润的资源，从而得出环境绩效与公司财务绩效负相关的结论。Jaggi 和 Freedman（1992）讨论了污染绩效与经济绩效之间的关系，结果显示管道和造纸行业的污染绩效并没有带来较好的市场回报。短期内，市场会选择利润最大化，从长远看，污染减少会带来正的抵消效应。Cordeiro 和 Sarkis（1997）利用有价证券的盈利预测来代替公司绩效后发现，环境激进行为与公司绩效存在显著负相关关系。Klassen 和 Whybark（1999）研究发现环境技术投资组合（环境技术投资模式）与公司制造绩效显著负相关。Konar 和 Cohen（2001）发现较差的环境绩效与公司无形资产的价值负相关。Sarkis 和 Cordeiro（2001）在控制了公司规模和财务杠杆之后，发现美国 482 家公司的污染预防和末端治理均与 ROS（return on sales）负相关，并且污染预防的负反应更显著。

Filbeck 和 Gorman（2004）利用 IRRC 资料研究电力行业环境绩效与财务绩效的关系，电力作为生产和发送能源的行业产生了巨大的污染物，既未发现持有期回报与行业环境绩效存在正相关关系，也未发现环境管制与收益之间的关系，但是，在财务收益与更积极的环境绩效之间存在负相关关系。Brammer 等（2006）研究了英国公司的社会绩效与股票收益之间的关系，认为运用分散的社会环境绩效指标、雇佣和社会活动，更容易评价社会与财务绩效之间的关系。研究发现综合社会绩效评分与股票收益显著负相关，在雇佣上好的社会绩效和较少的环境绩效导致较差的财务报酬。有意思的是，笔者还发现持有社会绩效低的股票组合能获得可观的超额回报。

三　环境绩效与财务绩效间接相关

近年，学者们鉴于环境绩效和财务绩效相关性问题的争论，逐渐把视线转向了影响二者关系的研究，即开始探索二者之间是通过公司的哪些相关特征来联系。McWilliams 和 Siegel（2000）、Schuler 和 Cording（2006）、Eiadat 等（2008）认为，在考察二者的关系时需要考虑复杂的可能性（如用来解释潜在的可能减轻或者调节关系的公司变量）。

学者们关于这方面的研究主要是将环保培训、经营效率或环境技术等指标作为控制变量或者与环境绩效变量相乘来探讨其对公司财务绩效的影响。如 Sarkis 等（2010）建立了环保培训这个信息中介，Eiadat 等（2008）、Hull 和 Rothenburg（2008）、Jaffect 和 Palmer（1997）、Montabon 等（2007）以及 Triebswetter 和 Wackerbauer（2008）认为，环境技术创新对环境绩效和财务绩效起到重要的媒介作用。

Klassen 和 Whybark（1999）将环境技术组合分为污染预防指数和污染控制指数，也发现这个技术组合对制造业绩效与环境绩效的关系起着关键性的桥梁作用。Telle（2006）认为，由于研究数据的限制和控制变量的遗漏，使得先前关于环境和经济绩效关系的实证研究存在一些缺陷，通过对挪威公司的面板数据进行回归分析后，当控制了公司规模、行业特征时，环境和经济绩效之间存在显著的正相关关系，当漏掉一些环境革新的利益时，结果并不显著，因此得出“值得为环保付费”为时过早的结论。

Rosso 和 Fouts（1997）研究发现行业增长率将会影响环境绩效与财务绩效之间的关系，行业增长率越大，环境绩效对公司盈利的正影响越大。

还有学者研究了经营绩效对环境与财务绩效关系的影响。Berman 等（1999）通过研究后发现，公司拥有程序成本领先质量（通过成本效率来计量，定义为营业成本除以营业收入，值越低指示越高的经营效率）表现出较高的财务绩效。Triebswetter 和 Hitchens（2005）发现高生产率工厂相比较低生产率的工厂而言，实施了较多数量的环境计划。Ramanathan

和 Akanni（2010）基于利益相关者理论与资源基础理论的研究发现，经营效率对环境绩效与财务绩效的关系起到重要的调节作用。

Schaltegger 和 Synnestvedt（2002）认为，当改善环境绩效的管制工具具有较强的经济诱因时，环境管制可能引起环境绩效和经济绩效的关系，并提出理论与实践研究的重点应放在不同的环境管理方法对经济绩效会产生哪些影响，而不应放在环境与财务简单的关系之上。

Zhang 和 Stern（2007）认为，先前对环境绩效与财务绩效的相关性研究结果不一致，主要是由于控制变量的选择和对环境绩效计量的不同引起的。因此，他们通过增加 R&D 密集度指标作为控制变量，以及用 KLD 指数作为环境绩效的替代变量进行研究后发现，公司过去的财务绩效与当前的环境绩效具有较小的正相关关系，而当前的环境绩效对财务绩效的影响并不明显。意味着财务绩效较好的公司倾向于投资于更多的环保项目，然而，环境努力并不直接增加公司的营利性。

Lopez – Gamero 等（2009）发现环境绩效对公司绩效的影响并不是直接的，并且随着部门的不同而变化。Elsayed 和 Paton（2005）发现公司财务绩效对环境绩效的影响随着公司的生命周期在变化。Peloza（2009）认为未来研究应通过调查来研究环境绩效与财务绩效之间的间接作用过程。主要有两点原因：理解环境绩效是如何创造商业价值的；在过程的初期需发展评价这些价值的主要指标。

Vanassche、Vranken 和 Vercaemst（2009）认为，环境政策导致环境投资，因此环境政策对环境绩效和经济绩效具有正的影响，并且污染预防投资将导致较好的环境和经济绩效，污染控制投资对公司整体的环境绩效和竞争性没有影响。

四　环境绩效与财务绩效不相关

Kiernan（1998）认为，市场分析师通过收集环境绩效数据作为未来资本市场回报的指标，来说明环境绩效是否导致财务绩效或者提供公司较好财务绩效的指标，意义不大。也有研究认为环境绩效与盈利能力之间没有显著的关系（Fogler and Nutt，1975；Rockness，Schlachter and Rockness，1986）。另外，Johnson 和 Greening（1999）、Hitchens（1999）认为，公司不需要投入更多的环境成本仍然可以获得竞争优势。

还有些学者通过研究发现，环境绩效与公司财务绩效存在中立关系或者无证据说明有直接关系。Jaffe 等（1995）通过研究环境管制对净出口、总体贸易流、公司厂址等竞争性的影响，发现环境管制对企业竞争性没有统计上的影响，认为环境保护与国际竞争性无直接的关系。Tyteca 和 Carlens（2001）认为，EMAS（环境管理系统）和 ISO 认证与同环境投资的披露用来解释地区环境绩效的效果不明显。

Thornton 等（2003）发现，公司获得显著的竞争优势是由于采用先进的环境技术或环保产品的证据不足，即使这些技术的实施将导致环境绩效的改善。Margolis 和 Walsh（2003）认为，没有证据表明环境绩效破坏公司价值、明显伤害股东或者损害公司的财富创造能力。Triebswetter 和 Hitchens（2005）发现环境绩效对公司整体的竞争性不会产生好的或坏的影响。这些研究认为，环境绩效可能对公司的财务绩效没有直接影响，环境绩效和财务绩效之间的关系具有比较复杂的特点，这在过去的研究中可能被忽视了。Vogel（2005）通过研究发现，没有证据证明环境责任行为能使公司盈利增加或减少，环境绩效与财务绩效的关系可能不直接，环境绩效将会在特殊情况下给公司带来利益。例如，较好的环境行为被认为具有营利性，因为较好的管理手段往往导致这样的结果。Hitchens 等（2005）发现，改进的环境绩效与财务绩效的降低并没有直接关系。Margolis 等（2007）认为，财务绩效不太可能成为追逐环境绩效的逻辑依据，因为企业的其他领域可能会对财务绩效产生直接重要影响。通过资源分配来改进环境绩效可能是必要的，因为不必受绩效限制。Elsayed 和 Paton（2005）认为，由于模型缺陷或者数据限制，以前关于环境绩效与财务绩效的关系没有定论。他们运用动静态面板数据得出环境绩效与公司财务绩效之间的关系是相互的，公司投资于环境行动的行为到投资的边际成本等于边际收益时停止。Jacobs、Singhal 和 Subramanian（2010）通过研究 430 件公司环境行动（Coperate Environmental Iniciatives，CEI）和 381 件环境奖励和认证（Environmental Awards and Certifications，EAC）的市场反应后发现，市场对 CEI 和 EAC 的整体反应并不显著，但是对自愿减少排放具有显著负反应，通过 ISO 14001 认证具有较强的正市场反应，而对 CEI 和 EAC 类别的市场反应统计上不显著，总体说明市场对不同种类的环境绩效公告具有选择性。Aras 等（2010）发现公司规模与社会责任存在关系，而包括环境绩效在内的社会责任与公司财务绩效不存在任何显著关系。

国内学者邓丽（2007）研究发现，环境绩效对经济绩效有积极的促进作用。汤亚莉（2007）发现公司规模与公司绩效和环境信息披露水平存在正相关。乔引华（2008）发现以净资产收益率表示的公司盈余业绩与环境保护信息披露水平之间不存在显著正相关关系。杨东宁、周长辉（2004）认为，企业环境绩效与经济绩效之间是靠组织能力这个纽带联系在一起的。孙金花（2008）通过分析企业环境绩效与经济绩效关系的理论及动态关系模型，认为二者并不是简单的正相关或负相关，应从企业表面特征和内部环境管理方式两个角度来确定二者的关系。吕俊、焦淑艳（2011）以是否因过量排放受到处罚及处罚的类型来代表上市公司环境绩效，以资产收益率代表财务绩效，发现造纸业和建材业上市公司的环境绩效与财务绩效存在明显的正相关关系；另获得 ISO 14001 认证对公司的环境披露具有显著的积极影响。

其他与此相关的研究包括：汤亚莉等（2006）以沪深两市 2001 年和 2002 年年度报告的董事会报告中披露环境信息的 60 家上市公司为研究对象，运用事件分析法，发现披露环境信息的上市公司比未披露环境信息的上市公司在资产规模、公司绩效上存在显著差异，并且，上市公司的资产规模与环境信息披露水平正相关；王建明（2008）以我国沪市 A 股上市公司为例，研究发现，环境信息披露状况受到行业差异和外部环境监管制度压力的显著影响，环境信息披露水平在重污染和非重污染行业之间存在明显差异，并且这种差异与行业间外部制度压力差异的相关性十分明显。外部监管制度约束对提高环境信息透明度具有较重要的作用。

综上所述，学者们主要从环境绩效与财务绩效的直接联系、间接联系和因果关系等角度，通过事件研究法、理论分析法和回归技术分析等方法，研究了公司环境绩效对财务绩效的影响，得出了不一致的研究结论，这主要是基于概念缺陷（Wood and Jones，1995）、尚未考虑环境法规的遵从成本（Filbeck and Gorman，2004）、数据的限制（Elsayed and Paton，2005）、方法的选择不一致等原因。环境绩效的改善需要生产程序变化、生产方法、处理副产品、产品革新和污染预防与控制，从而对财务绩效和竞争性产生正或者负影响。这些改进在短期内可能需要额外成本，但是从长远看可能给企业提供竞争优势。环境绩效改善对经济绩效的影响程度，依赖于消费者愿意为环保产品付费意愿、一个国家环境安全规制的本质、不同行业利益相关者的压力、市场上的竞争程度以及技术发展的水平的因素（Schaltegger and Synnestvedt，2002）。下文试图以客观的实际数据——

排污费来量化企业的环境绩效，通过控制公司的一些基本特征，来描述我国上市公司环境绩效与财务绩效的关系。

第三节　理论依据与研究假设

理解企业环境绩效对财务绩效的影响，可以从下面两个角度进行：

一　工具利益相关者学说

美国经济学家 R. 爱德华·弗里曼（R. Edward Freeman，1984）认为，利益相关者是指能够影响一个组织目标的实现或者能够被组织实现目标过程影响的所有个人和群体。企业典型的利益相关者包括股东、债权人、顾客、供应商、雇员、竞争对手、贸易伙伴、社会责任投资基金等（Delmas and Toffle，2008；Sarkis et al.，2010）。利益相关者管理理论是指企业的经营管理者为了综合平衡各利益相关者的利益要求而进行的管理活动。该理论认为，如何管理这些利益相关者的预期有助于提升公司的财务绩效和长期生存能力。Donaleson 和 Preston（1995）将利益相关者分为三个层次——描述性的/经验的、工具性的和标准的利益相关者，这三个层次分别回答了以下问题：发生了什么？如果……将发生什么？什么应该发生？Jones（1995）认为，工具利益相关者理论是基于利益相关者概念、经济学理论、行为科学和道德伦理的综合。工具利益相关者理论为企业履行环境义务与提高组织绩效之间提供了一个理论视角（Moore，2001；Orlitzky et al.，2003）。

工具利益相关者理论将各利益相关方视为企业经营目的工具，他们有的可以分担企业的经营风险，有的可以为企业的经营活动付出代价，有的专门监督和制约企业，因而企业的经营决策必须考虑其利益或接受其约束。从这个角度来看，企业是一种智力和管理专业化投资的制度安排，其生存和发展取决于企业对各利益相关者利益需求回应的质量，而不仅仅取决于股东。这一管理思想从理论上阐明了企业绩效评价和管理的中心，为企业环境绩效评价奠定了理论基础。

依据 Orlitzky 等（2003）的观点，工具利益相关者理论认为不同利益群体的满意有益于提升组织的财务绩效。由于存在利益相关者强制的、规范的或者模仿的压力，并且当他们认为环境承诺能带来经济利益时，他们就会实施这些环境政策（Ramus and Montiel，2005）。因此，在经济激励和契约激励的基础之上，来自消费者和环保法规的压力会促使公司关注更多的环境问题（Henriques and Sadorksy，1996）。

营利性并不是也不应是企业追逐社会和环境绩效的唯一，因为社会和环境绩效的潜在意义更大（Vogel，2005）。关于环境绩效和财务绩效关系的争论应集中于一种均衡，即表面上看起来相互竞争的目标之间存在一个混合价值比例。在这种状态下，成功不仅意味着财务绩效提升，还能提高社会和环境绩效（Burke and Logsdon，1996；Emerson，2003）。其主要原因是环境和社会绩效能给公司带来一些利益，如较高的员工道德或者较好的声誉，这些利益并不会反映在资产负债表里（Vogel，2005），但可以使公司认识到考虑环境绩效的重要性。

二 资源基础理论

1984 年，伯格·沃纳菲尔特（Birger Wernerfelt）提出了资源基础理论（RBV）。该理论假设企业具有不同的有形和无形的资源，这些资源可转变成独特的能力，在企业间是不可流动的且难以复制的，这些资源和能力是企业持久竞争优势的源泉。RBV 包括以下三方面的内容：第一，企业竞争优势来源于特殊的异质资源；第二，竞争优势的持续性根源于资源的不可模仿性；第三，特殊资源的获取与管理本身也是一种特殊资源。其基本框架是“资源—战略—绩效”，即内部资源分析、产业环境分析—制订竞争战略—实施战略、建立与产业环境相匹配的核心能力—竞争优势—高于平均水平的绩效。资源基础理论指出了企业长远发展方向—培育和获取能给企业带来竞争优势的特殊资源。从经济学角度来看，企业资源学派的形成是对传统企业经济学的突破和发展。①

资源基础理论试图解释公司的行为及其后果——财务绩效或者其他方面——不由公司外部因素决定，而是取决于公司内部因素，如资源（Barney，1991）。为提高竞争优势的这种资源必须具有贵重、稀缺、无法模仿并且不可替代等特性。这些资源和能力被视为有形和无形资产的集合，包括公司的管理技能、组织程序和惯例以及组织所控制的信息和知识（Barney et al.，2001）。该理论还认为竞争优势的基础是对贵重资源的运用和

① 参见刘刚主编，孔杰等编著《现代企业管理精要全书》（资本运营卷），南方出版社 2004 年版，第 96 页。

处置能力（Rumelt1984；Wernerfelt，1984）。因此，如果外部压力（此处是环境压力）能提供利用内部能力的机会，组织将会利用这种压力来保持竞争优势。

资源基础理论为分析社会责任政策如何影响企业财务绩效提供了一种工具：第一，该理论强调绩效是产出的一个关键结果；第二，它明确识别了无形资产概念的重要性，如专门知识（Teece，1980）、公司文化（Barney，1986）、声誉（Hall，1992）等。这个理论指示了环境绩效与财务绩效之间相关关系的存在（Russo and Fouts，1997）。

（一）污染预防措施使得公司形成不可替代的专门知识

企业用来实施环境政策的资源和能力在企业间有很大的差异，主要依赖于公司在法规遵从基础上建立的环境预防措施（Barney，1991）。公司对环境政策的反应分为两个层次：第一是政策遵守的末端治理；第二是环境预防体系的建立。巴尼（Barney，1991）认为政策遵守的末端治理影响的仅仅是公司实体资源（由实体技术、机械设备、地理位置和原材料的获取方式等组成），它并不能带来企业经济绩效的改变。而环境预防措施——使用额外的污染移除或过滤装置，需要公司去开发新环境技术或改进生产程序，如果这些新技术可以使公司在废弃物减少、经营与燃料更有效率，那么这些来自污染预防的压力就会形成某种形式的模糊资源（Reed and DeFillippi，1990），这就是资源基础观的竞争优势。当这些惯例和专门知识开始累积，公司的污染预防知识将进一步深化（Dean and Brown，1995），从而减少了泄露风险和竞争对手其他进攻行动的发生（Groenewegen and Vergragt，1991；Shrivastava，1995a）。在这种计划中，资源基础观提供了一种坚实的基础——假设改进的环境绩效能提高经济绩效。

（二）清洁生产技术促使公司环境保护文化的形成

污染预防政策促使公司实施清洁生产技术，环境绩效的改进需要整合公司文化、人力资源和组织特性，这便将公司管理部门、研发部门、生产部门和市场营销部门都包括进来（Ashford，1993；Hart，1995）。较强的环境保护立场预期成为公司形象和身份的一个组成部分，引导员工的行动（Dutton and Dukerich，1991），促使企业各层次员工参与开发污染预防程序并改善工作技能，通过跨学科的整合来改进生产效率，使公司获益，从而在现代竞争环境下出现了一种应对资源（Hart，1995）。

（三）顾客的绿色需求导致公司环保声誉的形成

有两类与环境绩效相关的无形资源会扩大企业的利润：第一，公司在领导环境事务方面的声誉。当企业发展出一种环境政策，它就必须为此建立声誉，这是市场优势的一种资源。环境声誉必须建立在整体质量声誉的基础之上。一旦获得，环境声誉就是一种贵重的不可模仿的资源。当消费者对产品的环境问题比较敏感时，顾客就会将公司的环境问题记录与购买决定相关联，从而使得环保先进企业的营业收入增加。第二，公众环保手册的出版和发行，如绿色消费者超市指南（The Green Consumer Supermarket Guide）和独立的环保排名计划（绿色十字和绿色包装）。这些手册为消费者环保购买行为提供了便利，这种资源向顾客传达一种信息，即需要在产品和厂家之间做出选择。典型的例子如麦当劳迫使上游公司保持“更绿化”（Holusha，1995）。这里，Hart（1995）将外部利益相关者（顾客）视为推动公司可持续发展的关键作用，扩展了资源基础理论。当社会需要清洁环境时，我们假定这个推论是成立的。

在资源基础理论前提下，不仅资源的效率性有利于解释好的环境绩效将带来好的财务绩效，市场对公司风险的反应也有助于解释环境绩效对财务绩效的促进作用（Sharfman and Fernando，2008）。环境友好公司能改进公司生产效率，同时最小化环境遵从成本（Florida，1996；Berman et al.，1999），降低经营成本。环境绩效，通过改进的经营效率，能够降低环境事故发生的概率（Henriques and Sadorsky，1996）。这种预防导向的保险效应通过直接或者间接的关系使得企业获益：不仅可以消除环境事故可能给企业绩效带来的副反应（如用于补偿和清理的大额现金流出、营利性降低、公司声誉诋毁等）（Peloza，2006），并且环境绩效的风险管理还可以降低公司资本成本，这也给公司带来了更大的利润空间（Sharfman and Fernando，2008）。

依据 Hart（1995）提出的环境政策模型，法规遵从战略依赖短期的污染减少，这种末端治理方式实质上阻碍了环境法规的实施，因为在此模式下，公司经常不遵守环境法规。而集中于污染预防的系统认识强调资源的减少和生产工序的革新，该方式将外部需求融入企业战略决策，从而提高企业经济绩效，形成长远的可持续竞争优势。

基于以上分析，提出如下研究假设：

假设 1：公司环境绩效与财务绩效二者之间存在因果关系。

假设 2：公司较高的环境绩效水平将提高公司的盈利能力，环境绩效与财务绩效呈显著正相关关系。

假设 3：上市公司环境绩效的财务绩效边际效益是递减的。

第四节　研究设计

一　样本选取与资料来源

本书选取 2009 年沪深两市全部 A 股上市公司作为研究对象，并对这些公司执行了如下筛选程序：（1）以 2009 年 1697 份年报为基准，手工收集年报中排污费数据，剔除尚未披露排污费数据的公司，共获得 161 家公司的排污费数据［这些排污费数据主要来自现金流量表中的“支付其他与经营活动有关的现金”，其他的来自管理费用（5 家）、其他应付款或其他流动负债（12 家）、关联交易（2 家）］；（2）剔除排污费中包含其他与环保无关的费用（如运输费、保卫费、社保费等）的样本；（3）剔除 2008—2010 年上市的 6 家研究数据不全的样本（公司代码分别为 601898、601958、601898、002274、002306、002346）。经过以上筛选最终获得 413 个研究样本。这些样本的年份分布与行业分布分别见表 5－1 与图 5－1。

表 5－1　　　　样本年份分布概况

项目	2009 年	2008 年	2007 年	2006 年	合计
样本数	154	128	98	33	413
占总体比重（%）	37.29	30.99	23.73	7.99	100

根据《关于对申请上市的企业和申请再融资的上市企业进行环境保护核查的规定》（环发［2003］101 号）和《上市公司环保核查行业分类管理名录》（环办函［2008］373 号）文件的规定，代码为 B、C0、C1、C3、C4、C6、C8、D 的公司属于重污染行业，其余属于（包括 C5、C7、C9、F、K）非重污染行业。结合图 5－1 显示的结果，发现在年报中披露排污费的公司主要集中于重污染行业（约占 87.65%）。从表 5－1 可以看出，我国上市公司排污费的计算和缴纳不具有一贯性，年份分布不均匀。

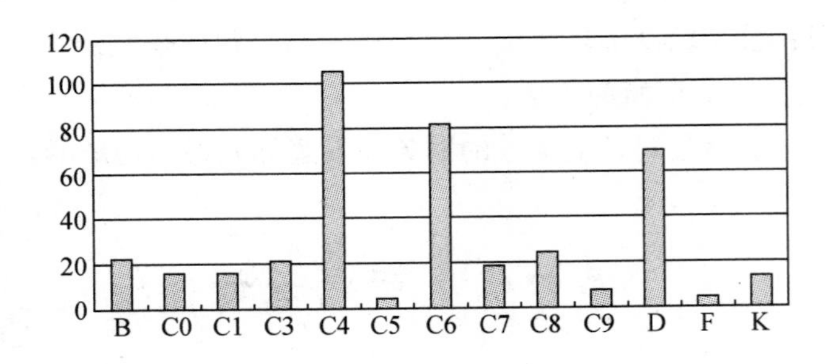

图 5-1 样本行业分布

注：（1）横轴代表公司行业代码，纵轴代表公司数；（2）依据中国证监会2001发布的《上市公司行业分类指引》，图中B至K依次代表采掘业，食品饮料业，纺织服装皮毛业，造纸印刷业，石油、化学、塑胶、塑料业、电子业、金属、非金属业，代表机械、设备、仪表业，医药、生物制品业，其他制造业，电力、煤气及水的生产和供应业，交通运输、仓储业，社会服务业。

此外，书中财务数据来源于国泰安信息技术有限公司开发的CSMAR上市公司财务数据库，年报数据源于上海证券交易所、深圳证券交易所、巨潮资讯网等网站上市公司年报，文中排污费系手工收集整理而成。

二 变量界定与模型设计

（一）变量设定

根据上述文献回顾，我们将研究公司环境绩效与财务绩效关系的文献进行梳理，得出财务绩效的变量描述如表5-2所示，环境绩效的变量描述如表5-3所示。

表5-2 财务绩效变量统计表

变量	描述	举例
托宾Q	企业的市场价值与资本重置成本之比	Dowell等（2000）、King和Lenox（2001）、Konar和Cohen（2001）、邓丽（2007）、Elsayed和Paton（2005）
总资产报酬率（ROA）	收益对资产总额比率	Hart和Ahuja（1996）、Russo和Fouts（1997）、Cohen等（1995）、Aras等（2010）、吕峻等（2011）
净资产报酬率（ROE）	收益对公司权益比率	Cohen等（1995）、Hart和Ahuja（1996）、Russo和Fouts（1997）、Zhang和Stern（2007）、Aras等（2010）
投资报酬率（ROI）	营业收入对资产账面价值比率	Hart和Ahuja（1996）、Russo和Fouts（1997）、Montabon、Sroufe和Narasimhan（2007）
利润率（ROS）	年利润/年收入	Stanwick和Stanwick（1998）、Aras等（2010）
每股盈余预测值		Cordeiro和Sarkis（1997）

表 5－3　环境绩效变量统计表

环境绩效计量方法	举例
在污染控制技术方面的资本支出	Spicer（1978）、Nehrt（1996）、Cordeiro 和 Sarkis（1997）
有毒物质排放（特别来源：TRI）	Hamilton（1995）、Hart 和 Ahuja（1996）、Stanwick 和 Stanwick（1998）、King 和 Lenox（2001）、Konar 和 Cohen（2001）、Schaltegger 和 Synnestvedt（2002）
泄露和其他厂矿事故	Karpoff 等（1998）
不适当处理危险废弃物导致的诉讼	Muoghalu 等（1990）
奖励或较好环境绩效的其他认可	Klassen 和 McLaughlin（1996）、White（1996）
加入环境管理标准/ISO 14001/EMAS	White（1996）、Dowell 等（2000）、Demal（2001）、Melnyk 等（2003）
环境绩效优良等级排名（如 CEP）	White（1996）、Russo 和 Fouts（1997）、Salama（2005）、Zhang 和 Stern（2007）
以环境认证、环保核查、环境友好企业、重大环保事故等指标评分确定	Elsayed 和 Paton（2005）、邓丽（2007）

结合上述统计结果，考虑到本书的研究视角是考察市场对企业环境绩效的评价，下文以托宾 Q 值作为上市公司财务绩效的代理变量。对于环境绩效的代理变量，前人研究用得比较多的主要包括有毒物质排放清单（TRI）、加入环境管理标准以及环境绩效优良等级排名。鉴于国内这些数据的缺乏，笔者选择与 TRI 相接近的指标——排污费去规模化后以每元营业收入的排污费表示，作为环境绩效的代理变量。此外，本书还以公司是否加入 ISO 14001 环境管理标准作为环境绩效的另一个代理变量，做了关于上市公司环境绩效与财务绩效的初步检验。控制变量的选取主要考虑前人研究成果，并挑选一些具有因果关系的变量影响，特别添加营业收入增长率、营业成本率、是否同时发行 H 股作为二者关系的控制变量。从理论上看，当公司的营业收入增长率不高时，公司极少可能去收获环境绩效带来的利益；营业成本率的高低可以一定程度反映企业经营效率，影响排污费的大小，从而影响企业的财务绩效；发行 H 股的公司环境管理水平应该更好，从而导致较高的财务绩效。本书研究所涉及的变量说明如表 5－4 所示。

表 5－4　变量定义表

项目	简写	变量定义
被解释变量	*CFP*	公司财务绩效：以托宾 Q 值代表，市场价值/期末总资产（市场价值＝股权市值＋净债务市值，其中：非流通股权市值用净资产代替计算，单位：元）
	ΔCFP	当年托宾 Q 值与上一年托宾 Q 值的差
解释变量	*EPIN*	环境绩效：当年排污费除以当年营业收入
	ΔEPIN	环境绩效：当年每元营业收入排污费的变化与上年单位排污费的差
	ISO	环境绩效：获得 ISO 14001 环境管理体系认证的企业为 1，否则为 0
控制变量	*SIZE*	公司规模：公司年末总资产的自然对数
	LEV	资产负债率：负债总额/资产总额
	ROA	总资产净利率：净利润/总资产平均余额，其中总资产平均余额＝（资产合计期末余额＋资产合计期初余额）/2
	GROWTH	营业收入增长率：（本期营业收入－上期营业收入）/上期营业收入
	CE	经营效率：营业成本率＝营业成本/营业收入
	Control	公司实际控制人持股比率
	H	发行 H 股为 1，否则为 0
	IND	采用中国证监会的行业分类标准，本行业为 1，否则为 0
	INDU	重污染行业为 1，否则为零
	State	最终控制人是国有为 1，否则为 0
	Year	当年为 1，否则为 0

（二）研究方法与模型设计

事件研究法是说明环境绩效影响财务盈利的一种方法之一。这些研究考察在环境事件之后的股价相对变化，通过窗口期分离环境事件的影响，其局限性是事件的影响只有一部分是环境事件导致的，比较有代表性的研究是 Klassen 和 McLaughlin（1996），White（1996），Jacobs、Singhal 和 Subramanian（2010）等。另一种解释二者关系的方法是利用回归技术来评价污染对财务绩效变化的影响，如 Harts 和 Ahuja（1996）、Sarkis（1997）、Klassen 和 Whybark（1999）、Demal（2001）、Melnyk 等（2003）、Elsayed 和 Paton（2005）、Brammer 等（2005）、Doh 等（2009）。

除此之外，还有理论分析法（Triebswetter and Wackerbauer，1997）、联立方程（Montabon、Sroufe and Narasimhan，2007；邓丽，2007）、问卷调查法（Sarkis et al.，2010）以及对比研究法（Cohen、Fenn and Konar，1997）。鉴于回归分析简单明了并且易于考察变量间的关系，本书采用格兰杰（Granger）因果关系检验了每元营业收入排污费代表的环境绩效（下文简称为单位排污费）与公司财务绩效的因果关系，在此基础上用OLS回归分析探讨了环境绩效与公司财务绩效的相关性关系，并以对比分析T检验来研究是否获得ISO 14001认证对企业财务绩效的影响。文中格兰杰因果关系检验采用Eviews统计软件进行数据处理，相关性检验和方差分析数据处理主要是通过Stata11和Excel完成。

为分析每元营业收入排污费对公司财务绩效的影响，本书构建了模型1，如式（5－1）所示。根据假设2，解释变量环境绩效的系数 β_1^* 应显著为负。

$$CFP = \beta_0 + \beta_1 EPIN + \beta_2 ROA + \beta_3 LEV + \beta_4 LSIZE + \beta_5 GROWTH + \beta_6 CE + \beta_7 STATE + \beta_8 Control + \beta_9 H + \beta_{10} INDU + \mu \quad (5-1)$$

为分析每元营业收入排污费的变化对公司财务绩效的影响，本书构建了模型2，如式（5－2）所示。根据假设2，解释变量环境绩效的系数 β_1^* 应显著为负。

$$CFP = \beta_0^* + \beta_1^* \Delta EPIN + \beta_2^* ROA + \beta_3^* LEV + \beta_4^* LSIZE + \beta_5^* GROWTH + \beta_6^* CE + \beta_7^* STATE + \beta_8^* Control + \beta_9^* H + \beta_{10}^* IND + \mu \quad (5-2)$$

为深入分析环境绩效的变化对公司财务绩效变化的影响，本书构建了模型3，如式（5－3）所示。根据假设3，解释变量环境绩效的系数 β_1' 应显著为负。

$$\Delta CFP = \beta_0' + \beta_1' \Delta EPIN + \beta_2' ROA + \beta_3' LEV + \beta_4' LSIZE + \beta_5' GROWTH + \beta_6' CE + \beta_7' STATE + \beta_8' Control + \beta_9' H + \beta_{10}' IND + \mu' \quad (5-3)$$

第五节　实证检验结果与分析

我们对环境绩效与财务绩效关系的考察采取了逐步回归的方法，模型1运用了披露排污费的全样本，这里称为第一组数据。由于模型2和模型

3 中采用了差值，因此样本有所变化，这里称其为第二组数据。我们这里假定资本市场是有效的，并且单位排污费反映了企业的环境绩效的好坏，即单位排污费越高环境绩效越低。

一　环境绩效与财务绩效的因果关系检验

为检验上市公司环境绩效与财务绩效的因果关系，下文以 2007—2009 年的面板数据对每元营业收入排污费为代表的上市公司环境绩效与以托宾 Q 值为代表的财务绩效进行了因果检验（即下文所述的第二组数据），共获得 294 个样本观测值，样本检验结果如表 5－5 所示。

表 5－5　环境绩效与财务绩效的格兰杰因果检验

假设	滞后阶数	观测值	F－统计量	概率
托宾 Q 不是 EPIN 的格兰杰原因	4	290	0.85104	0.4939
EPIN 不是托宾 Q 的格兰杰原因			2.33990	0.0554 **

如表 5－5 所示，上市公司环境绩效与财务绩效之间具有显著的因果关系，即上市公司环境绩效的好坏会导致财务绩效的差异，假设 1 得到检验。

二　环境绩效与财务绩效的相关性检验

为排除异常值的影响，本书对托宾 Q 值、ROA、LEV、GROWTH 等变量做了 Winsor1% 的处理。表 5－6 列示了模型 1 所涉及变量的描述性统计。研究样本的托宾 Q 值在 0.83—5.56，均值为 1.68，说明投资者对样本公司的财务评价处于较高水平。每元营业收入的排污费在 0—0.0173，均值为 0.0023。除此，需要说明的是，样本公司的财务风险比较高（均值为 52.01%），营业收入成长率也较好（均值为 27.78%），具有较好的市场前景。但是，样本公司的营业成本率普遍较高（均值为 81.33%），存在降本增效的潜力。有 80.15% 的样本属于国有公司，但是同时发行 H 股的公司并不多，仅占样本总体的 7.51%。

（一）变量描述性统计

模型 1 涉及变量的统计情况如表 5－6 所示。

表 5－6　　第一组数据变量描述性统计表

变量	*Obs*	均值	标准差	最小值	最大值
CFP	413	1. 6812	0. 8713	0. 8324	5. 5553
EPIN	413	0. 0023	0. 0028	0. 0000	0. 0173
ROA	413	0. 0319	0. 0684	－0. 1928	0. 2294
LEV	413	0. 5201	0. 2042	0. 0646	1. 2624
SIZE	413	22. 0124	1. 3731	19. 6197	27. 4877
GROWTH	413	0. 2778	1. 5527	－0. 8789	11. 6600
CE	413	0. 8133	0. 1350	0. 3046	1. 3692
State	413	0. 8015	0. 3994	0. 0000	1. 0000
Control	413	36. 3648	16. 2240	0. 5304	76. 0000
H	413	0. 0751	0. 2638	0. 0000	1. 0000
INDU	413	0. 9419	0. 2342	0. 0000	1. 0000

（二）变量相关性检验

模型 1 涉及的各变量之间的相关系数如表 5－7 所示。从表中可知，样本的托宾 Q 与每元营业收入的排污费之间的 Spearman 相关系数在 10% 的水平显著为负，但二者的 Pearson 相关系数为负却不显著。每元营业收入的排污费与 ROA 显著负相关，与 CE 负相关，而与 LEV 正相关。

表 5－7　　第一组数据变量相关系数表

变量	CFP	EPIN	ROA	LEV	SIZE	GROWTH	CE	Control
CFP	1. 0000	－0. 0825	0. 2620	－0. 3113	－0. 4359	0. 2189	－0. 1747	－0. 1987
	—	0. 0942 *	0. 0000 ***	0. 0000 ***	0. 0000 ***	0. 0000 ***	0. 0004 ***	0. 0000 ***
EPIN	－0. 0004	1. 0000	－0. 0982	0. 0358	－0. 0264	0. 1215	－0. 0907	0. 0679
	0. 9932	—	0. 0460 **	0. 4686	0. 5930	0. 0134 **	0. 0654 *	0. 1684
ROA	0. 2059	－0. 1186	1. 0000	－0. 3459	0. 0880	0. 0976	－0. 5548	0. 0960
	0. 0000 ***	0. 0159 **	—	0. 0000 ***	0. 0742 **	0. 0474 **	0. 0000 ***	0. 0513 *
LEV	－0. 2568	0. 1161	－0. 3794	1. 0000	0. 3147	0. 1074	0. 2721	0. 0199
	0. 0000 ***	0. 0183 **	0. 0000 ***	—	0. 0000 ***	0. 0291 **	0. 0000 ***	0. 6862
SIZE	－0. 3726	0. 0392	0. 0972	0. 2120	1. 0000	－0. 0169	－0. 1131	－0. 0398
	0. 0000 ***	0. 4268	0. 0485 **	0. 0000 ***	—	0. 7317	0. 0216 **	0. 4195
GROWTH	0. 0132	－0. 0146	0. 0811	－0. 0087	－0. 0207	1. 0000	－0. 1131	0. 0531

续表

变量	CFP	EPIN	ROA	LEV	SIZE	GROWTH	CE	Control
	0.7891	0.7681	0.1000*	0.8600	0.6752	—	0.0216**	0.2820
CE	-0.1466	-0.0397	-0.5522	0.2931	0.0071***	-0.1245	1.0000	-0.0398
	0.0028***	0.4212	0.0000***	0.0000***	0.8855	0.0113**	—	0.4195
Control	-0.1532	0.0145	0.0885	-0.0556	0.316	0.0368	-0.0671	1.0000
	0.0018***	0.7690	0.0723*	0.2599	0.0000***	0.4552	0.1738	—

注：上半部分为 Spearman 检验，下半部分为 Pearson 检验；* 表示在 10% 的水平上显著，** 表示在 5% 的水平上显著，*** 表示在 1% 的水平上显著。

（三）变量线性回归结果

模型 1 的变量回归结果如表 5-8 所示。

表 5-8　　　　第一组数据变量回归结果表

变量	变量系数	T 值
	(1) *CFP*	
Constant	-329.0657***	(-4.050)
EPIN	30.1658*	(1.738)
ROA	3.3007***	(4.087)
LEV	-0.3953	(-1.603)
SIZE	-0.2177***	(-5.418)
GROWTH	0.0017	(0.107)
CE	0.5216	(1.199)
State	0.1637	(1.580)
Control	-0.0055	(-1.542)
H	-0.2902**	(-2.228)
Year	—	—
Ind.	—	—
Mean VIF	4.60	—
Obs.	413	—
Adj. R^2	0.283	—

注：* 表示在 10% 的水平上显著，** 表示在 5% 的水平上显著，*** 表示在 1% 的水平上显著；回归使用 Robust 方法进行了异方差调整。

从表 5-8 可以看出，在控制了资产报酬率、资产负债率、企业规模、收入增长率、营业成本率、企业性质、实际控制人持股比率、是否发行 H

股及年份和行业后，每元营业收入的排污费与公司的托宾 Q 值在 10% 的水平上呈显著正相关关系。这说明，单位排污费越高，企业的财务绩效越好，这与我们的假设 1 似乎存在矛盾。可能的解释是，在年度财务报告中披露与缴纳排污费的企业勇于承担环境义务，认真履行了社会责任，投资者对其规范的环境管理给予了认可，从而导致较好的财务绩效。这与 Magali Delmas（2009）的研究结论类似，即公司有较高的环境管理与报告实践将会有较高水平的有毒物质排放。

三　环境绩效对财务绩效的边际效应测试

我们以模型 1 涉及的 413 份样本为对象，考虑到 2006 年数据较少，故只选取披露 2007—2009 年排污费的公司为研究对象，共获得 98 家公司的 294 个数据，将单位排污费变量求差、财务绩效变量（托宾 Q）求差后共获得 196 个样本，这就构成了第二组数据样本。需要说明的是，第二组数据 CFP 的均值（1.5779）与标准差（0.8014）与第一组数据 CFP 的均值（1.6812）与标准差（0.8713）非常接近，所以第二组数据也能说明环境绩效与财务绩效的关系。

（一）变量描述性统计

模型 2 和模型 3 的变量描述性统计如表 5 -9 所示。单位排污费的变化在 -0.0172—0.0081，总体呈下降趋势（均值为 -0.0003），说明样本公司整体环境绩效有所改善。样本财务绩效的变化处于 -3.3239—3.5379，均值为 -0.0056，财务绩效却有所下降。其原因还待进一步研究。

表 5 -9　　第二组数据变量描述性统计

变量	*Obs*	均值	标准差	最小值	最大值
CFP	196	1.5779	0.8014	0.8185	4.8004
ΔCFP	196	-0.0056	1.0667	-3.3239	3.5379
ΔEPIN	196	-0.0003	0.0022	-0.0172	0.0081
ROA	196	0.0234	0.0763	-0.2619	0.2381
LEV	196	0.5357	0.2003	0.0889	1.2927
SIZE	196	22.0940	1.3928	19.6876	27.4877
GROWTH	196	0.0596	0.8518	-0.9080	10.2036
CE	196	0.8279	0.1432	0.4400	1.3692
State	196	0.6429	0.4804	0.0000	1.0000
Control	196	34.8326	14.9584	0.5304	75.8400
H	196	0.0714	0.2582	0.0000	1.0000

（二）变量相关性检验

表5－10列示的是模型2和模型3变量的相关系数。财务绩效（CFP）与单位排污费的变化（ΔEPIN）之间的Pearson相关系数在10%的水平上显著负相关，而Spearman相关系数为正，但不显著。财务绩效的变化（ΔCFP）与单位排污费的变化（ΔEPIN）之间的Pearson和Spearman相关系数均为负，但不显著。

表5－10　第二组数据变量相关系数表

变量	*CFP*	*ΔCFP*	*ΔEPIN*	*ROA*	*LEV*	*LSIZE*	*GROWTH*	*CE*	*Con.*
CFP	1.000	0.613	0.059	0.284	-0.291	-0.442	0.333	-0.248	-0.185
	—	0.000**	0.407	0.000***	0.000***	0.000***	0.000***	0.001***	0.009***
ΔCFP	0.707	1.000	-0.001	0.073	0.019	-0.034	0.385	-0.054	0.011
	0.000***	—	0.983	0.307	0.784	0.633	0.000***	0.452	0.870
ΔEPIN	-0.126	-0.102	1.000	0.116	-0.061	-0.068	0.053	-0.053	-0.013
	0.078*	0.154	—	0.106	0.397	0.344	0.461	0.460	0.858
ROA	0.235	0.020	0.222	1.000	-0.401	-0.028	0.001	-0.616	0.044
	0.001***	0.786	0.002***	—	0.000***	0.703	0.984	0.000***	0.544
LEV	-0.230	0.031	-0.221	-0.370	1.000	0.384	0.150	0.310	0.109
	0.001***	0.662	0.002***	0.000***	—	0.000***	0.037**	0.000***	0.130
SIZE	-0.366	-0.069	-0.006	0.019	0.281	1.000	-0.018	0.078	0.252
	0.000***	0.336	0.929	0.792	0.000***	—	0.806	0.279	0.000***
GROWTH	0.045	-0.016	-0.145	0.009	0.022	-0.056	1.000	-0.138	0.086
	0.528	0.822	0.042**	0.904	0.763	0.437	—	0.053*	0.233
CE	-0.219	-0.028	-0.126	-0.593	0.320	0.075	-0.146	1.000	-0.028
	0.002***	0.694	0.079*	0.000***	0.000***	0.296	0.042**	—	0.699
Control	-0.112	0.039	-0.004	0.028	0.043	0.321	-0.058	-0.028	1.000
	0.119	0.590	0.953	0.698	0.548	0.000***	0.421	0.697	—

注：上半部分为Spearman检验，下半部分为Pearson检验；*表示在10%的水平上显著，**表示在5%的水平上显著，***表示在1%的水平上显著。

（三）变量线性回归结果

模型2和模型3的回归结果如表5－11所示。模型2的回归结果显示，单位排污费的增量与财务绩效在5%的水平上呈显著负相关关系，意味着改善的环境绩效具有较好的财务前景，及环境绩效与财务绩效存在正相关关系，假设2得到验证。这表明，从长期来看，公司努力改善环境管理，积极地采取措施预防环境污染带来的负面影响，一方面可以使单位排污费降低，环境绩效得到提高，经营效率得到改善，另一方面会获得投资者的认可，财务绩效明显提高。这与哈特（1995）、巴尼（1991）等学者的结论一致，即短期的环境末端治理行为并不一定能带来财务绩效的改善，而长期的污染预防行为将会转化为公司竞争优势的源泉，从而带来财务绩效的改善。

模型3的回归结果说明，单位排污费增量与托宾Q值的增量之间在1%的水平呈显著负相关关系，假设3得到验证。这说明单位排污费升高，托宾Q的变化会降低，呈现环境绩效的边际效用递减现象。结合模型1的结果，模型3的结果意味着环境绩效的改善在一定时期会带来财务绩效的改善，但当环境绩效改善到一定程度，即环境行为投资的边际成本等于边际收益时，财务绩效不会随着环境绩效的改善而提高，反而会下降，因为公司可能为环境管理支付了过多的成本。这个结果与环境库兹涅茨曲线说明的道理是一致的。

表5-11　　第二组数据多变量回归结果

变量	(2) *CFP*		(3) Δ*CFP*	
	系数	T值	系数	T值
Constant	-1589.77***	(-9.789)	-3333.12***	(-16.64)
EPIN	-69.3841**	(-2.565)	-66.7950***	(-3.485)
ROA	1.2948*	(1.689)	-0.5798	(-0.622)
LEV	-0.5025*	(-1.792)	-0.1465	(-0.436)
SIZE	-0.2063***	(-4.401)	-0.1555***	(-3.058)
GROWTH	-0.0419	(-1.133)	-0.1585***	(-3.333)
CE	0.0231	(0.0484)	-0.0453	(-0.0734)
State0	-0.1509*	(-1.654)	-0.0638	(-0.547)
Control	0.0020	(0.485)	0.0101**	(2.166)
H	-0.2009	(-0.908)	0.2276	(0.928)
Year				

续表

变量	（2）*CFP*		（3）*ΔCFP*	
	系数	T值	系数	T值
Ind.				
Mean VIF	5.22		5.22	
Obs.	196		196	
Adj. R^2	0.517		0.600	

注：* 表示在10%的水平上显著，** 表示在5%的水平上显著，*** 表示在1%的水平上显著；回归使用Robust方法进行了异方差调整。

四　稳健性检验

为进一步说明环境绩效对企业财务绩效的影响，我们借鉴Demal（2001）、Melnyk等（2003）对环境绩效的计量，笔者又以获得ISO 14001环境管理体系认证的企业与未获得ISO 14001认证的企业进行了对比研究，以期得出与前面相同的结论。

（一）样本筛选与样本行业分布

样本筛选过程如下：（1）以2009年沪深两市A股上市公司披露的1697份年报为对象，以ISO 14001为关键词在年报中进行手工搜索，共收集到181份披露ISO 14001的公司样本①；（2）剔除2010年上市的7家公司后，剩余样本174份；（3）以174家公司为参照对象，选取沪深两市A股上市公司行业相同、规模相近的配对公司173家。② 最终确定研究样本347份。

配对样本的选取原则：第一，生产经营性质相似。我们按照证监会行业分类编码进行筛选。第二，规模相近。因为上市公司的规模在一定程度上影响企业市场价值的大小，在规模上，我们以上市公司2009年年末的资产总额为参照指标进行配对样本的选择。第三，上市公司所在地相近。地域差别是影响上市公司市场价值的一个重要因素，因此在选择配对时，尽量选择同一省份，若同一省份可供选择样本太少，就选择同一片区（如华中、华北、西北等）或同一板块（如东部、中部和西部）。第四，

① 依据企业披露的自利性原则（卢馨和李建明，2010），假定通过ISO 14001环境管理体系认证的企业都在年报中披露此内容。

② 因全聚德（002186）和湘鄂情（002306）两家公司同属餐饮业（K30），只有西安饮食（000721）一家公司与之配对，因此最终得到配对公司173家。

上市年份相近。因我国上市公司 IPO 具有较强的政府主导性质，股票发行的时期不同，其发行制度、选择标准、公司质地也会有差异。因此，优选选择同一年份的 IPO 企业，其次选前一年或后一年的样本。

样本公司的行业分布如图 5－2 所示。

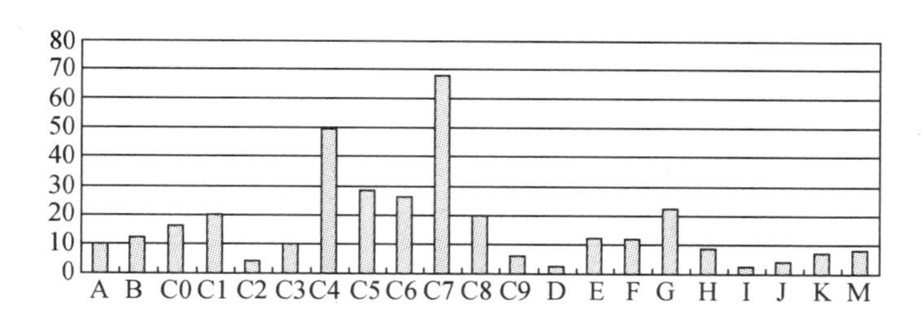

图 5－2　ISO 样本公司行业分布

注：(1) 横轴为样本公司行业名称，纵轴为样本公司数目；(2) 依据证监会行业分类编码规则，A 至 M 依次为农林牧渔业，采掘业，食品饮料业，纺织、服装、皮毛，木材、家具，造纸、印刷业，石油、化学、塑胶、塑料业，电子，金属与非金属业，机械、设备、仪表，医药、生物制品，其他制造业，电力、煤气及水的生产和供应业，建筑业，交通运输、仓储业，信息技术业，批发和零售贸易业，金融、保险业，房地产业，社会服务业，综合类。

从图 5－2 可知，通过国家 ISO 14001 环境管理体系认证的企业主要集中于机械设备仪表业、石油化学塑胶业、电子业、金属与非金属业、医药生物制品业、纺织服装皮毛业、食品饮料业等国家重污染行业[①]，所占比率约为 85.88%。这说明，行业差异与环境管理存在很大的相关性。

（二）配对样本的 T 检验

表 5－12 是对通过 ISO 14001 认证的公司与未通过 ISO 14001 认证的公司财务绩效的方差分析。获得 ISO 14001 认证的企业用 1 代替，其配对样本未获得 ISO 14001 认证，取值为 0。从表 5－12 可以看出，市场对企业是否获得 ISO 14001 环境管理体系认证的反应并不明显，托宾 Q 值虽有差异，但不显著。导致获得 ISO 14001 体系认证的企业托宾 Q 值略低的原因可能有二：第一，获得该认证的企业可能为此付出了较多的成本；第

① 此处，按照《上市公司行业分类指引》(2001)、《关于对申请上市的企业和申请再融资的上市企业进行环境保护核查的通知》(环发［2003］101 号)、《上市公司环保核查行业分类管理名录》(环办函［2008］373 号)，属于国家重污染行业的是冶金、化工、石化、煤炭、火电、建材、造纸、酿造、制药、发酵、纺织、制革、采矿业、钢铁、水泥、电解铝和轻工业，因此本书将 B、C0、C1、C3、C4、C5、C6、C7、C8、D、E、F、G 划分为重污染企业，共 298 家。

二，未获得 ISO 14001 认证的企业也在努力获得环境管理体系认证，也在按该要求进行环境管理。但获得 ISO 环境认证的企业财务指标 ROA、ROE、LEV 都显著优于未获得 ISO 环境管理体系认证的企业。总体说明，获得 ISO 14001 环境管理体系认证的企业财务绩效较好。这与吕峻、焦淑艳（2011）的结论一致。

表 5－12　　ISO 配对样本的 T 检验结果

		Tobin－Q	*ROA*	*ROE*	*LEV*
ISO＝1	样本数（Obs）	174	174	174	174
	均值	2.0133	0.0468	0.0905	0.4704
	中位数	1.8417	0.0386	0.0845	0.4730
ISO＝0	配对数（Pad）	173	173	173	173
	均值	2.0622	0.0288	0.0176	0.5117
	中位数	1.8363	0.0375	0.0879	0.4847
均值差值（Obs－Pad）		－0.0489	0.0180	0.0729	－0.0413
T 值		－1.6788	0.5558 *	－2.4922 **	1.7703 *
T 检验 P 值	双尾	0.5787	0.0941	0.0132	0.0776
	单尾	0.2894	0.0471	0.0066	0.0388

注：1. 各财务指标为 2009 年的数字；2. ***、**、* 分别表示双尾检验值在 1%、5%、10% 的水平上显著。

第六节　本章小结

本章以单位排污费作为环境绩效的代理变量，以 Tobin－Q 值作为财务绩效的代理变量，考察了上市公司环境绩效与财务绩效之间的关系，得出以下结论：

第一，以单位排污费的变化作为我国上市公司环境绩效的代理变量，相比单位排污费而言，更能合理体现我国上市公司环境绩效与财务绩效的关系。

第二，上市公司环境绩效与财务绩效存在因果关系。

第三，上市公司环境绩效与财务绩效存在显著正相关关系。

第四，上市公司环境绩效的财务绩效边际效用是递减的，也就是说，上市公司财务绩效在一定时期内会随着公司环境绩效的改善而提高，但当环境投资的边际收益等于边际成本时，财务绩效增长的速度不再显著。

第五，获得 ISO 14001 环境管理体系认证的公司相比未获得环境认证的公司而言，具有较好的财务指标，但是，市场对是否获得该认证并没有显著差异。

本章试图从市场对上市公司环境绩效的评价来挖掘上市公司进行环境绩效管理的动机，结论有助于上市公司认清一个问题，即环境管理投资并不一定导致财务绩效的恶化；相反，积极主动地实施环境政策与污染预防技术的开发，将有助于公司持续竞争力的培养，从而带来环境与经济的双赢。此外，研究还说明，我国环保相关部门、民间团体、学术研究机构应尽力督促上市公司公开环境绩效信息，建立环境绩效评价的各项指标和评分标准，并对其环境绩效进行排名，以绿色消费带动上市公司积极主动的环境管理行为。

但作为一项具有探索性和交叉性的研究，本章尚存在诸多不足之处，需要进一步调整与改进。

第一，研究对象具有一定局限性。本章以披露 2009 年度排污费的公司为例来说明上市公司整体，并以此为对象收集其以前期间公布的排污费数据，存在一定偏颇。因为可能存在上市公司有应交未交排污费，并未在年度财务报告披露的现象。并且由于时间长度与样本数据受限（3 年 154 家公司的 413 个数据），故结论可能存在不稳定性。

第二，以单位排污费作为环境绩效的代理变量可能不具有很强的说服力。虽然笔者试图借鉴国际上比较流行的环境绩效代理变量——单位营业收入的排污量相近的指标，因国内尚未有人做过研究，因此可能会受到质疑。但笔者相信，依据排污量大小收取的排污费作为上市公司环境绩效的代理变量具有一定的创新性。此外，以 ISO 14001 认证作为环境绩效管理的一个代理变量，可能过于单一。

本课题的未来研究方向应集中以下几个方面：

第一，是研究如何建立我国上市公司环境信息数据库。目前，我国上市公司环境信息的自愿披露情况虽有所改善，但还尚未有权威机构收集与整理这些信息并对外发布。

第二，应尽快建立上市公司环境绩效评价指标体系，以方便投资者综合评判上市公司环境管理水平的高低，结合其财务绩效，做出投资与否的关键决策。这也是作者的后续研究方向之一。

第六章　上市公司环境绩效评价指标体系设计与运用

为了帮助企业管理人员有效地进行环境管理和对外报告环境绩效，同时方便投资者、债权人及其他企业利益相关者合理评价企业的环境风险和环境管理水平，以进一步确定环境绩效对企业财务状况的影响，有必要建立企业层面的环境绩效评价指标体系。ISO、GRI、WBCSD、ISAR 和 WRI 等国际组织纷纷从不同角度制定了为满足不同目的可资参考的环境绩效指标，美国、日本、英国、加拿大及荷兰等西方发达国家也纷纷开展环境绩效评价规范的制定与实践的参与，印度尼西亚和菲律宾等发展中国家也积极探寻鼓励企业改善环境绩效的方式，它们将环境绩效评价工作与企业环境管理、环境信息公开及企业财务绩效进行有机结合，不仅取得了环境绩效指标体系设定的丰富理论成果，同时为持续改善企业的环境绩效起到了巨大的推动作用。我国与环保有关的政府机关在国际社会的带动下，也加入环境绩效评价工作的大潮，研究与制定了一系列有意义的环境绩效评价规范。我国企业积极投身于各种环境绩效实践，取得了一定的环保成效。但由于缺乏一致性的公认环境绩效评价标准，使得我国环境绩效评价工作收效甚微。为此，下文在参考国际国内大量的绩效评价指标基础之上，遵循财务与环境双赢观、生命周期评价观、物质与能量守恒观及标准化与个性化相结合的原理，依照相应的程序和指标特点，试图构建适合我国上市公司当前实际的环境绩效指标体系，以期为完善上市公司的环境绩效管理提供参考思路。

第一节　构建上市公司环境绩效评价指标体系

由于技术原因（不同的生产程序可能产出相同但是环境特征不一

样）、监管效应（监管压力预期会带来环境绩效的大量集合）、相对价格效应（不同的生产商可能会选择不同的方式优化其投入和污染控制的价格），公司间提供的环境绩效数据在内容和计量模式上一般具有很大的可变性。要将其转化为普通信息使用者可用的信息，需要在明确我国环境绩效指标研究与规范现状的情况下，对这些环境数据进行处理，以制定一套具有切实可行的指标体系。

一　上市公司环境绩效评价指标现状剖析

第三章和第四章分别介绍了我国现行的环境绩效评价规范文件和重污染上市公司环境绩效信息披露的现状。并且，我国学者对此也进行了大量研究，如陈静等（2006）提出了包括环境守法、内部环境管理、外部沟通、安全卫生和先进性指标在内的五大类27个环境绩效指标，乔引华（2006）从环境管理、产品生命周期综合评价和环境投资等角度构建了企业层面的环境绩效指标体系，孙金花（2008）提出的环境管理绩效（包含环保投入、内部环境管理、外部沟通、安全卫生）、操作绩效、环境状况指标、环境效益指标的中小企业环境绩效评价指标体系，张世兴（2009）参考ISO 14031的思路构筑了包含环境经营业绩、环境管理业绩和环境财务业绩的环境业绩评价体系，等等。这些研究成果充分显示了我国政府和学术界对标准化环境绩效评价指标的不断追求，但与国际组织和发达国家的指南规定相比，仍然存在很大差距。

（一）指标内容的片面性

从政府文件规范到企业实际环境绩效指标的披露内容来看，我国当前的环境绩效指标在环境问题、环境影响和评价对象范围等内容方面存在一定程度的片面性，主要体现在以下四个方面：

第一，环境问题的关注不够全面。国际上公认的环境问题一般包括不可再生能源的耗竭、全球变暖、臭氧层的损耗、淡水资源的耗竭及固体和液体废弃物五个方面，而我国较少规定企业层面有关全球变暖和臭氧层损耗指标，在实践中也较少披露这两大类指标的具体情况。如钢铁行业是二氧化碳排放大户，其可持续发展报告的编制与发布在全国基本处于“领头羊”的地位，但它们对二氧化碳和损害臭氧层物质的排放却很少披露。

第二，偏向于环境管理指标，较少考虑环境经营指标。也就是说，指标体系着重于评价企业环境状况和环境管理，而对长远影响企业的环境效益评价指标考虑不够，这无法保障环境绩效管理的成功实施，难以找到激发企业自觉进行环境管理的根本途径。因此，需要重视企业环境管理全过程的绩效评价。

第三，缺乏环境财务绩效指标，难以实现环境业绩指标与环境财务指标的有机嵌合。从第三章和第四章分析来看，我国上市公司基本只披露了年度或累计环保投资额、排污费等零散环境财务信息，对于如何计量、确认、记录和报告与环境事项有关的成本和收益信息尚未形成统一的认识，如环保或有负债、环境损失等。我国环境会计发展的滞后性不仅阻碍了环境财务信息的取得与披露，更无法实现其与环境业绩指标的结合，从而大大降低了环境信息对利益相关者的决策价值。

第四，产品生命周期评价指标不够系统。当前国际社会已经公认了产品生命周期影响评价的重要性，如ISO 14040、荷兰的生态指标99、日本2003年的环境经营指标设定等均考虑了某一产品（或服务）所造成的潜在环境影响的全过程。这种评价指标体系考虑了输入输出的物质能量守恒定律，有利于企业寻求环境绩效改善的根本途径。我国政府和学界尚未系统研究包括原材料的采集和使用、产品制造、运输、营销、产品使用与维护、再循环及最终处置等整个产品生命周期的环境绩效指标，因此现有指标没能反映出资源能量输入和产品及废弃物输出的连贯逻辑，一定程度上影响了环境绩效评价工作的进程。

（二）指标性质的单一化

我国上市公司环境绩效披露实践，基本是按照《国家环境友好企业指标解释》、《关于加快推进企业环境行为评价工作的意见》、《企业环境行为评价技术指南》、《环境信息公开办法（试行）》等的规定进行。可以看出，这些绩效评价指标基本属于是或否的定性指标，即便存在一些诸如资源消耗量、污染物排放总量、单位产品综合能耗等定量指标，但由于标准化的缺乏，使得企业间的比较具有较大难度。这种定性化的指标会增加环境绩效评价过程的主观性，不利于科学评价上市公司的环境绩效。

现有文件中的定量指标，大多集中于环境影响某一个方面，如能源总消耗量、新水取用总量、工业用水重复利用率、原材料消耗量等，尚未结合企业的产值或产量进行综合评价。即便设定较少的综合指标，如万元产值综合能耗、单位产品能源消耗量、单位产品新水消耗量等，但由于没有综合衡量非产品产出排污因素的综合影响，也使得这些指标价值运用受到限制。

（三）指标形式的非标准化

从当前现状来看，我国目前设置的环境绩效指标计量存在较大的不一致性，主要体现在计量单位多样化和披露形式的不一致两个方面，因而不能较好地反映环境管理的目的。在能耗指标计量单位上，有的企业用的是碳当量、有的用焦耳，这些非标准化的计量或许适合特定行业，但不利于企业间的横向比较。同时，对于同一环境绩效指标存在不同的披露方式，如万元产值综合能耗，有的企业披露了具体的数值，有的披露的是降低额，有的则是降低率，信息使用者无法比较其绩效优劣。并且，对于每类环境绩效指标是用总量指标反映还是用效率指标反映也没有具体规定。从环境管理的出发点而言，最好能选择通用的计量单位转化各种能源与资源消耗量，对资源消耗性指标采用效率指标进行评价，对废弃物排放量采用降低额的总量指标，而对于万元产值综合能耗这样的综合性指标，用具体数据辅之以降低率或许更能体现企业环境管理的业绩。

（四）指标披露的非公开化

我国属于发展中国家，环境绩效的评价模式基本参考了印尼的 PROPER 绩效等级模型。此模型成功的首要条件是利用信息公开机制，将公众对环保问题的关注转化为企业改善环境绩效的动力。而我国虽制订了详细的《企业环境行为评价技术指南》，但较少见到其实施效果的文件或科研论文，即无法判定此种环境绩效评价模式带来的益处。究其原因，就是我国当前缺乏环境信息公开的机制，环境绩效信息的透明度不够。因此，我国迫切需要建立环境绩效信息强制公开制度，在环境报告书的显著位置披露公司主要的环境问题，发挥公众参与环境管理的作用。我国的股票市场对环境事件会做出较强劲的反应，如紫金矿业于 2010 年 7 月曝出汀江污染事故后，A 股和 H 股股价立刻双双大跌。但在福建省环保厅 10 月 7 日对紫金矿业正式罚款 956.313 万元后，次日紫金矿业强势涨停①。这充分说明了环境绩效具有财务效应，完善的环境信息报告制度有利于利益相关者做出正确的决策。

基于上述问题，我国需要采取合适的程序与方法，构建适合我国国情的环境绩效评价指标体系，标准化各种环境绩效指标，增强环境绩效的可

① 详见南方网 2010 年 12 月 29 日新闻“紫金矿业为‘溃坝事件’卖矿偿债”，http：//economy. southcn. com，2010－12－29。

比性，使企业提供的数据符合广大信息使用者的需求。

二　明确环境绩效评价指标的信息质量特征

用环境绩效指标来评价企业的环境管理效果，目的就是寻求一套能反映企业各方面环境管理业绩的特征指标，以帮助人们对企业整体环境影响做出合理判断。能达到上述目的的企业环境绩效指标应具备以下特征：

（一）相关性

相关性是信息质量的最基本特征，它要求环境绩效指标所反映的组织环境信息必须满足各环境利益相关者的决策需要。首先，环境绩效指标必须准确反映组织的主要环境状况、重要的环境负担及其执行情况、环境政策趋势、利益相关者的需求、业务特点和区域特点。这些相关信息能帮助与环境活动相关的决策制定。其次，相关性不仅要求与法律法规政策相关，还要求反映组织对于政策法规所带来的压力和责任的解除措施——环境污染预防措施和环境行为的结果评价，如资源生产率的改善。简单而言，反映的信息需对环境与财务业绩均有直接影响，能对所得与所费进行比较与评价。最后，相关性还要求环境绩效指标能评估环境有关措施对下游活动（产品配送）和上游活动（原材料或服务采购）对业务活动领域内的环境负担减少措施（如组织可以直接管理环境负担的地区）。

（二）可比性

与企业环境绩效进行比较的参照标准主要包括同一行业其他公司、同一国家的其他行业公司、法律法规的具体规定、同一地区或国家的环境状况等。环境绩效指标体系的建立只有具备与上述参照标准的可比性，才能具有实用价值。否则，很难提高组织自身的环境绩效水平。

为了方便利益相关者比较某企业与其他企业的环境业绩水平，环境绩效评价指标应该具有许多共同的因素，因此需要对指标的有关概念和术语进行标准化，并尽可能地规范指标的测量范围、测量方法、计算方法和呈现方式，以保证实现同一企业不同时期及更大范围的可比性。

（三）可验证性

与环境绩效指标相关的信息应该能够客观地进行验证，确保指标的可靠性。可验证性同时也是保证环境绩效评价结果准确、合理性的前提条件。

可验证性要求绩效指标的设定须以技术和科学为理论基础，表达应科学、规范、合理。这意味着，第三方可以采取合理的程序来核实企业提供的与指标相关的证明数据、计算方法、数据汇总系统等的可靠性。可验证性还要求企业清晰解释指标的计算依据，以满足外部利益相关者的合理需求。

（四）明晰性

明晰性要求，指各项指标的含义对于组织内部和外部利益相关者而言是明确和毫不含糊的。因此需要指标定义明确、可量化、透明化和可确认，便于比较与控制各行业的差异性。理论上而言，指标越多越细越全面，提供的信息越丰富。但是过细过全的指标不仅会增加汇总工作量，还会发生指标的重叠和对立现象，带来不经济性。因此，应尽量选择主要绩效指标，将其他的作为辅助指标，以保证指标体系的简明性。指标设定时尽量避开刚开发的新指标、技术难度高的指标和内容不明确的指标，而将已有的、容易理解的、内容和范围比较明确的指标通过法律、法规或政策明确定义下来，以方便决策者使用。

（五）综合性

选择指标重要的是要全面和持续关注与环境负担和环境努力相关的重要指标。环境绩效评价指标要能综合反映企业总体的环境管理水平，能提供企业环境目标的实现程度或环境受托责任的履行情况，并保证环境绩效评价内容的完整性和评价结果的准确性。

环境绩效评价涉及资源、生态、经济和社会等众多领域的内容与知识，因此要全面综合地分析其层次结构和相互作用，通过设计充分，突出主题，兼顾经济效益、环境效益和社会效益，达到主次指标的有机结合和协调统一。

三　界定指标的类别与使用特点

了解评价指标的种类及各类指标的使用特点，不仅是正确开展环境绩效评价工作的前提，也是保证评价工作正确合理的关键因素。

（一）指标的类别

首先，根据指标性质不同，可以将其分为定性指标和定量指标两大类。定性指标是指不能用数据来描述，可用于评价组织在某一方面的环境管理成效，如是否单设安全环保部、有无环境污染事故等。定量指标是指能用数据计量大小的指标，可以直观地反映评价对象绩效的好坏，如能源消耗量、环保投资额等。

其次，根据指标的性质和反映问题的复杂程度，可将环境绩效指标分为单一指标和复合指标。其中，单一指标一般用于反映和评价组织某一环境因素，如污染投诉次数、废弃物排放量等。复合指标一般由两个或两个以上的单一指标组合而成，用于反映和评价组织环境管理效率或组织整体的环境管理概况，如单位产出的能源消耗、环境绩效指数等。单一指标一般是绝对数，而复合指标又可分为相对指标、加总指标、指数指标和加权指标等几类。相对指标通常是两个单一指标的比值，用于反映管理效率。加总指标是汇总不同来源的同类数据，如组织年耗能，反映环境因素某一方面的总体状况。指数指标通常以百分数表示，是特定环境影响数据与有关标准的比值，如废弃物回收百分比。加权指标是汇总各单一指标与按重要程度确定权重的积，用于反映和评价组织整体的环境绩效。

最后，根据指标是否可以用货币度量，可将绩效指标分为环境财务指标和环境质量指标。环境财务指标反映和评价组织环境行为的财务影响，可用环境成本、环境损失及环境收益等来衡量。环境质量指标一般用于反映组织经营行为对环境的影响和企业环境行为对自身环境管理能力的影响[①]，前者如资源输入指标，后者如企业的环境政策指标等。非货币性的环境质量指标通常只能用记述的方式或物理指标衡量。

上述分类直接的关系如图 6 - 1 所示。

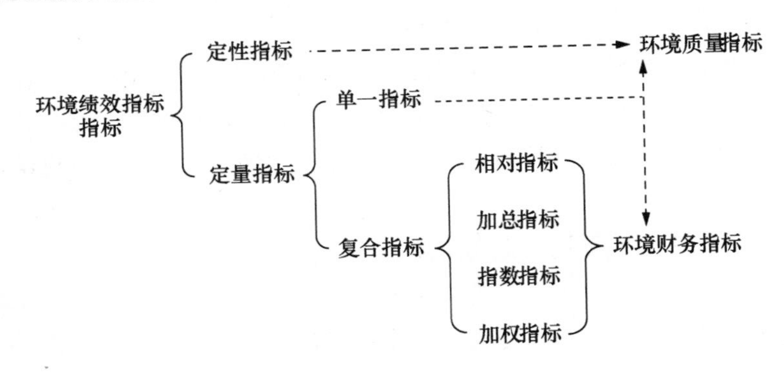

图 6 - 1　环境绩效指标分类

（二）指标的使用特点

一般而言，单一定性指标比较直接，但是对其绩效进行评价比较困

① 杨东宁、周长辉：《企业环境绩效与经济绩效的动态关系模型》，《中国工业经济》2004 年第 4 期，第 45 页。

难。复合的定量指标对于衡量组织整体的环境业绩概况更具优越性。在使用时具有如下特点：

第一，明确定义单一指标和定性指标的具体内容，尽量量化定性指标的个数，将其转化为定量指标。

第二，为反映组织某一方面或总体的环境绩效概况，可对变量进行组合或加权。组合包括两种方式：一是将两个相关的环境变量进行比较，如资源消耗与废弃物产出比；二是将一个环境变量与另一个财务变量进行比较，如单位产值二氧化碳排放量。加权指标一般用于评价组织总体，便于纵向比较组织的环境绩效趋势或横向比较组织环境绩效的好坏。

四　确立环境绩效指标的制定依据与步骤

在明确环境绩效指标特性后，需要依据决策者的目标制定合适的环境绩效指标体系，以使指标制定工作建立在坚实的基础之上。

（一）环境绩效指标的制定依据

由ISO 14031、WBCSD、ISAR和日本环境省等国际组织和发达国家制定环境绩效指标的依据可以发现，通用环境绩效评价指标的设定需依据下列原则进行：其一是针对全球范围内的重大环境问题，与保护环境、人类健康及改善生活品质有关；其二是将与所有行业相关的宏观层面的环境问题与微观层面的企业行为相结合，例如全球变暖和企业资源利用相结合；其三是核心指标需依据物质平衡原理来设定；其四是需符合各种环境绩效标准，包括内部标准、法规标准和利益相关方的观点等；其五是需考虑营运或产品的上游（供应者）和下游（使用者/消费者）的相关议题。

（二）环境绩效指标的制定步骤

本尼特和詹姆斯（1998）认为环境绩效指标的发展经历了风险管理、资源效率管理和战略管理三个阶段，从简单的物理排放指标、到废弃物排放的财务指标，进而发展到现代的生态效益等综合指标的运用，体现着人们追求环境绩效综合评价指标的不断努力。

发展指标的关键是集合和传播企业环境行为的有关信息，传播有意义的、准确的和具有成本效应的信息给利益相关者。然而，没有通常的方式可以达到这些目的，因为每套指标对于特定组织和信息需求者而言都必须是特定的。建议以事实为依据、多方合作的方式来协调指标发展和信息传播工作，可将数据收集和标准化以及数据的使用作为指标的输入因素，从而将发展适当环境绩效指标的程序分为以下四步（见图6-2）。

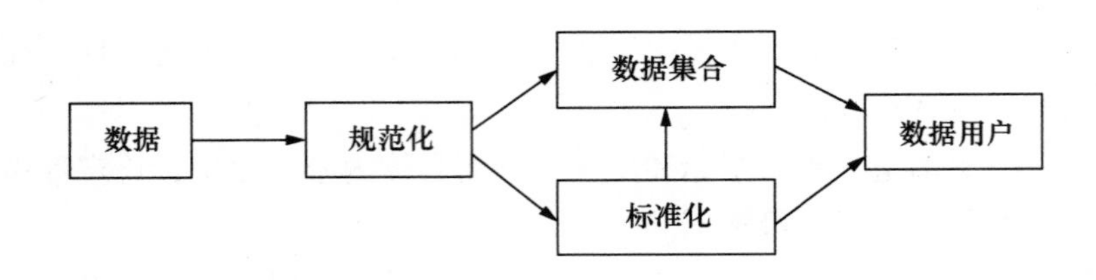

图 6-2 环境绩效评价指标制定程序

第一步，数据收集。集合公司的物理指标、经济、商业、管理设施和环境指标。此步的结果就是将描述组织经济、环境、社会的变量置于评价系统之中。

第二步，建立环境指标数据库。要求汇总排放数据（如温室效应的潜在影响，即潜能值），此步的结果是电子存储标准化数据。这种标准化指的是数据存放的物理单位，如计量的一致性，这些通常在数据收集指令中描述。如此不仅可以避免发生诸如能量以焦耳还是英国热量单位（BTUs）、千卡（Therms）和千瓦时等不同单位来计量的问题，还可以确保总公司不同地区的分公司计量能量时采用同一标准。

第三步，集合数据。就是将以类别表示的环境指标（以类别为依据）合适地抽象为利于公众评价的单个环境影响指标，如将环境信息转化为碳当量。此步的结果是整合不同时间序列的环境指标，来表达某一区域、某一公司、同一地区的不同公司、国家或者全球的环境绩效水平。较高程度的集合指标可以提供关于组织的整体概况。但是，较大数据集合暗示着特定环境问题的非相关性。数据集合需由辅助原则指导，就是数据集合程度尽量低，以方便决策者做出合理的决策。总之，指标越简单越好。

第四步，标准化。即利用上述标准化方案作为分母或标准化因子，将这些数据抽象为绩效指标，如每营业额的碳当量指标。标准化的数据提高了环境数据的可比性。

对于特定数据用户及其需求而言，这种标准化数据的方法具有较大的灵活性。并且，通过原始数据、集合和标准化，可以避免数据操纵，也可将指标生成与数据集合分离，具有较高的效率性。需要注意的是，在数据的标准化过程中，特别是经济评价和管理指标设计时，数据库必不可少。

五 我国环境绩效评价指标体系的初步构想

（一）环境绩效评价指标体系的具体内容

在参考 ISO、GRI、WBCSD、ISAR、WRI 等国际组织和英国、日本、加拿大等国的环境绩效指标后，结合我国环保法规和环境绩效信息披露状况，下文构建了由环境经营绩效、环境管理绩效和环境财务绩效三大内容组成的环境绩效评价指标体系。其中，环境经营绩效指标的设定参考物质平衡和生命周期评价基本原理，分为原料、能源和水等输入指标和废水、废气、固体废弃物、产品或服务、副产品等输出指标。环境管理绩效包括法规遵守、环境政策和程序、环境管理体系、生物多样性、先进性指标、环境教育与培训、外部环境沟通等指标。环境财务绩效包括环保投资、环保成本与费用、环保收入及环保或有负债等指标。具体指标分级如表6－1所示。

表6－1　　　　上市公司环境绩效评价指标体系

一、环境经营绩效指标

二级指标	三级指标	
	绝对指标	相对指标
能源输入	能源总消耗量及其构成	新能源/再生能源利用率、单位产品/产值综合能耗
原料输入	原材料消耗量、包装材料消耗量、可循环使用的原料消耗量、绿色原料采购量、有毒化学物质使用量	原料回收利用率、单位产值原料消耗、绿色采购比例
水资源输入	新水取用量、水重复利用量	单位产品/产值新水消耗量、工业用水重复利用率
空气污染物排放	废气排放总量及构成、温室气体排放量、空气达标天数	单位产值的各种空气污染物排放量、粉尘合格率、废气回收利用率
水体污染物排放	废水排放总量及构成	单位产值废水排放量、外排废水达标率、废水循环利用率
固体废弃物和危险废弃物排放	固体废弃物产生量和处置量、危险废弃物安全处置量	单位产值固体废弃物排放量、单位产值危险废弃物排放量、固体废弃物综合利用率、危险废弃物安全处置率
提供的产品或服务	产品或服务的总产量/产品销售总额、环保标志产品产量/销售额、副产品数量及销售额、废旧或回收的产品数量、产品的使用期限	环保标志产品占总销售百分比、副产品销售额所占百分比、可重复使用或回收的产品所占百分比、不合格产品率
综合评价指标	万元产值综合能耗、水资源消耗强度、废弃物排放强度	

续表

二、环境管理绩效指标	
二级指标	三级指标
法规遵守	清洁生产实施情况、排污/采矿许可证申领及达标情况、主要污染物排放数量和浓度是否达标、排污口在线自动监测设施运行情况、排污口整治是否合规、"环境影响评价"和"三同时"执行率、工业固体废弃物处置和利用量、危险废弃物安全处置率、环保设施稳定运转率、排污费缴纳情况、法规禁用或限用物质的使用情况、总量减排任务完成情况、通过环保部上市环保核查、环境违法和环保行政处罚、有无环境污染事故与信访案件
政策和程序遵守	环保方针与政策、环保目的与目标、环境保护行为守则与制度、环境责任与承诺遵守、未来环保计划
环境管理体系	环境责任与理念、环境管理体系组织结构、主要污染物及处理措施、环保设施运行情况、内部环境审核次数、突发环境事故预案与演习、环保技术研发情况、环保机遇与环保风险、环境事件的响应或纠正时间
先进性指标	绿色采购政策实施、自愿开展清洁生产情况、是否获得环境保护荣誉、是否获得ISO相关认证、是否进行环保研究与开发、是否拥有先进的环保技术、是否单独报告环境绩效、是否加入WBCSD等环保自愿组织
环境教育与培训	执行特别环境任务的员工人数、企业员工满意率、员工环保培训次数与培训得分、员工环保建议与奖励
生物多样性	土地使用、厂区绿化情况、野生动物保护情况
外部环境沟通	绿色采购政策执行、顾客对产品环境问题的认识、顾客产品环保满意度调查与评级、社区关系、环境绩效报告发布数量与地点
综合评价指标	评价指标分数加权

三、环境财务绩效指标	
二级指标	三级指标
环境资本支出	年度环保投资额、项目环保投资额、年度环保投资比、项目环保投资比
环境费用支出	环保经营成本、环保研发支出、环保税费、环保罚款、环保事故赔偿与损失
资源成本	企业支付的能源成本、原料成本、水成本之和
环保收益	环保税收减免收益、环保政府补贴收益、资源节约收益、环保标志产品增量收入、环保项目利息节约、其他收益（废弃物回收）
环保或有负债	预计环境负债
综合评价指标	环保投资收益比

如表6-1所示的指标具体内容如下：

1. 环境经营绩效指标

第一大类是环境经营指标，主要参考各国际组织和发达国家采用的输入和输出设定，用于衡量企业的经营活动对环境的影响，是最基础的环境影响指标。包括能源、原料、水等资源输入指标和空气污染物、水污染物、固体废弃物和危险废弃物、产品和服务等输出指标。具体内容包括：

（1）能源输入。能源是指企业在产品生产和运输过程所消耗的电力、石化能源（如石油、天然气、煤炭、液化石油气LPG等）、新能源（如太阳能、废弃物能、风能、生物能等）及其他能源（如购买的热力、气体等）。将其视为环境绩效核心指标的原因就是，能源消耗的种类决定了企业废弃物排放的类别，如大部分温室气体的排放都是由于消耗石化能源导致的。需要说明的是，如果将石化能源作为资源使用，则包括在下一个指标“原料消耗”中。

具体评价指标包括能源消耗总量及其构成、单位产出能源消耗、能源改善效率与目标、能源密集度指数与能源消耗相关的空气排放物、新能源和再生能源利用率等，结合万元产值综合能耗来分析企业能源的使用，可挖掘节能措施并提高能源有效利用率。

（2）原料输入。原料是指企业零部件、半成品、产品和商品所包含的原材料、辅助材料和包装材料，内容包括不可再生资源、可循环使用的原料、可再生资源、有毒化学物质和绿色采购资源，具体涉及金属和非金属矿物质（钢材、铝、铜、铅、橡胶等）、塑料、玻璃、天然材料、林产品、农产品等的消耗。这里需要说明的是，原料输入指标包括有毒物质的使用量和绿色原料采购两个比较重要的指标。

具体评价指标包括单位产值原料消耗、使用、回收、再使用、废弃、处理的原料总量及构成、原料有效利用率、绿色采购量及比例、有毒化学物质使用量等。这些指标有利于评价企业绿色采购方针的实施情况，对促进企业合理利用资源、提高资源使用效率、降低有毒有害物质的使用也会起到积极作用。

（3）水资源输入。水既是生物生存的必要条件，也是社会经济系统的基础之一。地球新鲜水的数量只占水资源总量的2.5%。[①] 因此，提高

---

① 数据详见MOE，Environmental Performance Indicators Guideline for Organizations（Fiscal Year 2000 Version），Tentative Translation，Apr. 2003：35。

水资源的使用效率尤为重要。水资源输入是指从城市水、工业水、地表水、海水、河水、雨水中提取的工业新水消耗量，不包括循环使用的水量，一般用立方米来计量。需要说明的是，如果将水作为原料使用，则不包括在此指标内，应属于原料输入指标。

具体的评价指标包括新水使用量、单位产品新水消耗量、单位产值新水消耗量及水重复利用量和利用率。这些指标有利于对企业水资源消耗的总量及构成、水资源利用效率做出综合评价。

（4）空气污染物排放。空气污染物是指工业企业生产、能源消耗、废弃物处理等过程中向空气排放的氮氧化物、二氧化硫、金属、氨、二氧化碳、挥发性有机化合物、消耗臭氧层物质①、可吸入颗粒物（PM10）、灰尘等物质。

具体可用废气排放总量及构成、单位产品或单位产值的主要污染物排放量、废气回收利用率、空气达标天数等指标来衡量企业对空气污染程度的大小及空气质量，需要特别关注温室气体和消耗臭氧层物质的排放量。

（5）水体污染物排放。水体污染物是指向水体排放的氨氮、重金属（如铝、砷、镉、铜、硒、铬等）、养分和可吸收有机卤化物（AOX）等，用毫克/每公升来计量其大小，用 pH 值、化学需氧量（COD）、生化氧需氧量（BOD）等指标来衡量水污染程度。而评价企业对水污染控制的绩效可采用的指标有废水排放总量及构成、单位产值主要污染物排放量、外排废水达标率和废水循环利用率等。

（6）固体废弃物和危险废弃物排放。固体废弃物和危险废弃物主要是指在产品生产、分发、使用和处置过程向土壤排放和转移的农药和肥料、金属、酸性物质和有机污染物，填埋、焚烧和回收的垃圾，放射性废弃物等。这些物质有害于人类健康和生态系统的协调发展，因此应该严格加以限制。

具体评价指标包括固体废弃物产生量和处置量、危险废弃物安全处置量和处置率、固体废弃物综合利用率、单位产值固体废弃物排放量和单位产值危险废弃物排放量等。这些指标有利于分析企业有毒化学物质的排放及处理是否符合相应的法律规范。

---

① 我国主要包括 CFC－11、CFC－12、CFC－113、哈龙－1211、哈龙－1301、四氯化碳、1，1，1－三氯乙烷、HCFC－22、HCFC－141b 和甲基溴 10 种物质。

（7）产品或服务产出。从物质平衡的角度看，产品或服务是一种资源输出。该指标对于评价能源、原料、水资源输入和三废排放具有很大的必要性。比如，可以采用每单位产出的环境影响指标对上述输入输出进行综合衡量与分析。内容涉及以重量、数量、地点或容量来计量的产品产量，有利于降低环境负担的产品产量或销量，环保标志产品产量以及回收再利用废旧产品和包装物数量等。

具体评价指标包括产品或服务的总产量、产品销售总额、可重复使用或回收的产品量及其百分比、单位产品副产品数量及销售额、环保标志产品产量及比例、废旧产品和包装物回收量及其占总销量百分比、不合格产品率、产品的使用期限等。

2. 环境管理绩效指标

第二大类是环境管理绩效指标，涉及上市公司环境法规遵守、环境政策和程序执行、环境管理体系建立与实施、环保先进性指标、环保教育与培训、生物多样性及外部环境信息沟通各方面，用于评价企业环境行为对自身管理能力的影响。这类指标通常属于定性指标，一般用“是”或“否”来回答，评价时一般采用赋值或加权平均得分的方法。具体包括以下内容：

（1）法规遵守。法规遵守指标主要用于分析和评价上市公司对国家各种环保法规或文件执行程度，依据第三章关于上市公司环境绩效有关规范的描述，将上市公司遵守环保法规的内容分为清洁生产实施情况、排污/采矿许可证申领及达标情况、主要污染物排放数量、浓度是否达标、排污口在线监测设施运行情况、排污口整治是否合规、“环境影响评价”和“三同时”执行率、工业固体废弃物处置和利用量、危险废弃物安全处置率、环保设施稳定运转率、排污费缴纳情况、法规禁用或限用物质的使用情况、是否通过环保部上市环保核查、重污染上市公司强制信息披露情况、环境违法与环保行政处罚、环境污染事故与治理、环境信访案件发生等。这类指标大多属于定性指标，即便有少数定量指标，如排污达标率、危险废弃物安全处置率也可用是与否来评价。

（2）政策和程序遵守。政策和程序遵守指标主要用于分析和评价上市公司环境保护方针与政策制定、是否制定相应的管理目的与目标、有无制定环保行为手册、承担的主要环境责任描述与未来采取的环保计划、是否涉及环保税收优惠适用等。目的在于评价上市公司是否注意到其环境责任，有无采取必要的预防措施等。

（3）环境管理体系。环境管理体系指标主要用于评价上市公司内部环境管理程序与体系构建是否健全，内容包括环境管理理念、管理组织结构、主要污染物及其处理措施、环保设备运行情况、突发环境事故预案与演练情况、事故响应时间、内外部环境审计的次数与频率、环保技术研发情况等。环境管理体系的内容还包括公司环境管理机构和制度的建立健全、环保档案的完整性及监测等基础数据资料的完备性等。

（4）先进性指标。先进性指标主要用于衡量上市公司环境管理的积极性与主动性，内容包括公司绿色采购政策的实施情况、是否曾获得环境保护荣誉称号或奖励、是否获得 ISO 14001 等环境管理体系认证、是否加入 WBCSD 等环保组织、是否开展节能环保研究与开发工作、是否拥有先进的环保技术、是否单独报告环境绩效等。其中，符合节能标准的产品数量、分解、回收、再利用和节能设计的产品数量、产品生命周期环境影响的分析和评价结果、环保设计研发结论等均属于环保研究与开发方面的内容。

（5）环境教育与培训。员工环保意识培训属于环境管理的一部分，重点是为了分析上市公司在员工环境意识教育及公司环境保护文化形成方面所做的努力。具体包括执行特别环境任务的员工人数、员工环保培训次数与培训得分、员工环保建议与奖励、企业员工的环境满意度等。

（6）生物多样性。生物多样性指标主要用于分析和评价上市公司对于土地保护和二氧化碳减排的努力程度，具体指标如土地使用面积与位置、厂区绿化情况（如植树株数、绿化面积、人工造林面积、绿化率等）、野生动物保护情况等。这些指标有利于综合衡量上市公司对保护生物多样性的重视程度。

（7）外部环境沟通。上市公司作为整个社会环境的一部分，不可避免地会与周围的环境发生相互作用。因此，需要全面分析和评价上市公司对外部利益相关者进行环境管理的努力程度，内容大体包括供应商绿色采购政策实施（供应商是否获得 ISO 认证）、顾客环境问题管理（包括顾客对产品环境问题的认识和产品环保满意度）、社区关系和环境绩效报告发布数量与地点等。其中，社区关系具体包括周边居民环境满意度调查、社区环境保护资助情况、社区环境保护资料提供、当地环境整治活动进展、废弃物清理与回收次数、公众投诉与信访案件等。这些内容是上市公司环境风险控制的重要环节，也是上市公司与利益相关者进行环境信息沟通有效性的关键评价指标。

3. 环境财务绩效指标

第三大类是环境财务绩效，是指企业过去和现在的经营行为对自身财务利益所产生的影响，用于衡量和评价企业环境行为对自身财务成果的影响。这一大类指标均属于定量指标，是整个环境绩效指标体系中最具影响力的评价指标，可用于综合评价上市公司经营活动与环境保护的协调程度。具体内容包括以下几个方面：

（1）环境资本支出。环境资本支出是指能形成环境固定资产，一般通过计提折旧的方式进入管理费用和产品成本中去的环境投资成本，包括新、改、扩建项目环保技改投入和“三同时”配套环保项目投入（一般在环保在建工程中显示）等资金投入。它不仅表明企业对环保工作的重视程度，也代表着企业的环境投资水平。

具体评价指标一般包括年度环保投资额、年度环保投资比、项目环保投资额、项目环保投资比等。其中，年度环保投资比与项目环保投资比的计算如式（6－1）和式（6－2）所示。

$$\text{年度环保投资比}=\frac{\text{报告期环保投资额}}{\text{报告期投资总额}}\times 100\% \tag{6-1}$$

$$\text{项目环保投资比}=\frac{\text{项目环保投资额}}{\text{项目总投资总额}}\times 100\% \tag{6-2}$$

年度环保投资额和项目环保投资额指标用于企业间环保投资规模比较，年度环保投资比和项目环保投资比有利于比较同一企业不同年度、不同企业之间、不同投资项目之间环保投资水平的差异及变化趋势。

（2）环境费用支出。环境费用支出是指与某个产品或过程环境因素有关的、计入当期损益的环境费用开支。由于当前各国环境会计发展水平不一致，因此对环境成本应包括的具体内容还没有定论。日本是世界上环境会计核算比较完善的国家，其确定的环境成本内容通常包括降低环境影响的经营成本、上下游成本、管理成本、研发支出、社会活动成本、环境救治成本和其他环保成本。[①]

我国企业当前尚未实施全面的环境会计核算，不可能像日本那样系统

① 资料详见日本环境省《环境会计指南（2005）》（*Environmental Accounting Guidelines*, 2005）第14页。

地归集环境成本，但依据现行规定和企业实践可将环境经营性费用划分为环境保护经营成本（人员开支、维护成本）、环保研发支出、环保税费和环保事故赔偿与损失等，内容具体包括环境监测费、环保认证体系审核费、环保设施运行费、环保设施折旧费、环境管理机构经费、有害物质运输费、废弃物处置费、污染清理支出、环保宣传费、新、改、扩建项目环保改善投入、环评费和“三同时”设计费、环境停产损失及恢复支出、环境研发支出、环境税费（包括土地补偿费、矿产资源补偿费、资源税、勘探和采矿许可证费用、生态环境恢复治理保证金等）、排污费、绿化费、环境事故赔偿开支和环境罚款支出等。这些环境费用成本项目分别计入了产品成本项目、管理费用和营业外支出科目，需综合整理后才能评价企业的环境费用化支出水平。

（3）能源、原料和水的成本。资源成本是指企业为达到经营目的所支付的能源成本、原料成本、水成本之和。具体评价指标可将三类输入金额加总，最典型的例子如材料成本、水电费等。

（4）环保收益。环保收益是指企业采取积极的环境保护措施所带来的经济利益，通常包括环境改善项目的投资回报，通过资源使用减量、污染预防或废弃物回收达到成本节约额，旨在满足环保绩效或设计目标的新产品或副产品带来的销售收入等。从物质循环角度可分为与资源投入相关的收益与“三废”相关的收益、消耗、使用、丢弃、再循环带来的收益及其他收益几大类。

（5）环境或有负债。环境或有负债是指可能对组织的财务状况产生重大影响的环境负债，如预计环保贷款罚息、预计环境清理与恢复费用、预计环保事故赔偿等。这类环保义务通常具有较大的不确定性，特别是对于重污染行业企业而言，往往会带来较大的环境风险。按照《企业会计准则第 13 号——或有事项》（2006）的有关规定，应对符合或有负债确认条件的环境污染整治项目带来的环境负债予以确认与披露，以便综合评价企业的环境绩效。具体评价指标如预计环境负债。

本书设计的三大类指标可从不同角度对上市公司的环境绩效进行评价与分析：首先，环境经营绩效指标主要涵盖了国际上通用的核心绩效指标，涉及能源资源输入和产品产出及废弃物排放等输出，有利于从物质平衡的角度评价上市公司经营活动的环境影响，可采用能源消耗强度、水消耗强度和废弃物排放强度等生态效率指标进行综合评价。其次，环境管理绩效指标从内部管理的角度来分析公司环境行为对自身环境管理能力的影响，偏重于对上市公司内部环境管理和外部环境沟通能力的分析与评价，这部分指标主要是定性指标，一般采用各级指标得分加权法进行衡量。最后，环境财务绩效则从财务角度衡量上市公司环境行为对自身财务成果的影响，有利于比较上市公司环境资本输入、成本耗费与环境收益之间的关系，通常可采用环境保护成本占总成本比例、环保收益与成本比等进行评价。

（二）环境绩效指标体系设定的理论参考

上市公司环境绩效指标体系的第一级分类（划分为三种）主要依据的是国际标准化组织 ISO 14031 的划分方法，这三类指标分别从不同的角度对上市公司的环境绩效进行了反映。下属的二级和三级指标设定主要参考了国内外各种法规文件及上市公司的管理实践。在参考第三章所述内容下，本章设定的各二级指标的主要来源如表 6－2 所示。

表 6－2　上市公司环境绩效指标体系的理论参考

一级指标	二级指标	指标来源	
		国际	国内
环境经营绩效	能源输入	ISO、GRI、WBCSD、ISAR、WRI、EMAS、MEPI、美国、日本、英国、加拿大、荷兰	②③⑤⑥，贾妍妍、陈静、张世兴
	原料输入	同上	②⑤⑥，贾妍妍、陈静、张世兴
	水资源输入	同上	②③⑤⑥，陈静、张世兴
	空气污染物排放	同上	②③⑤⑥，贾妍妍、陈静、乔引华、张世兴
	水体污染物排放	同上	②③⑤⑥，贾妍妍、陈静、乔引华、张世兴
	固体/危险废弃物排放	同上	①②③④⑤⑥，贾妍妍、陈静、乔引华、张世兴
	产品或服务	ISO、GRI、WBCSD、ISAR、EMAS、MEPI、日	张世兴

续表

一级指标	二级指标	指标来源	
		国际	国内
环境管理绩效	法规遵守	ISO、GRI、MEPI、美、加、印尼、菲、印度	①②③④⑥，贾妍妍、陈静、乔引华、张世兴
	政策和程序遵守	MEPI、美	①②③⑤⑥，贾妍妍
	环境管理体系	ISO、日	①②③④⑥，贾妍妍、陈静、乔引华、张世兴
	先进性指标	ISO、MEPI、日、加、印尼	②③④⑤⑥，贾妍妍、陈静、张世兴
	环境教育与培训	ISO、MEPI、日、加、印尼、荷	③⑥，贾妍妍、陈静、乔引华、张世兴
	生物多样性	GRI、MEPI、英、加、荷	⑥曹颖、曹东
	外部环境沟通	ISO、MEPI、日、加、印尼、荷	②③⑥，贾妍妍、陈静、乔引华、张世兴
环境财务绩效	环境资本支出	ISO、GRI、ISAR、MEPI、美国、英国	⑤，贾妍妍、陈静、乔引华、张世兴
	环境费用支出	ISO、GRI、ISAR、MEPI、英国	贾妍妍、张世兴
	环保收益	ISAR、MEPI	张世兴
	环保或有负债	MEPI	张世兴

注：表中国内指标来源部分中的①②③④⑤⑥分别代表第三章所述的国内环境绩效相关文件，依次为《关于对申请上市的企业和申请再融资的上市企业进行环境保护核查的规定》(2003)、《关于企业环境信息公开的公告》(2003)、《关于开展创建国家环境友好企业活动的通知》及其附件《“国家环境友好企业”指标解释》(2003)、《关于加快推进企业环境行为评价工作的意见》及附件《企业环境行为评价技术指南》（2005)、《环境信息公开办法（试行)》(2007)、《上市公司环境信息披露指南（征求意见稿)》(2010) 等五份文件。

由表6－2可以看出，几乎所有的国际组织和发达国家都设定了环境经营绩效指标的各二级指标，我国除“产品或服务”项目之外，也在相关文件中提出了资源消耗和废弃物排放等指标。仅有部分国际组织、日本、加拿大及部分发展中国家设定了环境管理绩效指标作为环境经营绩效指标的补充，欧盟的MEPI设定的环境财务绩效指标似乎最为全面。我国在文件中仅考虑到了环境投资指标，一些学者已经注意到此类问题。

就指标内容设定上而言，发达国家已经发展到环境资源使用控制和污染预防阶段，而发展中国家则似乎更重视污染排放和法规遵守等环境管理绩效。有部分国际组织，特别是ISAR已经注意到环境财务绩效的重要性，但这部分指标还处于发展之中。

（三）环境绩效评价指标体系的适用范围

文中设定的环境绩效指标体系原则上适用于我国各行业工业企业。但由于我国经济发展的历史时间不长，企业有关环境信息的公开披露到21世纪初才逐渐引起有关部门的重视。上市公司作为信息披露的义务人，理应对其环境信息进行公开。而钢铁、电力、煤炭、石油、冶金、有色金属、造纸等传统行业上市公司在中国证券市场所占比重较大，且在规模上往往都是大型公司，它们的生产与经营对环境的影响很大，并较大地影响着股市的走势。但是，它们尚未形成环境责任保护意识，环境信息披露自愿性缺乏，从而导致了环境绩效评价基础数据来源不足的问题。为此，文中指标体系的适用范围限定为——在中国上海证券交易所和深圳证券交易所上市的具有信息披露义务的公司。

（四）环境绩效评价指标体系使用应注意的问题

由于企业环境信息存在数据精确性问题、缺乏一致性定义、工业复杂性等现象，在遵循指标制定步骤并满足环境绩效指标特性的前提下，还需要从能源资源投入、废弃物排放、绿色工艺的开发、法规遵循等方面来显示企业的环境绩效，不仅满足企业管理和市场竞争的需求，还能在一定程度上满足政府环境监管的要求。具体而言，企业在具体选择合适的环境绩效指标时还需考虑以下几个方面的问题：

第一，行业特点和环保法规要求。不同的行业所使用的资源和能源以及废弃物的排放种类和数量具有很大的差异性，这不仅决定着国家对不同污染行业的环保法规要求的差异，也决定着企业环境管理水平的不同。在选择环境绩效评价指标时，需要将环境管理系统发展现状和评价目的作为参考依据。在法规遵从的初步阶段，应选择以资源能源消耗、废弃物排放、违规次数、环保罚款等涉及环境风险和环境负债的信息为主的评价指标。在环境管理中级阶段，环境绩效评价的主要目的是主动预防和末端治理，此时评价的主要内容应该是环境管理系统的效率性。当整个社会的环保意识水平发展到环境管理与企业战略决策全面融合的高级阶段时，企业应该考虑整个产业和产品寿命周期全过程的环境绩效与财务绩效，以综合性的环境绩效评价指标为主。

第二，企业组织结构。企业的组织结构划分为直线型、事业部型、矩阵型、智能型等类别，这决定绩效评价指标选取的差异性。企业在选择指标时，需要沿着企业的组织结构将战略性的环境绩效评价指标层层分解，落实到具体的责任人。基本要求是：层级越高，绩效指标越综合抽象；层级越低，绩效指标越具体明晰。

第三，信息成本。企业选取环境绩效评价指标属于一种管理行为，需要符合成本与效益原则。环境绩效评价指标的生成需要收集大量的数据，有的可以直接通过记录来获得，花费的信息成本较低，有的数据则需要采用专门技术利用专门设备进行专门处理，这便带来较高昂的信息成本。这时，就需要权衡取得绩效指标的信息成本和信息所带来的收益，以科学安排环境信息收集的范围与程度，保持环境管理的经济性。

六　小结

上述环境绩效评价指标体系从资源能源利用、污染物排放、废弃物回收利用、内部环境管理、外部环境沟通及环境投资、环境成本与费用、环境收益、年度环境投资比、项目环境投资比、环境投资收益率、环境成本与环境收益比等方面对上市公司的环境管理行为进行了综合全面的反映。指标具有全面性、科学性、定性指标与定量指标相结合的特点，主要体现在以下几点：

第一，根据国际国内各种指南或法规文件所编制，具有较强的法律依据。

第二，涵盖国际社会关注的环境经营输入输出指标、内部环境管理与外部环境沟通等环境管理绩效指标以及财务绩效指标，指标内容具有全面性。

第三，设定的环境财务绩效指标包括年度环境投资额、年度环境投资比、项目环境投资比、环境成本、环境收益、环境投资收益率、环境成本与收益比等。其中，年度环境投资比可以反映公司每年用于环境投资的资金是否充足；项目环境投资比可以衡量该项目的环境保护资金是否充足；环境投资收益率可以衡量环境投资项目的收益情况，与企业平均投资收益率进行比较，据以判断该项目是否具有经济可行性；环境成本与收益率可以反映组织当年环境活动的经济效益。除此之外，还可以将环保成本与企业总成本进行比较，以反映企业对环保工作的资金支持力度。如果上市公司环境会计核算比较健全，环境财务绩效可以充分反映上市公司环境保护活动的财务影响，可以挖掘其开展环保活动的积极性。

第四，指标设定采取了定性指标与定量指标、绝对指标与相对指标、主要指标和次要指标相结合的方式，指标性质多样化，反映了环境影响的多样化特点，有利于灵活生动地反映企业经营活动的环境影响及环境活动的财务影响等。

第五，设置的指标具有较高的标准化，不仅给企业报告环境信息提供了指南，而且有利于不同企业之间、同一企业不同年份间环境绩效的比较。

虽然指标设定的初衷比较完美，但所设定的指标体系可能存在以下限制条件：其一，指标数据的来源必须依据上市公司的环境信息公开；其二，环境财务绩效数据从理论上虽然能反映上市公司环境行为的财务影响，但由于我国尚未实施全面的环境会计核算，因此将其用于评价上市公司的环境管理行为还存在一定困难；其三，指标体系是否可行，还需与上市公司的环境绩效评价实践紧密联系，需要针对各行各业制定专门的附加环境绩效指标，以使该指标体系更具针对性。以后，应在完善上市公司环境绩效信息披露制度的前提下，积极开展上市公司环境绩效评价实践，随着时间的推移和经验的丰富，不断修改完善指标体系的内容。

第二节　上市公司环境绩效评价指标体系的初步运用
——以钢铁行业为例

上文构建了我国环境绩效评价指标体系，同时从理论上论述了每一部分的合理性、必要性及应用原则。下文将基于上市公司在年报或者社会责任报告中披露的环境绩效数据，开展我国钢铁行业上市公司环境绩效评价的实证研究，以描绘钢铁上市公司整体环境绩效面貌，为促进上市公司努力改善环境绩效提供一些政策建议。

一　我国钢铁行业环境绩效指标选择

众所周知，钢铁工业是国民经济发展的基础产业。同时，钢铁也是一个高耗能、高污染的产业，钢铁行业总能耗约占全国总能耗的16%，工业废水、粉尘和二氧化硫及二氧化碳“三废”排放量分别占全国工业污染物排放总量的10%、15%和10%。[①] 这说明，钢铁行业是最具节能减排潜力的行业之一。从本书第四章的分析可以看出，钢铁行业环境绩效信息的披露标准化程度最高。因此，本章以钢铁行业上市公司作为环境绩效评价的对象具有一定的代表性。考虑钢铁行业对能源、水资源的大规模需求以及严重"三废"排放等行业特征，笔者选择如下环境绩效指标进行评价，具体如表6-3所示。

表6-3　钢铁行业上市公司环境绩效评价指标

通用指标体系		钢铁行业代表性评价指标	国家政策标准
一、环境经营绩效指标（A）			
能源输入（A1）	单位产品/产值综合能耗	吨钢综合能耗（A11） 万元产值综合能耗（A12） 节能量（A13）	低于620千克标煤 二次能源100%回收利用
原料输入（A2）	单位产值原料消耗	—	—
水资源输入（A3）	单位产品/产值新水消耗量 工业用水重复利用率	吨钢耗新水（A31） 水循环利用率（A32） 万元产值耗新水（A33）	低于5吨
空气污染物排放（A4）	单位产值的空气污染物排放量	吨钢烟粉尘排放（A41） 吨钢二氧化硫排放（A42） 吨钢二氧化碳排放（A43） 万元产值二氧化硫排放（A44） 万元产值粉尘排放（A45）	低于1.0千克 低于1.8千克
水体污染物排放（A5）	单位产值废水排放	吨钢化学需氧量排放量（A51）	—
固体废弃物排放（A6）	单位产值固体废弃物排放量 固体废弃物综合利用率	固体废弃物综合利用率（A61）	—
产品或服务（A7）	产品生产数量 产品销售总额	钢产量（A71） 年度营业收入（A72）	

① 数据详见慧生能源网《钢铁行业节能降耗方法浅论》，http://www.hse65.com/，2011年1月20日。

续表

通用指标体系		钢铁行业代表性评价指标	国家政策标准
二、环境管理绩效指标（B）			
法规遵守（B1）		提到任一三级指标得 1 分	
政策和程序（B2）		同上	
环境管理体系（B3）		同上	
先进性指标（B4）		同上	
环境教育与培训（B5）		同上	
生物多样性（B6）		同上	
外部环境沟通（B7）		同上	
综合评价		7 个二级指标得分合计数	
三、环境财务绩效指标（C）			
环境资本支出（C1）	年度环保投资比（C11） 项目环保投资比（C12）	年度环保投资比（C11） —	8%—15%
环境费用支出（C2）	排污费、绿化费、资源税等之和	环保费用合计（C2）	
资源成本（C3）	支付的资源能源成本之和	—	
环保收益（C4）	节能、补助等之和	环保收益合计（C3）	
环保或有负债（C5）	预计环境负债	—	
综合评价	年度环保投资比；项目环保投资比；环保投资收益比；环保费用与收益比		

注：表中国家标准数据来源于国务院办公厅 2009 年 9 月 20 日公布的《钢铁产业调整和振兴规划》。

二　样本选取与数据摘录

截至 2011 年 1 月 20 日，笔者共查到沪深两市钢铁行业上市公司 35 家，剔除停牌退市的 3 家公司和尚未发布社会责任报告的 15 家公司后，在余下 17 家发布了社会责任报告公司中，共选取报道了环境相关定量数据的上市公司 12 家，作为研究样本。这 12 家公司（按 N1—N12 依次编号）分别为攀钢钒钛（000629，N1）、韶钢松山（000717，N2）、新兴铸管（000778，N3）、太钢不锈（000825，N4）、首钢股份（000959，N5）、武钢股份（600005，N6）、宝钢股份（600019，N7）、济南钢铁（600022，N8）、南钢股份（600282，N9）、安阳钢铁（600569，N10）、马钢股份（600808，N11）及重庆钢铁（601005，N12）。相关数据摘录各上市公司的年报和社会责任报告，二者均来自巨潮资讯网。

摘录过程中，笔者发现早期报告中的环境绩效数据非常缺乏，只有2008—2009年的数据相对丰富，因此，这里仅收集了样本公司在这两年年报和社会责任报告中发布的环境绩效信息。样本公司具有代表性环境绩效指标具体数值如表6－4及表6－5所示。需要说明的是，国际社会非常重视温室气体减排等方面的信息，而钢铁行业是二氧化碳的排放大户，但由于基础数据缺乏[①]，表中未能将吨钢二氧化碳排放量作为环境绩效评价指标。表6－4及表6－5中的数据大部分是各公司报告的直接数据；对于其中的吨钢能耗及吨钢排放数据，有些公司仅报告了能耗及排放总数，摘录时均按总能耗或者总排放除以总钢产量进行了转换；极少数2008年报告的数据由2009年报告的数据及相应数据的增减比例进行推算获得。

三　环境绩效的DEA评价

不难看出，虽然表6－4及表6－5中所选择的上市公司是钢铁行业中环境绩效数据报告较为丰富的公司，但大部分公司数据披露仍然相当不全面。笔者在摘录过程中还发现不同公司在报告部分数据时采用的标准也有一定随意性。此外，即使是同一公司，2008年报告的数据与该数据由2009年报告数据所推算的值相比较也有一定出入，这可能说明该公司在不同时间报告时也选择了不同的标准。事实上，只有宝山钢铁（600019，N7）等少数公司进行了较为全面、规范的数据披露，并且不同年份报告的数据具有较好的连贯性。此外，上市公司环境投入方面的财务数据（见表6－4和表6－5中的C类数据）无疑对其环境绩效的评价非常重要，但这种环境投入具有累积效应，其产出具有滞后性，统计时又面临前期数据缺乏，当期数据凌乱等问题，使得结合财务指标评价钢铁行业环境绩效受到一定限制。针对这种数据缺乏、分散的客观情况，这里选择报道

---

① 这12家公司中没有任何公司报道二氧化碳的具体排放数据，只有太钢不锈（2008年减排量）、武钢股份（2008年二氧化碳减排收益）、济南钢铁（2008年减排量、2009年二氧化碳交易的收入与成本）、南钢股份（2008年减排量）、重庆钢铁（2008年减排量、2009年减排量及减排收益）披露了有关二氧化碳排放的信息。

表 6－4　　　　2009 年 12 家钢铁行业环境绩效指标数据

公司编号	N1	N2	N3	N4	N5	N6	N7	N8	N9	N10	N11	N12
A11（千克标煤）	725.39	723.02	613	558.98	721.56	708.64	693.2		620	601	650	
A12（吨标煤）[a]	1.723	2.291	1.966	0.744	1.466	1.807	1.114		1.464	1.847	1.677	
A31（吨）	6.18	6.9303		2.27	5.2	4.05	4.27	3.1	3.87	4.98	5.52	
A32（%）	94.9		98	97.97	96				96.8	96.7		
A33（吨）	14.68	21.96		3.02	10.56	10.33	6.86	7.22	9.14	15.30	14.24	
A41（千克）[b]				0.52	1.74	0.72	0.52			0.9	1.016	
A42（千克）[b]	9			1.07	1.996	1.75	1.11			1.34	2.01	
A44（千克）	21.40			1.42	4.05	4.46	1.79			6.08	5.16	
A45（千克）	0.00			0.69	3.53	1.84	0.84			2.77	2.62	
A51（克）[b]	89			30		270	31			190	180	
A61（%）				100			98.26		100		94.6	
A71（万吨）	724.9	423	329.82	945.61	462.83	1369.43	2386	592	550.13	704	1338	322.04
A72（亿元）[c]	305.15	133.5	102.84	710.79	227.88	537.14	1485.25	254.07	233.04	229.12	518.6	106.5
B	6	3	3	5	4	7	7	7	6	7	6	4
C1（亿元）	3.15		1.18	15.6		0.5	9.75	0.8199	0.47	4.48		0.2
C2（万元）	16531		347		1517			1248		2997	225.27	
C3（万元）	162.67	41380	13005		3147		14800		1500		8008	98.5

注：表中空格处代表数据缺失；[a]总能耗 = A11 × A71；[b]总排放 = A41（A42、A51）× A71；[c]N1—N3 扣除了钢材以外的其他主营收入。

表 6 – 5　　2008 年 12 家钢铁行业环境绩效指标数据

公司编号	N1	N2	N3	N4	N5	N6	N7	N8	N9	N10	N11	N12
A11（千克标煤）	758.62	744.753	620	564	627.16	729.82	719	595	650.97	612	724	629.12
A12（吨标煤）[a]	1.443	1.647	1.345	0.625	1.067	1.389	0.818	1.145	1.14	1.315	1.528	1.279
A31（吨）	6.48	7.7433	3.81	3.3		4.6	5.2	3.18	4.85	5.36	7.24	7.92
A32（%）		98	98	97.6						96.8	96.5	
A33（吨）	12.33	17.12	8.26	3.66		8.76	5.91	6.12	8.49	11.52	15.28	16.10
A41（千克）[b]	2.11			0.55		0.766	0.59				1.013	
A42（千克）[b]	14.8			1.4		1.816	1.43			1.39	2.03	
A44（千克）	28.15			1.55		3.46	1.63			2.99	4.28	
A45（千克）	4.01			0.61		1.46	0.67				2.14	
A51（克）[b]	33.2			33		314	45			240	250	
A61（%）	91		98				98.33			100	95.4	
A71（万吨）	493.9	407	255.43	920.17	417	1396.21	2281.3	831	496.53	798	1504	335.76
A72（亿元）[c]	259.64	184.04	117.75	830.62	245.13	733.39	2006.4	431.83	283.54	371.34	712.6	165.17
B	5	4	3	5	4	7	7	6	6	6	6	4
C1（亿元）	20	8.6	0.55	11.5			28.46	2		5.5	2.2	
C2（万元）	4518.47		1826.3		1810.83		27.8	259.78	1200	4518	2867.21	
C3（万元）	2640	80000	390	13181	100	172000	102000	235	160	1540	6498	335

注：表中空格处代表数据缺失；a 总能耗 = A11 × A71；b 总排放 = A41（A42、A51）× A71；[c] N1 ~ N3 扣除了钢材以外的其他主营收入。

比较全面的能源消耗、“三废”排放及产能产值等环境相关数据，采用数据包络分析法（DEA）对不同公司的环境绩效进行了多角度评价。

（一）吨钢综合能耗及排放的比较分析

图6－3是2008年不同上市公司吨钢综合能耗和吨钢耗新水比较的数据包络分析，其中点画线还给出了国家建议的吨钢综合能耗（6.2千克标准煤）和吨钢耗新水（5吨）上限值。由图6－3可以清楚地看到，有数据报道的11家上市公司中，只有N3、N4及N8 3家公司达到了国家标准，其中以N4和N8公司绩效最好。达到其中一项指标有N6、N9、N10 3家公司，其余5家公司二者均不达标。到了2009年，这些公司的相关指标有了明显改善（见图6－4），N9及N10两家公司均已达到国家标准，N7公司的吨钢耗新水也下降到国家标准以下。图6－3及图6－4反映了不同公司在能源消耗及水资源消耗方面的环境经营绩效，综合两年数据来看，太钢不锈（000825，N4）的能源管理绩效最佳，随后是N8、N3、N10、N9等公司均达到了国家2011年规定的吨钢能源消耗标准。

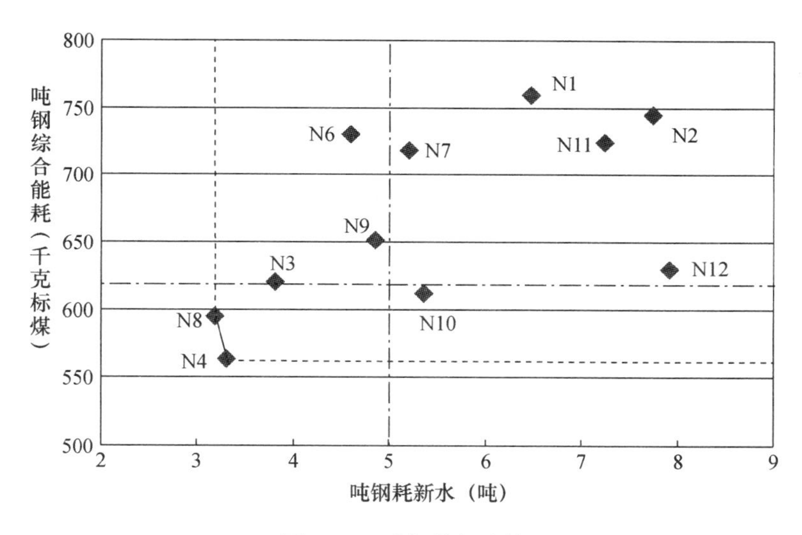

图6－3　吨钢能耗比较

注：图中虚线为包络线，点画线为2011年国标（2008年数据）。

图6－5及图6－6是吨钢二氧化硫排放和吨钢COD排放的比较分析，可见排放管理绩效最好的仍然是太钢不锈（000825，N4），其次是宝山钢铁（600019，N7），二者在COD排放上要远优于其他N6、N10、N11等公司。而攀钢钒钛（000629，N1）公司的二氧化硫排放明显异常。

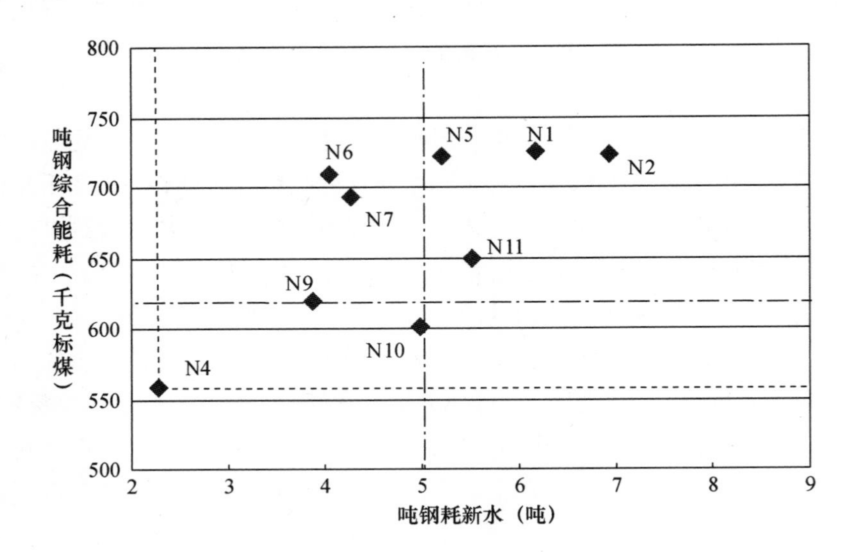

图 6－4　吨钢能耗比较

注：图中虚线为包络线，点画线为 2011 年国标（2009 年数据）。

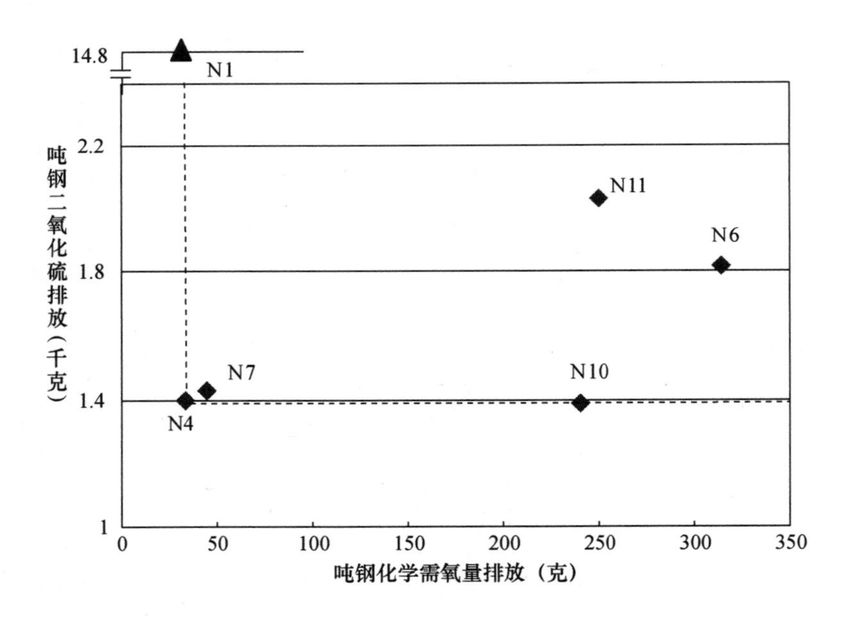

图 6－5　吨钢排放比较

注：图中虚线为包络线（2008 年数据）。

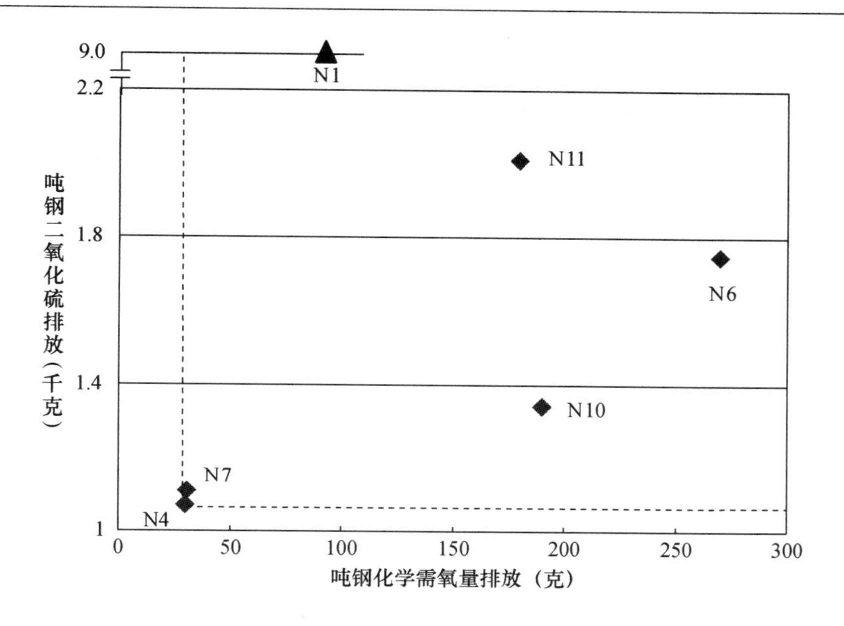

图 6－6　吨钢排放比较

注：图中虚线为包络线（2009 年数据）。

图 6－3、图 6－4、图 6－5 和图 6－6 分别以两种资源消耗或者两种污染物排放为指标对不同上市公司的环境绩效进行了评价。由于资源消耗与污染物排放是环境管理的两个方面，因此，图 6－7 选择吨钢综合能耗代表资源消耗指标，以吨钢二氧化硫排放代表污染物排放指标，对有相关数据报道的 6 家上市公司进行了环境绩效评价。可见，太钢不锈（000825，N4）表现出最好的综合环境绩效，N7 与 N10 紧随其后。事实上，N7 在代表排放管理绩效的图 6－5 和图 6－6 中表现出色，但在图 6－3 和图 6－4 中表现不佳，即其能源消耗还需要进一步改善。除开 N7 公司数据，不同公司能源消耗与污染物排放具有一定正相关关系，因此，钢铁公司在改善其能源消耗的同时将有利于污染物排放的有效降低。

（二）万元产值综合能耗及排放的比较分析

图 6－3 至图 6－7 中的 DEA 分析采用的指标是以吨钢为单位对资源消耗和污染物排放进行了归一化处理，但有时不同公司产品可能质量并不完全相同，导致其附加值也不尽相同，此时采用万元产值为单位对资源消耗和污染物排放进行归一化处理，可能更加有利于评价一个上市公司综合环境成本收益，从而为相关公司的产业升级提供指导。

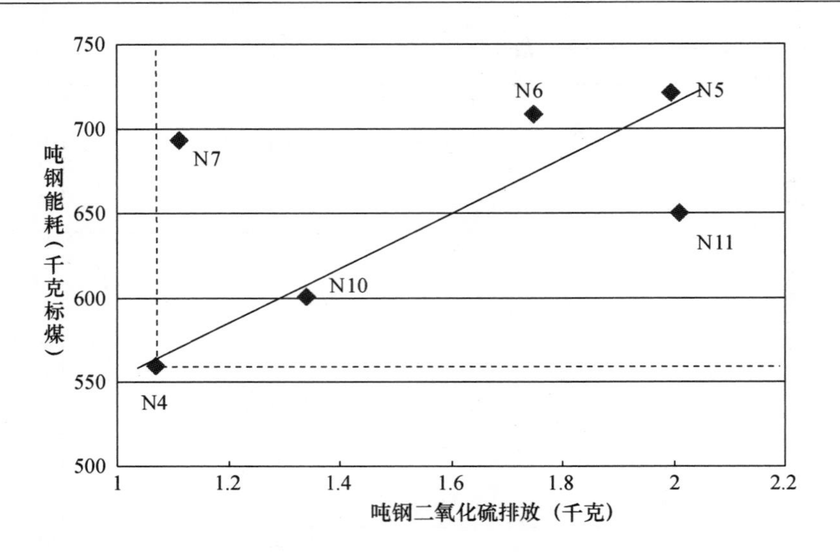

图 6-7 吨钢能耗及排放比较

注：图中虚线为包络线，实线为除 N7 数据的线性逼近（2009 年数据）。

实际上，只有少数公司报道了万元产值综合能耗（A12），表 6-4 及图 6-5 中大部分数据是笔者通过计算获得，其计算方法是由该公司的吨钢综合能耗及钢产量的乘积计算出总能耗，再除以其钢业务的营业总收入即得到该公司的万元产值综合能耗。对于报道万元产值综合能耗的公司，其报道值刚好可以与计算值相比较，计算表明，二者具有较好的一致性，这说明该归一化处理是合理的。采用该方法，笔者对不同公司的万元产值耗新水、SO_2 排放、粉尘排放等进行了计算，连同万元产值综合能耗数据一起分别列于表 6-4 及表 6-5 中。

图 6-8 及图 6-9 分别是 2008 年及 2009 年万元产值综合能耗及万元产值耗新水的 DEA 分析，与吨钢能耗及吨钢耗新水 DEA 分析中数据点分布的杂乱性相比，这里万元产值综合能耗与万元产值耗新水表现出明显的线性正相关关系，因而，不同上市公司在以能源和新水消耗为代表的资源利用绩效上可以进行直接评比。

比如，根据图 6-8，2008 年在资源利用绩效方面，太钢不锈（000825，N4）表现最佳，宝山钢铁（600019，N7）其次，随后依次是 N9、N6、N10、N1、N11、N2。2009 年的情形基本相同（见图 6-9），马钢股份（600808，N11）取得了较大进步，比较图 6-3 及图 6-4，这一结果应主要归功于马钢股份2009年在吨钢能耗和吨钢耗新水两个方面均取得了显著进步。对于宝山钢铁（600019，N7），虽然其吨钢耗新水的数据尚可，但其吨钢能耗与其他公司相比并无优势，但在万元产值消耗DEA比较中稳居第二，这可能与其产业结构比较优化有关。

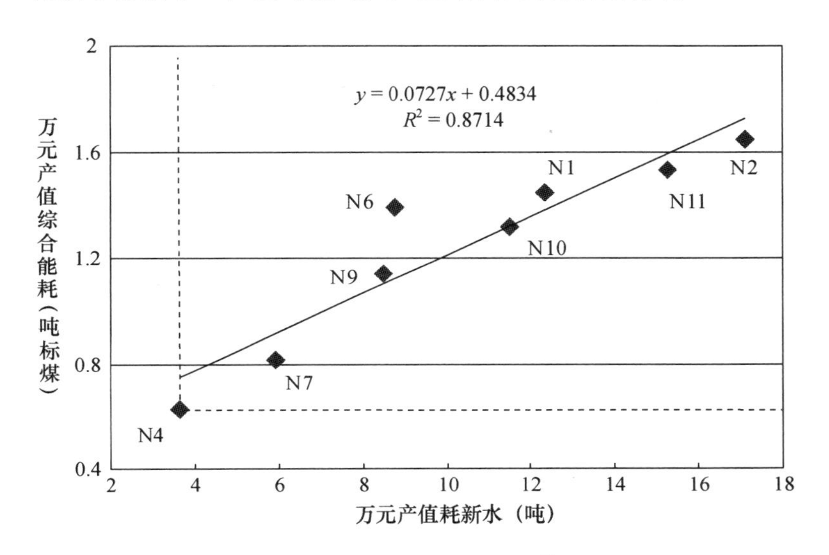

图6－8　万元产值能耗比较

注：图中虚线为包络线，实线为线性回归结果（2008年数据）。

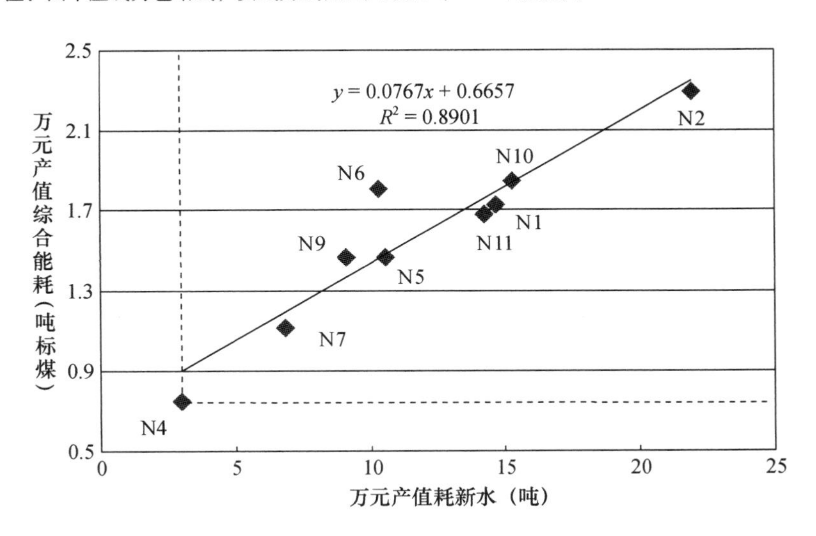

图6－9　万元产值能耗比较

注：图中虚线为包络线，实线为所有数据点的线性回归结果（2009年数据）。

比较有趣的是，如果以2009年万元产值二氧化硫排放及万元产值粉尘排放作为评价指标对不同上市公司的污染物控制绩效进行评估，图6-10同样表明，二者之间具有非常好的线性正相关关系，其线性回归系数高达0.97。不同公司污染物控制绩效排名同样是，太钢不锈（000825，N4）表现最佳，宝山钢铁（600019，N7）其次，随后依次为N6、N11及N10，与图6-9中的数据是一致的。

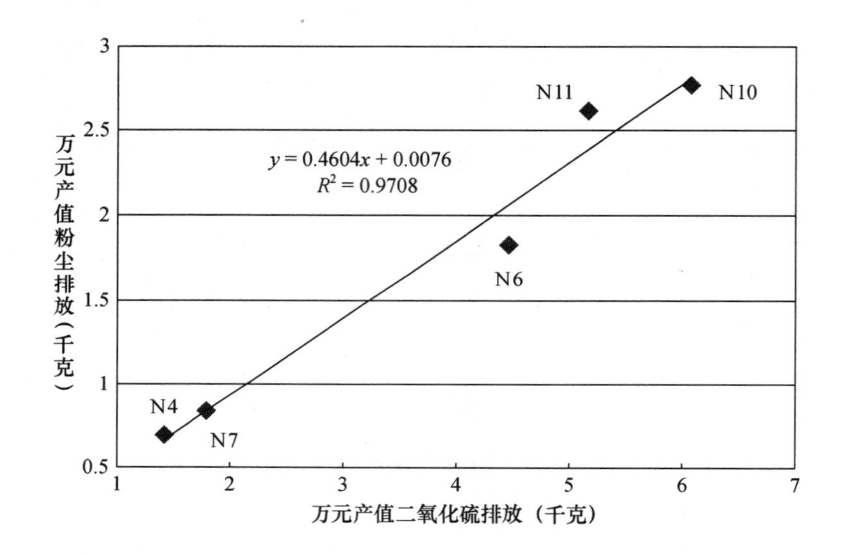

图6-10 万元产值排放比较

注：实线为线性回归结果（2009年数据）。

图6-8至图6-10的结果表明，当以万元产值为单位对相关数据进行归一化处理时，由于能源消耗与新水消耗以及“三废”排放之间均具有较为明显的线性正相关关系，因此，如果综合考虑资源消耗及“三废”排放进行环境绩效评价，可以从两类指标中任选其一进行DEA评价。图6-11及图6-12是选取万元产值综合能耗与万元产值二氧化硫排放这两个指标对上述上市公司2008年及2009年环境绩效进行DEA综合评价的结果，进一步证实了资源消耗与污染物排放之间的正相关关系。与图6-7相比，这里更加有利于不同公司环境绩效的直接比较，比如2008年及2009年环境综合绩效的排序分别为N4、N7、N9、N6、N10、N1及N4、N7、N5、N11、N6、N10、N1。

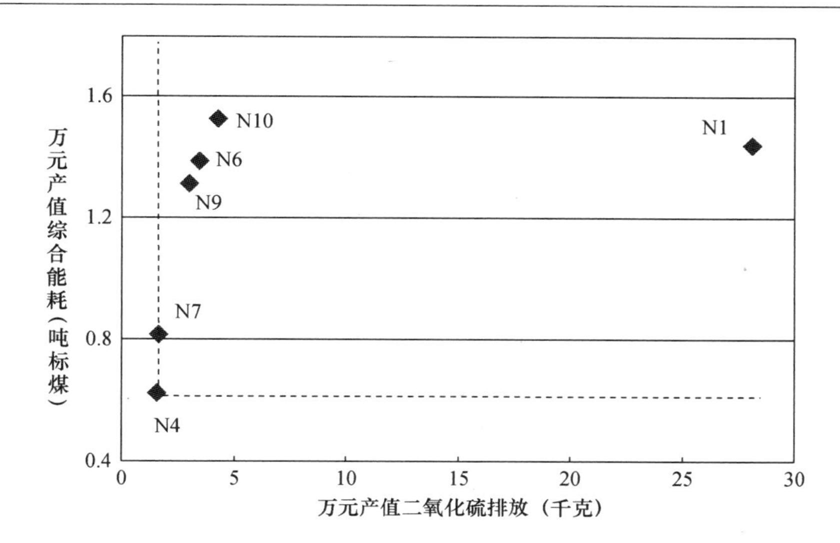

图 6－11　万元产值能耗及排放比较

注：图中虚线为包络线（2008 年数据）。

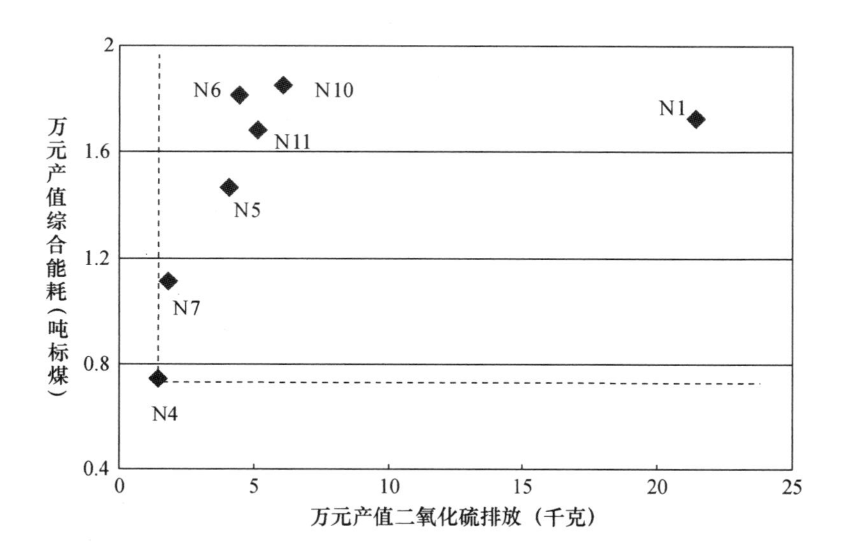

图 6－12　万元产值能耗及排放比较

注：图中虚线为包络线（2009 年数据）。

上述正相关关系或者线性正相关关系似乎过于完美，但仔细分析，不难发现这些结果具有现实合理性。比如说，能耗和水耗均构成企业的生产成本，因此对于实力比较雄厚的上市公司，即使从追逐利润的角度，必然在降低能耗和水耗两个方面做出最大的努力，这使得万元产值能耗与水耗之间形成自然的线性正相关关系。实际上，太钢不锈（000825，N4）和宝山钢铁（600019，N7）在上述12家公司中实力最强，而且公司的实际效益也优于其他公司。控制污染排放往往会被认为将增加企业的生产成本，但控制污染物排放是其应尽的义务。因此，作为上市公司，尤其是对于一个负责任的企业而言，“三废”排放的控制必然具有同等重要性，这使得不同种类污染物排放量之间也会形成线性正相关关系。对于资源消耗与“三废”排放之间的正相关关系，实际上也可从多个角度进行分析。首先，能耗过大的生产往往意味着粗放型的生产模式，必然导致二氧化碳、二氧化硫、粉尘等排放增加。其次，能耗过大也意味着成本较高，此时如果企业盲目追求利润，往往无暇顾及对“三废”排放的控制。最后，政府对“三废”控制持鼓励和奖励政策，对污染物排放收取排污费及碳税等，这些措施可能使得公司对“三废”进行有效控制反而可以为公司带来额外的利润，这些已在有些上市公司的年报中有所反映。

上述环境绩效评价的结果表明，上市公司万元产值资源消耗越低，其履行环保责任的意愿和能力越强，环境绩效越高。反之，如果上市公司出现严重的环境绩效问题，则往往意味着该公司面临一定的生产困难，或者产能落后。比如，攀钢钒钛（000629，N1）在图6－5、图6－6、图6－11及图6－12中均表现出明显的环境绩效异常，实际上，根据其报表显示，该公司在2008年及2009年出现连续两年亏损。这在一定程度上说明环境绩效好坏会影响上市公司的财务绩效。

本节根据现有的指标数据采用DEA方法对上市公司的环境绩效进行了评价，并对不同公司进行了环境绩效排名。结果表明财务绩效较好的公司往往环境绩效较高，资源消耗类指标之间以及污染物排放指标之间存在线性正相关关系，资源消耗指标与污染物排放指标之间存在正相关关系。

由此可见，本书设定的上市公司环境绩效指标体系可以大体描绘钢铁行业环境绩效管理现状，由于钢铁行业环境信息数据披露的限制，还无法全面反映一些国际社会关注的环境经营和环境财务指标，但这并不是指标体系本身的缺陷。

第三节 做好上市公司的环境绩效评价工作

从前文研究不难发现，我国上市公司的环境绩效评价工作还处于初始阶段。要保障上市公司环境绩效评价工作的顺利开展，我国政府、环保监管部门及社会各层次应充分重视上市公司环境会计信息披露的必要性，通过培育环境绩效信息的市场需求，积极参与上市公司环境绩效评价实践，促进上市公司环境绩效与财务绩效的有机结合，最终达到环境与财务双赢的可持续发展状态。

一 强化立法监管与资金支持，以督促企业提高环境管理水平

我国属于发展中的大国，政府作为广大人民利益的代表者，在监督上市公司环保核查，加强上市公司环境会计信息的制定与披露方面，促进环境绩效评估的顺利开展方面责无旁贷。一般而言，政府可以从加强立法和环保经济激励两个方面来入手。

（一）加强环境立法，以完善环境绩效信息披露制度

要完善上市公司的环境绩效评价工作，首要的步骤就是要加强上市公司环境会计信息披露的法规完善工作，从信息生成的源头来控制企业的环境污染行为。

具有法律效应的环境信息披露层次体系分为法律、法规、规章和制度等。目前，我国与环境会计信息有关的法律有《环境保护法》和《会计法》，但它们对环境会计信息的披露问题只字未提，未作出任何规定。法规层面的《国家突发环境事件应急预案》（2006）对重大环境事件的信息处理与发布作了初步规定，但还未形成较完整的体系，无法评价上市公司信息披露的实践。属于规章层面的包括《关于企业环境信息公开的公告》（2003）、《关于对申请上市的企业和申请再融资的上市企业进行环境保护核查的通知》（2003）、《环境信息公开办法（试行）》（2007），属于制度层面的如《上市公司环境信息披露指引》（2008），它们仅规定超标企业需要对外公布环境整改信息，并且只规定了部分披露内容，其他企业只要求自愿披露环境信息。上述法律法规在促进企业环境信息的披露起到了一定的作用，但在信息披露主体、披露范围、披露内容及强制性方面仍存在较大的弹性与局限性，难以起到促进企业改善环境行为的效果。

这种制度层面环境会计准则、环境审计准则及环境报告准则规范的缺乏，是导致上市公司信息披露不完善的主要因素之一。众所周知，日本是世界上资源贫乏、环境问题比较严重的发达国家，但其在环境污染控制与治理等方面已取得了长足的经验。根本原因就在于日本的环境会计发展比较迅速，政府部门不仅制定了较为详尽的《环境会计指南》（2005），还积极修订各种污染物排放的法规标准，用于企业间和企业内部不同时期的环境绩效比较。

简言之，只有建立起如会计准则、审计准则之类具有普遍约束力的信息披露规范，才能从理论上约束企业的环境信息披露行为。这对于纠正当前上市公司环境信息披露内容与形式的随意性，提高环境绩效信息的可比性，使环境绩效评价具有充足的依据，真正发挥环境信息的决策支持作用将大有裨益。

可喜的是，2010 年发生的紫金矿业污水渗漏事故，引起了社会各界对环境信息披露问题的广泛重视。环保部于 2010 年 7 月 13 日和 9 月 15 日分别发布了《关于进一步严格上市环保核查管理制度加强上市公司环保核查后督查工作的通知》和《上市公司环境信息披露指南》（征求意见稿），要求各省级环保部门督促辖区内上市公司发布年度环境报告书，内容包括产业政策、环评、达标排放和总量控制、排污申报和缴纳排污费、清洁生产审核、重金属污染防治、环保设施运行、有毒有害物质使用和管理、环境风险管理等环境管理制度的执行情况。这些文件的发布对上市公司环境绩效信息的披露内容与形式起到了一定的指导作用。

仍需注意的是，这些规范由环境保护部发布，其权威性和对上市公司环境绩效信息披露的控制性值得思考。因此，建议由证监会、环保部和国务院办公厅等部门联合发布有关上市公司环境信息的公开事项，具体规定环境信息的公开方式、内容及审验事项，以保证信息披露的法规性。也就是说，将上市公司环境信息的报告义务用法律法规的形式确定下来，在具体操作细则方面，可由财政部、环保部、证监会等部委协调配合，制定统一的环境绩效评价体系、环境报告信息披露指南或实施细则。基本路线是循序渐进、先易后难，逐步过渡到与现行财务会计准则和审计准则相协调的环境会计报告准则和环境审计准则，为上市公司环境绩效评价提供可靠、可比的基础数据来源。

（二）加大政府对环境保护的投资力度

除了对上市公司的环境绩效评价从法律上予以约束外，有关政府部门还应从经济上对上市公司的积极环保行为给予大力支持。由第四章和本章第二节的有关数据统计可以看出，我国各级环保部门、财政部门虽然在污染减排、环境技术开发等方面给了上市公司较大的资金支持（如环保政府补助、环境奖励基金和环保税收优惠等），但是仍有很多上市公司只获得了很少的环保政府补助，远远达不到经济发展所需要的环境资金投资比。①

要解决这个问题，政府部门还需加大对上市公司环境治理项目的资金支持力度。政府部门除了环保政府补助、环保税收优惠政策的实施之外，还可以采取以下方式来减少公司内部环境管理成本：

第一，投资建设污染物集中处理站。在这种情形下，污物处理站专门负责某种或某几种污染物的集中处理，设备投资由政府负责。而处理站附近的制造业工厂则可将某类污染物直接排放给这个专门的处理站，并交付一定的废弃物处理费用，从而节省公司自身设备投资的成本，解决资金短缺问题。发达国家的环境管理实践证明，这种方式对于解决上市公司环保资金限制，最大化环保设备的使用效率非常有效。

第二，加大绿色信贷规模。绿色信贷的目的虽是遏制高能、耗高污染行业的盲目扩张，但是对于符合绿色信贷条件的企业来说则是一种政策优惠。它可以促进部分公司有资金投资于绿色工艺、绿色产品和环保研发，从而加速这些公司传统产品的更新换代，通过提高自身环境绩效水平来形成核心竞争力，进而达到环境财务双赢的可持续发展目的。

第三，加大对环保技术研发的资金支持力度，重视环保科研人才培养，创造绿色技术开发的研究氛围。对于大型污染行业企业、科研院校等有一定研究基础的单位，国家应采取研发项目支持的方式，鼓励科研机构与公司联合研发有利于资源节约使用、污染物减排等方面的环保先进技术。沿着“环保技术开发→环保人才培养→环境绩效提升→可持续竞争力实现”的产学研相结合的路径，来达到环境绩效评价的最终目的。

二　健全环境会计制度，以引导环境绩效信息公开

目前，可以直接对上市公司环保行为和环境信息披露进行有效监管的

① 据环保部前部长周生贤2010年5月在“绿色经济与应对气候变化国际合作会议”主题晚宴上介绍，自2008年国际金融危机以来，中国绿色投资的比例占4万亿元投资的14.5%。

部门包括环境保护部和中国证券监督委员会。我国的环境保护部自成立以来一直致力于污染防治等方面的工作，特别是2010年发生的紫金矿业污染事故，环境保护部加大了对上市公司环境信息公开的监管力度。但是，这些规范的发布往往只由环保部进行①，如果上市公司不存在融资的需求，则不需进行环保核查，因而也不需向环保部及社会公众公开环境信息。因此，要促进上市公司的自觉环境管理行为，除在立法上规定上市公司有环境信息披露的义务外，还需加强各部门的协调合作，共同制定能对上市公司产生约束力的环境绩效信息披露规范。

（一）建立强制披露与自愿披露相结合的制度

对上市公司环境信息披露具有约束力的文件主要包括《环境信息公开办法（试行）》（2007）和《上市公司环境信息披露指引》（2008），以及2010年发布的《上市公司环境信息披露指南》（征求意见稿），但不具有强制力。这些文件都采取了强制和自愿相结合的方式，对上市公司的环境信息披露做了简要规范，一定程度上刺激了上市公司的环境信息公开程度，但由于其尚未清晰界定披露企业的边界，因此不利于环境信息公开的长远发展。

对于我国上市公司的环境绩效信息披露，除采取法律强制和政府资金支持相结合的机制外，还需根据公司污染程度采取不同的披露管制手段，采取国家法规强制披露和企业自愿披露相结合的方式。这可以从不同公司和不同内容两个方面进行理解。

首先，对不同污染程度的公司采取不同的环境会计核算与信息披露管制。环保监管部门需明确界定企业的污染程度，制定具有可操作性的评价标准。如可借鉴日本依据是否获得ISO 14001认证将企业分成大型企业和中小型企业，从而采取不同的环境管制做法。我国则可以依据是否属于上市公司、是否属于世界500强、是否属于国家环境友好企业、是否获得ISO 14001认证、是否属于国家重污染名录企业等标准，将企业划分为具有环境信息披露义务的大型企业和其他企业，然后，对属于具有信息披露义务的公司，建议其实行环境会计核算和建立环境信息披露制度，采取独立的环境报告对社会公开其环境绩效信息；而对于不具环境信息公开义务

① 虽然上海证券交易所发布了《上海证券交易所上市公司环境信息披露指引》（2008），但对大多数上市公司并不具约束力。

的企业，建议其实行与财务信息合并披露的简易环境信息披露模式。

其次，需要将环境信息分为强制披露和自愿披露两个层次。如《关于企业环境信息公开的公告》（2003）就采用了此种分类公开方式。根据本章第一节所设定的指标体系，笔者认为需要强制披露的指标和自愿进行披露的指标如表6－6所示。

表6－6　　　　上市公司环境绩效评价指标体系披露程度建议

	强制披露指标	自愿披露指标
环境经营绩效	万元产值综合能耗、水资源消耗强度（单位产品耗新水）、废弃物排放强度（单位产品主要污染物排放量、单位产品温室气体排放量、单位产品有毒物质使用量）、产品或服务总量及销售额	能源消耗总量、资源消耗种类及数量、新水耗用总量、工业用水重复利用率、“三废”排放总量
环境管理绩效	是否获得ISO 14001环境管理体系认证、环境影响评价和“三同时”制度执行情况、污染物达标排放情况、一般工业固体废弃物和危险废弃物依法处理处置情况、总量减排任务完成情况	污染物排放综合达标率、环境管理组织结构和环保目标、清洁生产实施情况、环保教育及培训、环境外部沟通、是否获得环境保护荣誉
环境财务绩效	年度环境投资占总投资比、项目环保投资比、环保成本与总成本比值、环保收益与环保成本比值	环境或有负债、年度环保效益、年度环保投资、环境研发成本占总研发成本比例

这种区别对待方式比较适合我国当前的经济发展特点。根据第四章的分析，上市公司当前的环境信息披露主要还是处于初级的法规遵守阶段，尚未达到污染预防和可持续发展的主动管理阶段。因此，要解决这种状况，只有依据我国发展经济的大体思想，分层次分步骤地进行。这种方式不仅可以提高环境绩效信息公开的可操作性和现实性，还可以在一定程度上保证环境绩效评价的实施效果。

（二）推行环境会计报告奖励计划

对上市公司的环境报告实行奖励计划是促进环境信息对外披露的一种激励措施。英国特许会计师工会ACCA于1991年首创了环境报告奖励计划，目前已将该计划推广至欧洲、非洲、北美/加拿大和亚太地区。这份计划的目的是奖励在环境、社会和可持续发展报告方面透明度卓越的公司。需要注意的是，不是对业绩本身进行奖励，而是在于公司尝试对外沟通的努力。评价的核心标准在于报告的完整性、可信性和沟通程度。通过强调这些关键因素，获奖者展示了报告过程中信息披露质量的整体改善。加拿大1994年发布的《环境绩效报告》列示的环境报告奖励计划的评价对象包括环境政策与目标的陈述、环境管理系统的构建、环境绩效总结与分析、环境财务绩效及其他事项。

因此，为确保上市公司披露真实可靠的环境会计信息，我国政府监管部门可借鉴ACCA的做法，设立相应的报告评定机构、具有评定资格的人员及相应的评价标准，以加强环境报告奖励计划的可操作性与实际效果。

（三）开展第三方环境绩效信息审验

吸收上市公司年度财务报告审计的经验，为确保上市公司披露的环境信息的真实性和可靠性，国家环保部需成立专门的独立环境审计机构，制定专门的环境绩效评价标准，对上市公司环境管理的效率和效果进行鉴定。目前阶段，即环境信息验证的法律和技术不够成熟时，可暂由会计师事务所中具有环境技术背景或具有环境影响评价师资格的注册会计师执行这一任务，以后逐步过渡到由专门机构或会计师事务所专设的环保审计部对上市公司环境绩效信息进行验证。

三　加强内部环境管理，以提高环境绩效财务效应

企业是最基本的社会经济单元，是承担环境保护任务的主力，应该从各个方面提高自身的环境管理水平，在不断减少对自然生态环境破坏程度的同时，不断增加自身盈利能力与可持续竞争力。内部环境管理水平不仅是综合反映上市公司环境管理绩效的重要指标，也是影响企业财务价值的因素之一。因此，需建立健全上市公司内部环境管理体系，加强环境绩效审核，以有效提升环境管理的财务效果。

（一）建立与完善环境内部管理体系

完善的环境管理体系是保障上市公司环境业绩的基本条件，对树立良好的企业形象，提高利益相关方对企业的环保信誉度具有非常重要的意义。具体可采取以下措施：

第一，制定完善的环境管理体系。环境管理体系可以将有关环境程序用文件的形式固定下来，不仅可以帮助组织环保活动保持一致性和连贯性，还有助于员工了解自己的职责和责任。环境管理体系文档可展示企业

环境管理体系全貌，也可作为体系认证和评审的重要依据。因此，企业需要建立完整的环境管理体系。建立方法可采取日本 JEPIX“由下至上”的方式，以保证体系实施的可操作性。内容涉及原料输入、操作活动控制、产品及废弃物输出、内外部交流、紧急情况控制与预防等。公司需要明确当前的环境保护责任及环保目标，说明必要的未来行动计划及资金解决方案。鼓励公司获得 ISO 14001 环境管理体系认证，并将其作为评价环境管理绩效的重要标准。除此，还可积极引进先进的信息管理技术，对繁杂的环境信息进行储存与处理，加强信息的决策价值。

第二，鼓励上市公司建立环境会计制度，进行环境会计核算。环境会计的建立与核算，是提供环境财务绩效信息的基础。上市公司基本属于我国的大型公司，具备实行环境会计的条件，因此需要积极引进环境会计理论，并将其应用于实践，对中小型的非上市公司也具有积极的标杆作用。当前，迫切需要解决的根本问题是环境会计科目、具体核算内容、账务处理与报告方式的确定问题。对于这一点，公司需积极配合国家开展的各项调研活动，以促进环境会计制度的顺利建立与实施。

第三，推行清洁生产。清洁生产是指在工艺、产品、服务中持续地应用整合且预防的环境策略，以增加生态效益和减少对人类和环境的危害和风险（联合国环境规划署，1997 年）。清洁生产是实现上市公司可持续发展的重要战略，也是防治工业污染的有效模式。内容具体包括清洁生产工艺研发、清洁生产知识教育与培训、积极争取政府污染治理专项基金等。

第四，加强环保技术研究与开发。根据第一章的资源基础理论和第五章的实证研究结果，环保技术是企业的核心竞争力资源，它不仅是企业降低资源消耗与废弃物排放的最有效途径，也会给企业带来直接的经济利益。具体包括绿色采购政策实施、绿色设备购买、传统设备改造、绿色工艺流程、绿色产品设计等各方面。

第五，加强员工环保责任意识培训与教育。各类组织的环境管理和环保认识程度千差万别，而环境管理体系的建立需要组织员工的共同努力，每个成员都将承担一定的环境保护责任，因此需要开展环境意识培训。上市公司需制订详细的培训计划、确定培训人员层次及各层次培训内容、建立培训程序并提供必要的物质条件以保证培训的顺利实施。需要指出的是，环境属于持续改进的方面，因此环保培训也不是一次性的。ISO 14004 对各层次培训对象确定的不同培训内容如表 6－7 所示。

表 6－7 环境培训类型

培训对象	培训类型	目的
高级管理者	提高对环境管理战略重要性的认识	取得对组织环境方针的承诺和协调一致
全体员工	提高总体环境意识	取得对组织的环境方针、目标和指标的承诺，培养个人责任感
承担环境职责的员工	提高技能	改进组织中具体部门（如运行、研究与开发、工程）的环境绩效
全体员工（其活动可能影响守法的员工）	遵守法规	确保培训的法规和内部要求得到满足

员工环保培训的内容包括提高环境认识、提高环境技能、明确工作内容与程序。实施员工环保教育与培训，目的是使员工在环保观念、行为方式和思考过程等方面有所改变，了解与识别企业面临的主要环境问题，辨别正面影响企业的环境行为。它是提高社会公众环保意识的一个重要内容。

（二）实施内部环境管理绩效审核

监督环境管理体系有效实施的机制一般包括内部监督和外部监督两种方式。外部主要是通过政府部门或公众压力来促进公司建立良好的环境管理体系。内部监督一般指的是对公司环境管理体系建立和实施情况的审核，是一种环境内部审核机制，主要审查公司环境方针与政策制定、环境法规遵守、现行和潜在的环境问题及意外事件发生与分析等。需要形成包括当前与未来法律法规要求清单、按优先次序排列的重要环境影响领域、需深入研究的问题和环境行为改善机会等内容的审核报告。内部审核对于上市公司认识当前环境状况，分析其环境管理的优势与薄弱环节，找出未来改进领域和机会，建立完善的环境管理体系提供了依据。

（三）环境管理绩效与企业财务绩效的综合考量

上市公司若建立了包括环境会计系统等内容的健全的环境管理体系，在内外部审核机制的监督下，定会严格遵守环境相关法规，制定切实的环境管理方针与政策，取得较好的环境管理绩效。这样便形成了一种以环境管理为特征的核心资源——环境管理能力，它可使企业打破绿色贸易壁垒并在绿色产品市场竞争中获得优势地位，从而取得高于平均水平的财务业绩。反过来，良好环境管理绩效的获得是以充足的资金支持为基础的，也就是说，经济实力好财务业绩高的企业有能力开展环境投资、绿色技术研发，获得较高的环境管理绩效。因此，在评价上市公司环境绩效时，需结合财务指标对其环境管理绩效进行综合衡量。不仅要结合会计意义上的财务指标，如营业收入、资产规模等，以确定其开展环境管理工作的基础与潜力，还需结合上市公司年度环保投资比、项目环保投资比、环保投资收益比等环境财务绩效指标来综合评价上市公司环境绩效的高低，以保证评价工作的合理性。

四　培育信息使用者的环保意识，以形成环境绩效信息的有效需求

环境涉及千万民众的共同利益，因此，环境保护工作需要社会各界的共同参与。美国、日本和欧洲的政府、企业和社会公众三者之间存在互制互动的关系，特别是公众给环境保护施加了很大的压力。印尼 PROPER 程序的顺利实施也是利用了环境信息公开带来的公众压力现象。这些都说明，离开社会各界和广大公众的环境意识，完全依靠政府环境管理和监控，环境政策将失去应有的效果。

据第四章对我国上市公司环境绩效信息披露的分析可见，我国当前上市公司的环境绩效信息的报告对象主要是政府部门，而投资者、银行等金融机构、社会公众等其他利益相关者对环境信息的需求还远远没有达到应有的能对上市公司环境管理行为产生影响的程度。这种环境信息需求者的缺位，将会导致环境信息公开失去应有的效果。因此，需要以培育环境绩效信息的需求者、扩大环保意识宣传等方式来提高社会各界的环保意识水平，激发企业自主报告环境绩效的积极性，进而促进企业自身环境绩效的改善，实现环境绩效评价的根本目标。

（一）培育环境绩效信息的使用者，以创造环境绩效评价需求

第二章关于环境绩效评价主体的分析中已经指出，上市公司的利益相关者包括投资者、债权人、供应商、客户、社会公众、雇员、政府部门、行业协会、环保非政府组织（NGO）和媒体等，要满足这些利益相关者环境绩效的信息需求，需要从绿色证券、绿色信贷、绿色采购和绿色消费等方面构造环境绩效评价的外部氛围。

首先，绿色资本市场培育。美国、挪威和瑞典等国的政府部门（如证券交易委员会），从 20 世纪 90 年代开始要求上市公司报告其环境表现及业绩，这种政策已被利益相关各方所认可，由此带来了整个社会环保观

的变革。而我国环保部门和证券监督管理部门目前尚未建立完善的绿色证券市场政策。业内人士认为，拉动绿色证券发展的“三驾马车”分别是上市公司环保核查、上市公司环境信息披露和上市公司环境绩效评估。① 这些制度对有效遏制高耗能、重污染企业资本扩张，维护广大投资者和公众利益，保证证券市场健康发展都具有重要意义。当前，我国的环保核查效果已经显现，但是对上市公司环境信息披露的监管还不够，环境绩效评估也有所欠缺，“绿化”证券市场之路还仅仅迈出第一步。环境信息披露不足，基础数据缺乏导致的环境绩效评价无法开展问题，已严重影响到绿色证券的实现。因此，环保部、财政部、证监会、国资委等部门以后还需协调配合，努力培育绿色资本市场氛围，刺激环境信息需求，解决上市公司环境信息披露与环境绩效评估存在的问题。

其次，绿色信贷市场培育。绿色信贷是指环保部门和银行业联手抵御企业环境违法行为，促进节能减排，规避金融风险的一种重要经济手段。中国人民银行最早于1995年提出了绿色信贷的举措，直到2007年由原国家环保总局、中国人民银行和中国银行业监督管理委员会联合发布了《关于落实环保政策法规防范信贷风险的意见》，才使得绿色信贷政策有了实质性进展。鉴于我国上市公司主要的资金来源都是商业银行贷款，从理论上讲，只要实施了绿色信贷政策，对不符合产业政策和环境违法的企业、项目进行信贷控制，就能从资金源头上切断高耗能、高污染行业的盲目扩张，控制污染行业的发展。但是，由于信贷规范标准欠缺、信息沟通渠道不畅导致的技术原因、利益相关方主体博弈及监督机制的缺位，使得绿色信贷的实施存在一定程度的障碍（黄海峰、任培，2010）。因此，政府需要从财税、监督、技术的配套设施的完善，来提高绿色信贷政策的效率与效果。

再次，绿色采购市场培育。绿色采购是指在组织的原材料获取政策和实施过程中，充分考虑到原材料的环境影响，尽量选择环境负荷小的原料供应商的一种选择与评价行为。② 绿色采购现在正成为一种引导和激励企

---

① 孙秀艳：《关注 · 环境经济政策系列报道（三）——绿色证券：光查“门票”还不够”》，《人民日报》2010年5月13日；http://news.163.com/10/0513/03/66HKDK0P00014AED.html，2011年1月21日。

② 依据智库百科对绿色采购的定义整理而成，http://wiki.mbalib.com/zh-tw/Green_procurement，2011年1月25日。

业环境行为的世界性趋势。企业层面的绿色采购来源于绿色消费、政府推动及法律法规的约束。绿色采购的实质是从来源上降低环境负荷，内容包括绿色采购方针、绿色供应商调查、绿色供应商评价等内容。由于绿色采购具有品种规格多、复杂程度高、资源掌控难、成本压力大的特点，在一定程度上阻碍了企业层面绿色采购的顺利实施。政府需要通过建立绿色采购目录等措施来降低企业绿色采购的成本，以保证该政策的实施效果。

最后，倡导绿色消费市场。绿色消费是指一种既满足生活需要又不污染环境和浪费资源的一种新型理性消费行为和过程。绿色消费的重点是“绿色生活，环保选购”，它具有以下三层含义：第一，倡导消费者选择有助于身体健康或未被污染的绿色产品；第二，转变消费观念，在追求舒适生活过程中需注重资源能源节约等环保问题，实现可持续性消费；第三，注重消费过程中对垃圾的安全处理，避免对环境造成污染。绿色消费的内容包括绿色产品使用、能源有效使用、废弃物回收利用及对环境和动植物的保护，涵盖生产和消费行为的各方面。据发达国家的经验，消费者的绿色偏好给企业的环保投资行为提供了巨大的经济动力。我国大约有40%的城市居民倾向于选购绿色商品，其消费心理和消费行为已开始转向可持续性的消费方式，从而掀起了绿色消费的新潮流。然而，由于环境个人意识不到位、绿色检验标准与认证机制缺乏、企业没有承担相应的环保社会责任等原因，使得绿色消费难以在我国得到推广。因此，应积极转变资源耗竭型消费观念，树立可持续发展消费观念，通过绿色产品开发、绿色产业发展、绿色超市建立等方式切实引导公众自觉的绿色消费行为。

总之，绿色证券、绿色信贷、绿色采购及绿色消费都是通过利用相关方的政策制定或行为来对上市公司的环境行为进行约束，目的是要求上市公司在资金融通、项目投资、产品生产及服务提供等各个方面兼顾资源能源节约和减少废弃物排放，是一种通过外部压力来促使上市公司改善环境绩效的途径。这些市场培育需要各级政府和有关部门加强立法的配套和各项环保技术标准的制定工作。

（二）加强环保宣传，以提高企业与公众的环保意识

公众环保意识水平的高低是衡量一个国家文明程度的重要标志，而企业和公众环保意识水平的提高与环保教育与宣传具有紧密的联系。环保宣传不仅是环境管理的坚实基础，推动着环境保护工作的不断深化发展，还

可起到监督环境保护工作的作用。针对我国公众环保意识存在的地域和群体性差异、混淆环境保护与环境卫生、环保宣传渠道单一等现象，政府有必要通过各类新闻媒体，如报纸、网站、电视广告等方式，不断向社会公众灌输崇尚自然的绿色生活模式。同时，通过“国家环境友好企业”、“绿色社区”、“生态示范乡镇”等活动建立公众环保参与机制。最后，还要注意支持民间环保组织的各项活动，以发挥民间组织的巨大环保推动作用。

环保宣传目的是建立思想道德上的环境保护意识，它决定着上市公司环保责任意识的建立程度。需要从时间、空间和形式三个维度形成完整的环境保护宣传体系。在时间范围上，沿用生命周期思想，应从“婴幼儿—小学—初中—高中—大学—工作”等整个人生过程贯穿环保教育与宣传。在空间范围上，从“学校—家庭—社会”的每个生活和工作环节倡导资源节约。在形式上，从非正式环保宣传手册到正式的环境保护专门课程学习，构建涵盖各领域完整的环境宣传体系。

五　推行环境绩效评价，以促进人类社会可持续发展

会计研究环境的变化提出了可持续发展的时代议题，而可持续发展是以生态环境保护和经济发展的良性互动和协调统一为根本前提的。上市公司环境绩效评价作为管理会计研究的课题之一，也是微观层面的会计控制问题，它必须以可持续发展观所提出的经济与环境双赢的观念为精神指导，促进环境业绩与财务业绩的有机融合，才能从根本上解决经济发展所带来的环境问题，实现整个人类社会的可持续发展。因此，可持续发展不仅可以给环境绩效评价提供概念指导，也是开展上市公司环境绩效评价的最终目标。

上市公司的环境绩效关系到广大利益相关者的经济和社会利益，因此我们迫切需要构建完整的环境绩效评价指标体系，以便利益相关方能合理客观评价上市公司经营行为的环境影响、环境管理水平及环境问题的财务影响。上市公司环境行为的改善，不仅与政府部门及社会公众的信息沟通顺利程度有关，更离不开政府相关法规的完善、环境信息公开制度的建立和社会环境责任意识的提高。

我们只有在可持续发展观的指导下，积极开展生态环境会计的理论研究，将环境绩效评价的理论研究成果运用于上市公司环境管理实践，在评价上市公司经济指标的同时综合考量其生态能源指标，在进行环境管理时

充分考虑其经济效益，做到财务绩效与环境绩效有机结合，以全方位的环境会计管理为主，辅之以政府环境管制的方式，引导上市公司的正确环境管理行为，才能实现财务与环境双赢的局面。以此来避免环境库兹涅茨曲线顶峰可能给我国经济发展带来的破坏，达到社会、经济和环境的共同可持续发展。

结　语

一　研究结论

发达国家工业化发展的历史给我们一个深刻的启示，即要保持经济可持续发展，必须重视对环境的保护。作为国民经济中坚力量的上市公司，保护自然环境、促进生态平衡以保障整个国民经济的健康有序发展责无旁贷。而且，良好的环境管理业绩也是其打破绿色贸易壁垒、保持可持续竞争力的基本条件。上市公司必须建立完善的环境管理制度，实施环境会计核算，并将其与环境有关的事项（即环境绩效信息）进行充分披露；同时通过持续改进环境行为，确保投资者、债权人、雇员、顾客、社会公众及政府等利益相关方的切身利益。这便是上市公司环境绩效评价的总体目标。

许多国际组织和发达国家近年来纷纷研究与制定了多层次的环境绩效评价指标与标准，我国也在积极开展上市公司环保核查、环境信息公开的意见征求等实践活动，但尚未形成统一的环境绩效评价标准；对于如何开展环境绩效评价以及如何评价环境绩效与财务绩效之间的关系等问题，目前尚处于学术探讨阶段。因此，为了指导企业的环境管理实践，有必要结合我国实情对上市公司环境绩效评价进行系统研究。

基于以上考虑，本书从利益相关者理论、资源基础理论、绩效理论、循环经济等相关理论出发，采用规范研究方法系统分析了环境绩效评价的内涵、目标、作用、主体、客体、评价标准和评价方法等环境绩效评价基本理论框架问题；采用演绎与归纳法考察了相关国际组织、西方主要发达国家、部分发展中国家及我国有关环境绩效评价标准与实践，试图寻找环境绩效评价指标制定的内在规律性；采用描述性统计分析方法系统扫描了100 家通过环保部 2007—2008 年环保核查的上市公司所披露的环境绩效信息；以格兰杰检验、多元线性回归和方差分析法实证检验了国内 A 股上市公司 2006—2009 年以单位排污费和 ISO 14001 认证为代表的环境绩效与以托宾Q值为代表的财务绩效之间的相关性，以寻求上市公司环境绩效评价的经济依据。本书构建了包含环境经营绩效、环境管理绩效和环境财务绩效的上市公司环境绩效评价指标体系；在此基础上，利用DEA方法对我国钢铁行业上市公司的环境绩效评价开展了实证研究，并从政府、监管部门、企业和信息使用者不同层面提出了完善上市公司环境绩效评价的政策建议。

通过研究，得出以下主要结论：

第一，环境绩效评价是会计学在环境领域的一个新的研究方向，它除了受一般会计学理论指导外，还受到利益相关者理论、资源基础理论、绩效理论、生态经济学、循环经济学和可持续发展经济学等在内容、观点、理念与方法等方面的指导。利益相关者的环境信息需求导致了环境绩效评价的产生，利益相关者理论为环境绩效的财务评价提供了理论视角。污染预防措施、清洁生产技术、环保声誉等对于企业形成可持续竞争优势而言非常重要，其作用不可替代。绩效理论可为环境绩效评价体系的构建提供重要指导。

第二，环境绩效评价理论体系包括环境绩效评价的内涵与特点、环境绩效评价的必要性、评价主体与客体、评价目标与作用、评价指标体系、评价标准与方法及环境绩效报告等基本内容。企业面临国家宏观环境管理政策日趋完善、公众环保意识增强、金融市场对环境形象与业绩的关注增加、消费者绿色观念的发展等外部压力，以及自身追求社会价值最大、绿色管理理念的转换和长期竞争优势的建立等内部压力，需要积极开展环境绩效评价，以提高自身的环境绩效水平并树立良好的环保形象。实施环境绩效评价不仅可以帮助企业管理者制定战略目标，确定重要的环境管理领域，揭示环境风险，制定环境绩效指标的量化值，追踪环境活动的成本和收益，还可为利益相关者决策提供参考标准。

环境绩效评价是研究与评价组织是否实现环境目标的一种管理活动，目的是通过持续地向管理当局提供相关和可验证的环境绩效信息，来确定企业的环境绩效是否符合管理当局所制定的标准，具有协调性与动态性、层次性与适应性、科学性和指导性、全面性和系统性、可操作性与可比性的特点。环境绩效评价的主体指企业的主要利益相关者，具体包括投资者、债权人、供应商、客户、社会公众、雇员、政府部门、行业协会、环保非政府组织（NGO）和媒体等。依据环境绩效评价主体的需求与目的，可将我国企业环境绩效评价客体分为政策法规遵守、环境质量现状、环境责任履行及环境风险评价四个部分。开展环境绩效评价的目标是整体改善企业的环境绩效状况，通过更显著环境绩效的获得来满足不同利益相关主体的需求。环境绩效指标体系是对大量相互联系、相互制约的环境因素层次化和条理化的反映与刻画，用于全面反映企业环境绩效的结构和特征，形成对环境绩效发展过程的全面评价。学术界研究较多的环境绩效评价标准包括环境生态指数、环境集约度指数以及环境政策优先指数等。利益相关者通常采用层次分析法（AHP）、数据包络分析（DEA）、人工神经网络（ANN）、模糊评价法（FCE）、平衡计分卡（BSC）、生命周期评估（LCA）、主成分分析和因子分析等对企业环境绩效进行评价。企业为解除自身的环境受托责任，需要依据一定的程序编制环境绩效报告，并将报告内容向利益相关者报告。

环境绩效评价理论体系各部分的运行情况如下：利益相关者主体自己或者评价执行机构，根据评价目标确定相应的绩效评价指标，采用合适的评价方法，依据选定的指标体系对客体进行评价，并将得到的评价结果与相应的评价标准进行比较，最后形成环境绩效报告，用于帮助评价主体形成正确的决策。在整个环境绩效评价系统中，环境绩效评价指标的构建在联结其他要素的过程中起到关键作用。

第三，受到政治经济发展水平、法制环境、企业文化等因素的影响，各国环境绩效评价工作进展存在较大不平衡性，但均体现了环境与财务双赢观、生命周期观、物质与能量守恒观、标准化与个性化相结合等基本原则。通过对相关国际组织、西方主要发达国家、部分发展中国家及我国的环境绩效评价有关规范的系统深入比较与分析，发现环境绩效评价经历了“污染控制/法规遵从→污染预防→生态效益→生态革新→生态伦理→可持续发展”的发展过程，我国当前迫切需要考察企业环境管理现状，从提高内部环境责任意识到外部环境绩效评价制度、行业数据标准、评价指标制定等各方面，缩小与发达国家环境管理差距，解决经济发展与环境保护之间的矛盾。

第四，我国上市公司环境绩效信息披露还处于法规遵守的初级阶段，主要靠政府强制力约束，自愿性披露动机并不明显。通过研究我国2008—2009年度接受环保后督查的100家上市公司的招股说明书、年度财务报告及社会责任报告或可持续发展报告所披露的环境绩效信息，发现我国上市公司的环境绩效信息披露基本符合法律法规的要求，但在披露内容、方式、完整性等方面还存在明显的不一致现象，说明我国当前的环境绩效信息披露主要是由于政府强制力推动的，企业自愿披露环境绩效信息的动机并不明显。未来需要在环境绩效项目的内容与口径、披露的一贯性与及时性、行业标准数据的建立、环境绩效评价指标的标准化方面开展进一步研究。

第五，上市公司环境绩效与财务绩效存在因果关系，而且显著正相关，但财务绩效随环境绩效存在边际效益递减现象。以单位排污费的高低和是否获得 ISO 14001 环境管理体系认证作为环境绩效的两个代理变量，分析了国内 A 股上市公司 2006—2009 年的数据，来分析企业环境绩效与财务绩效的关系。研究发现，上市公司环境绩效影响着其财务绩效。在控制了公司的其他特征之后，环境绩效与财务绩效存在显著正相关关系，并且随着环境绩效的改善，财务绩效变化与环境绩效变化呈显著负相关，说明财务绩效并不一直随环境绩效的改善而提高，而是存在一个最优点，之后呈现负增长现象，即边际效益递减。除此之外，通过对比获得 ISO 14001 认证公司和未获得该认证的公司，发现前者在 ROA、ROE 等财务指标明显优于后者，但市场对是否获得 ISO 环境认证的企业评价并没有显著差异。这个结论有助于上市公司认清一个问题，即环境管理投资并不一定导致财务绩效的恶化；相反，积极主动地实施环境政策与污染预防技术的开发，将有利于公司持续竞争力的培养。我国需要制定标准化环境绩效评价指标体系，给上市公司提供评价指南。

第六，完善的环境绩效评价指标体系包括环境经营绩效、环境管理绩效和环境财务绩效，加强政府法制建设、企业自身环境管理水平和社会环保意识是完善上市公司环境绩效评价的有效途径。

我国现存环境绩效评价指标存在内容片面、性质单一、形式非标准化及披露非公开化问题，需要依据特定步骤，结合内外部环境管理标准及利益相关方观点、全球重大环境问题等制定具有相关性、可比性、可验证性、明晰性和综合性等特点的环境绩效指标体系，内容包括环境经营绩效、环境管理绩效、环境财务绩效。其中环境经营指标用于衡量企业的经营活动对环境的影响，是最基础的环境影响指标，包括能源、原料、水等资源输入指标，空气污染物、水污染物、固体废弃物和危险废弃物、产品和服务等输出指标。环境管理绩效指标用于评价企业环境行为对自身管理能力的影响，涉及上市公司环境法规遵守、环境政策和程序执行、环境管理体系建立与实施、环保先进性指标、环保教育与培训、生物多样性及外部环境信息沟通各方面。环境财务绩效，是指企业过去和现在的经营行为对自身财务利益所产生的影响，用于衡量和评价企业环境行为对自身财务成果的影响。

通过对我国钢铁行业 2008 年和 2009 年财务报告和社会责任报告的综合性分析，发现所构建指标体系具有较强的法律依据和科学性，能较全面地评价上市公司环境绩效水平的高低。

上市公司的环境绩效关系到广大利益相关者的经济和社会利益，合理客观评价上市公司的环境绩效，以促进上市公司改善其环境行为，不仅离不开企业与政府部门、社会公众的信息顺利沟通机制，更离不开政府相关法规的完善、环境信息公开制度的建立和社会环境责任意识的提高。

二　主要研究贡献

本书的研究贡献主要体现在以下几点：

第一，在研究内容上，构建了环境绩效评价的基本理论框架。将绩效理论、利益相关者理论等引入上市公司环境绩效评价基本理论体系之中，明确界定了环境绩效评价的内涵，系统地研究了环境绩效评价的主体、客体、目标、作用、方法、评价标准及环境绩效报告等内容，为分析国际国内环境绩效评价现状，从经营、管理和财务等不同角度构建上市公司环境绩效评价指标体系奠定了坚实的理论基础，同时也为上市公司环境绩效评价工作的开展提供了理论依据。

第二，在研究视角上，以每元营业收入的排污费和 ISO 14001 环境管理体系作为上市公司环境绩效的代理变量，研究了上市公司环境绩效与财务绩效的相关关系。本书在深入分析相关国际组织、部分发达国家和发展中国家环境绩效评价规范与实践的基础上，全面描述与分析了我国上市公司环境绩效信息披露现状，以此找出了最能代表我国上市公司环境绩效变量的指标。研究视角综合考察了环境的内部管理绩效——排污水平与外部认可绩效——ISO 认证两个角度，不仅使环境绩效评价具有全面性，深化了环境绩效与财务绩效相关性的认识，也在一定程度上印证了环境绩效的内涵。

第三，在实证研究结论上，通过对我国上市公司环境绩效与财务绩效关系的检验，发现公司环境绩效水平的高低会导致财务绩效的差异，并且二者呈显著正相关关系。同时，还发现上市公司财务绩效随环境绩效的边际效应是递减的。另外，市场对公司是否通过 ISO 14001 环境管理体系认证并没有显著差异，但获得该认证的公司具有较明显的财务优势。研究结论不仅丰富了环境绩效与财务绩效相关性的研究结论，也为上市公司的环境管理行为找到了财务数据支持。除此之外，初步运用所构建的环境绩效评价指标体系得出了实证研究结论，即资源消耗类指标之间以及污染物排放指标之间存在线性正相关关系；资源消耗指标与污染物排放指标之间存在正相关关系。这些新的研究结论，不仅弥补了现有环境绩效评价实证研究的不足，也对上市公司环境绩效信息披露政策制定、环境绩效评价的指标确定指明了方向。

第四，在研究方法上，本书将比较研究、规范研究和实证研究相结合，构建了适合我国国情的环境绩效指标体系，并将数据包络分析方法引入到我国钢铁行业上市公司的环境绩效分析与评价实践中，寻找到了最具代表性的环境绩效综合评价指标——万元产值综合能耗，并证明了所构建指标体系的科学性。研究方法具备操作简单、结果一目了然等优势，在文献研究中并不多见。运用这些方法构建的环境绩效指标体系，可以引导我国上市公司完整、规范、有效的环境数据披露行为，为合理的环境政策制度制定、上市公司恰当的环保措施选择提供了直接依据，对促进我国上市公司环境绩效的整体改善也将起到重要的作用。

三　研究局限与研究展望

本书是对环境绩效评价开展的试验性研究，是对已有研究成果的补充与完善，从理论框架、已有成果、现存问题及如何解决问题等方面深化了对我国上市公司环境绩效评价的整体认识。环境绩效评价是建立绿色证券的基本条件之一，关系着广大利益相关方的切身利益，不仅可综合考量企业的环境绩效与财务绩效，评价成果又可形成企业一项贵重的不可替代的可持续竞争资源。本书阐述了环境绩效评价的内涵，并构建了环境绩效评价理论体系。在深入考察国际组织、发达国家、发展中国家及我国关于环境绩效评价的制度背景之后，系统地分析了环境绩效评价的基础数据——我国上市公司的环境绩效信息的基本特点，特别是从披露现状和财务评价两大方面对我国上市公司环境绩效评价进行了必要性研究，是目前综合考察企业微观层面环境绩效评价的一个重要补充。书中在代理变量的设计、实证检验方法等方面考虑了现有研究的不足，通过构建完整的环境绩效评价指标体系，实现了对该指标体系的理论与数据检验，弥补了国内研究仅以单个指标描述上市公司环境绩效的研究缺陷。并且实证研究也得出了一些有意义的结论，丰富了环境绩效与财务绩效相关性的研究成果，而且基于这些结论提出的政策建议，对政府环境政策制定和企业环境管理具有切实的指导意义。

虽然当前关于环境绩效评价研究的理论成果已取得一定程度的进展，但是环境管理作为与诸多领域相关的一个重要研究课题，还需要很多部门的协调配合与进一步研究。本书作为一项具有探索性和交叉性的研究，还存在诸多不足之处，需要进一步调整与改进。具体体现在以下几个方面：

首先，对环境绩效评价国际动态方面的研究有待进一步深入。国际动态也应该包括社会各层面关于环境绩效评价工作的进展，但论文只对政府指标标准的制定进行了系统梳理与评价，尚未考察各国上市公司或其他企业内部实施环境绩效评价的实际状况，未来需要加强企业环境绩效评价实践方面的经验研究。

其次，在实证研究方面还存在需要改进的地方。主要体现在样本范围、变量设定等方面。

第一，样本范围有待进一步扩大。本书只是选取了我国上市公司的一部分——接受环保后督查的100家上市公司为研究样本，并且只是统计了其披露的数据内容与频率，没有对其披露动态进行系统考察，也没有调查社会各界对环境绩效信息种类与披露模式的具体需求。且这些数据均是通过手工收集与整理，不可避免地存在一定程度的偏差。

第二，变量设定的科学性有待进一步检验。本书第五章对于我国环境绩效与财务绩效相关性研究方面，以单位排污费和ISO 14001认证作为环境绩效的代理变量可能不具有很强的说服力，因国外学者一般用排污量的大小代表企业的环境绩效，并且源于权威机构的数据库资料，国内并没有成熟的环境绩效信息数据库，也未有人用该指标做过研究，因此可能会受到质疑。未来需要在环境会计核算与上市公司环境绩效信息报告标准等方面开展系统研究。

第三，实证研究各部分的样本范围不一致。基于各部分研究目的的不同，全书实证研究数据样本存在不一致性。如本书在扫描国内上市公司环境绩效信息现状时采用的样本是需要进行环保核查的重污染行业上市公司，在做相关性检验时，以全部A股上市公司中披露排污费的公司为样本，而在检验环境绩效评价指标体系时采用的样本是钢铁行业上市公司。这些不一致性根源于我国环境绩效数据披露限制，未来需要进一步系统研究各不同行业上市公司环境管理的差异。

最后，环境绩效指标体系的运用与检验需要进一步深化。指标体系设定的初衷是给利益相关者提供一个简要综合指标或排名方式，使其能结合财务绩效指标合理评价上市公司的环境绩效，以帮助其作出合理正确的决策。本书只是将指标运用于钢铁行业上市公司的环境绩效评价，对于其他行业的具体运用问题还需进一步研究。未来需要确定的是具有行业特点的核心环境绩效指标与附加指标，通过多种形式鼓励上市公司积极开展环境绩效评价实践与经验交流，以加强环境绩效评价理论成果在实践中的运用，做到理论联系实际。

参考文献

[1] [法] OECD 编：《环境绩效评估：中国》，曹东、曹颖、於方、赵越、潘文、张战胜译，王金南审校，中国环境科学出版社 2007 年版。

[2] [美] R. 布朗：《生态经济革命》，肖秋梅译，（台北）扬智文化事业股份有限公司 1999 年版。

[3] [美] 阿兰・兰德尔：《资源经济学》，施以正译，商务印书馆 1989 年版。

[4] [英] 罗伯・格瑞、简・贝宾顿：《环境会计与管理》，王立彦、耿建新译，北京大学出版社 2004 年版。

[5]《中国环境年鉴》编辑委员会编：《中国环境年鉴》（2002），中国环境年鉴社 2002 年版。

[6] ISO/TC207：《ISO 14040 环境管理——生命周期评估——原则与框架》，彭小燕译，《世界标准化与质量管理》1998 年第 4 期。

[7] 毕力凤：《基于可持续发展的企业环境业绩评价体系研究》，硕士学位论文，天津大学，2008 年。

[8] 卞亦文：《基于 DEA 的环境绩效评价研究现状及拓展方向》，《商业时代》2009 年第 6 期。

[9] 财政部统计评价司编：《企业效绩评价工作指南》，经济科学出版社 2002 年版。

[10] 曹伟编著：《城市・建筑的生态图景》，中国电力出版社 2006 年版。

[11] 曹颖：《环境绩效评估指标体系研究——以云南省为例》，《生态经济》2006 年第 1 期。

[12] 陈汎：《企业环境绩效评价：在中国的研究与实践》，《海峡科学》2008 年第 7 期。

[13] 陈静、林逢春：《国际企业环境绩效评估指标体系差异分析》，《城

市环境与城市生态》2005 年第 4 期。
[14] 陈静、林逢春、曾智超:《企业环境绩效模糊综合评价》,《环境污染与防治》2006 年第 1 期。
[15] 陈世宗、赖邦传、陈晓红:《基于 DEA 的企业绩效评价方法》,《系统工程》2005 年第 6 期。
[16] 陈小林、罗飞、袁德利:《公共压力、社会信任与环保信息披露质量》,《当代财经》2010 年第 8 期。
[17] 段宁、程胜高、葛娣:《生态指标法用于铁矿资源的开发利用规划生态环境影响评价》,《安徽农业科学》2009 年第 9 期。
[18] 葛家澍、李若山:《90 年代西方会计理论的一个新思潮——绿色会计理论》,《会计研究》1992 年第 5 期。
[19] 耿建新、焦若静:《上市公司环境会计信息披露初探》,《会计研究》2002 年第 1 期。
[20] 郭道扬:《21 世纪的战争与和平——会计控制、会计教育纵横论》,《会计论坛》2003 年第 1—2 期。
[21] 郭道扬:《建立会计第二报告体系论纲》,《财会学习》2008 年第 4 期。
[22] 郭道扬:《绿色成本控制初探》,《财会月刊》1997 年第 5 期。
[23] 国家环保总局:《关于对申请上市的企业和申请再融资的上市企业进行环境保护核查的规定》,http://www.mep.gov.cn,2010-07-15。
[24] 国家环保总局:《关于加快推进企业环境行为评价工作的意见》,http://www.mep.gov.cn/,2010-12-30。
[25] 国家环保总局:《关于加强上市公司环境保护监督管理工作的指导意见》,http://www.mep.gov.cn,2010-07-15。
[26] 国家环保总局:《关于重污染行业生产经营公司 IPO 申请申报文件的通知》,http://wfs.mep.gov.cn,2010-07-15。
[27] 国家环保总局:《环境信息公开办法(试行)》,http://www.zhb.gov.cn,2010-07-15。
[28] 胡健、李向阳、孙金花:《中小企业环境绩效评价理论与方法研究》,《科研管理》2009 年第 3 期。
[29] 胡曲应:《日本环境政策优先指数解读》,《财会通讯》2010 年第 12 期。

[30] 胡曲应：《上市公司环境绩效信息披露研究——以 2009 年开展环保后督查的上市公司为例》，《证券市场导报》2010 年第 12 期。
[31] 胡嵩：《环境绩效评价概述及探讨》，《北方经贸》2006 年第 1 期。
[32] 胡星辉：《企业环境绩效评价研究》，硕士学位论文，华中科技大学，2006 年。
[33] 黄安永、叶天泉主编：《物业管理辞典》，东南大学出版社 2004 年版。
[34] 黄海峰、任培：《中国绿色信贷政策研究现状》，《中国市场》2010 年第 27 期。
[35] 黄文怡、施励行：《运用平衡计分卡协助企业环境绩效评价与环境策略管理》，硕士学位论文，台湾成功大学，2003 年。
[36] 黄晓波、冯浩：《环境绩效评价及其指标标准化方法探析》，《财会月刊》（理论版）2007 年第 1 期。
[37] 黄馨仪、胡慧伦：《企业绩效评估的管理工具——生态效益指标系统之研究》，工作论文南华大学环境管理研究所，http://203.72.2.115/EJournal/3042020202.pdf。
[38] 黄玉源、钟晓青：《生态经济学》，中国水利水电出版社 2009 年版。
[39] 蒋欣：《基于平衡计分卡的企业环境绩效评价》，硕士学位论文，厦门大学，2009 年。
[40] 李从欣、李国柱、李翼恒：《基于数据包络分析的环境绩效研究》，《财会通讯》2008 年第 6 期。
[41] 李建发、肖华：《我国企业环境报告：现状、需求与未来》，《会计研究》2002 年第 2 期。
[42] 李玲玲：《我国石油行业上市公司环境业绩披露及其监管问题研究》，硕士学位论文，厦门大学，2009 年。
[43] 李玲玲编著：《企业业绩评价——方法与运用》，清华大学出版社 2004 年版。
[44] 李锐、平卫英：《国有企业社会责任信息披露行为与监督评价机制探析》，《财政研究》2009 年第 10 期。
[45] 李玉萍、许伟波、彭于彪主编：《绩效 · 剑》，清华大学出版社 2008 年版。
[46] 李周：《生态经济学科的前沿动态与存在的问题》，http://

kyj. cass. cn/Article/2111. html。
[47] 厉以宁、章铮：《环境经济学》，中国计划出版社 1995 年版。
[48] 廖洪、李昕：《试论环境会计的目标与经济后果》，《会计之友》2006 年第 7 期。
[49] 联合国会计和报告标准政府间专家工作组：《企业环境业绩与财务业绩指标的结合》，刘刚、高铁文译，陈毓圭、唐建华、刘刚校，中国财政经济出版社 2003 年版。
[50] 林逢春、陈静：《企业环境绩效评价指标体系及模糊综合指数评价模型》，《华东师范大学学报》2006 年第 6 期。
[51] 肖序等：《环境成本管理论》，中国财政经济出版社 2006 年版。
[52] 刘蓓蓓、俞钦钦、毕军等：《基于利益相关者理论的企业环境绩效影响因素研究》，《中国人口·资源与环境》2009 年第 6 期。
[53] 刘刚主编，孔杰等编著：《现代企业管理精要全书》（资本运营卷），南方出版社 2004 年版。
[54] 刘丽敏、底萌妍：《企业环境绩效评价方法的拓展：模糊综合评价》，《统计与决策》2007 年第 9 期。
[55] 刘思华主编：《企业经济可持续发展论》，中国环境科学出版社 2002 年版。
[56] 刘婷：《基于平衡计分卡的企业环境绩效评估》，《财会通讯》（综合版）2008 年第 11 期。
[57] 刘晓平：《基于循环经济的企业环境绩效评价研究》，硕士学位论文，天津理工大学，2009 年。
[58] 刘永祥、潘志强：《主成分分析法和环境杠杆评价法在企业环境绩效评价中的应用》，《大众科技》2006 年第 6 期。
[59] 卢馨、李建明：《中国上市公司环境信息披露的现状研究——以 2007 年和 2008 年沪市 A 股制造业上市公司为例》，《审计与经济研究》2010 年第 3 期。
[60] 吕俊、焦淑艳：《环境披露、环境绩效和财务绩效关系的实证研究》，《山西财经大学学报》2011 年第 1 期。
[61] 栾忠权：《基于产品环境生态指数的绿色设计方法研究》，《机械工程学报》2004 年第 5 期。
[62] 马传栋：《生态经济学》，山东人民出版社 1986 年版。

[63] 孟宪鹏主编:《现代学科大辞典》，海洋出版社 1990 年版。
[64] 米强、米娟:《中国节能降耗指标体系初探》，《生态环境与保护》2010 年第 6 期。
[65] 潘红磊:《国际环境管理标准化的发展趋势》，《石油工业技术监督》2006 年第 5 期。
[66] 彭婷、姜佩华:《层次分析法在环境绩效评价中的应用》，《能源与环境》2007 年第 1 期。
[67] [英] 大卫·皮尔斯:《绿色经济的蓝图——衡量可持续发展》，李巍等译，北京师范大学出版社 1996 年版。
[68] 乔世震、乔阳编著:《漫话环境会计》，中国财政经济出版社 2002 年版。
[69] 秦艺萍、谢珂:《绩效管理综述》，《管理评论》2002 年第 9 期。
[70] 秦颖、武春友:《企业环境绩效与经济绩效关系的理论研究与模型构建》，《系统工程理论与实践》2004 年第 8 期。
[71] 上海证券交易所:《上海证券交易所上市公司环境信息披露指引》，2008. http://www.sse.com.cn/。
[72] 宋涛主编:《20 世纪中国学术大典（经济学）》上册，福建教育出版社 2005 年版。
[73] 宋铁军、刘永祥:《国内外环境绩效评价研究现状及启示》，《会计之友》2006 年第 9 期。
[74] 孙金花:《中小企业环境绩效评价体系研究》，博士学位论文，哈尔滨工业大学，2008 年。
[75] 孙静春、常琳、张博:《燃煤电厂环境绩效评价数据包络分析》，《西安工程科技学院学报》2005 年第 2 期。
[76] 孙映红:《企业环境贡献评价指标体系研究》，硕士学位论文，南京林业大学，2008 年。
[77] 汤湘希:《我国无形资产会计研究的回眸与展望》，《会计之友》2010 年第 18 期。
[78] 汤亚莉、陈自力、刘星、李文红:《我国上市公司环境信息披露状况及影响因素的实证研究》，《管理世界》2006 年第 1 期。
[79] 唐国平:《财政部重点研究项目——“环境会计问题研究”简介》，《财经政法资讯》2004 年第 5 期。

[80] 唐建荣、张承煊：《基于人工神经网络的企业环境绩效评价》，《统计与决策》2006 年第 11 期。
[81] 唐久芳、李鹏飞：《环境信息披露的实证研究——来自中国证券市场化工行业的经验数据》，《中国人口·资源与环境》2008 年第 5 期。
[82] 万后芬主编：《绿色营销》第二版，高等教育出版社 2006 年版。
[83] 王建明：《环境信息披露、行业差异和外部制度压力相关性研究——来自我国沪市上市公司环境信息披露的经验证据》，《会计研究》2008 年第 6 期。
[84] 王立彦、李伟：《环境管理体系认证审核的成本效益——对企业实施国际标准 ISO 14000s 的调研》，《山西财经大学学报》2004 年第 4 期。
[85] 王文军：《论加强环境宣传教育提高公众环保意识的对策》，《黑龙江环境通报》2007 年第 3 期。
[86] 王玉振主编：《环境绩效评估与环境报告书》，化学工业出版社 2006 年版。
[87] 吴德军：《环境会计的单式记账方法及其运用——以环境利益为例》，《财会通讯》2007 年第 9 期。
[88] 吴季松：《新循环经济学：中国的经济学》，清华大学出版社 2005 年版。
[89] 武卫政：《环境时评：环境好不好谁有发言权?》，《环境保护》2010 年第 9 期。
[90] 谢芳、李慧明：《企业环境绩效评价标准的演进与整合》，《经济管理》2006 年第 7 期。
[91] 谢双玉、许英杰、胡静等：《企业环境绩效评价基准——环境集约度变化指数的再检验》，《华中师范大学学报》（自然科学版）2007 年第 4 期。
[92] 许涤新主编：《生态经济学》，浙江人民出版社 1987 年版。
[93] 许家林、王昌锐等：《资源会计学的基本理论问题研究》，立信会计出版社 2008 年版。
[94] 许家林、孟凡利：《环境会计》，上海财经大学出版社 2004 年版。
[95] 许家林：《环境会计：理论与实务的发展与创新》，《会计研究》

2009 年第 10 期。
[96] 许家林主编：《会计理论》，中国财政经济出版社 2008 年版。
[97] 杨东宁、周长辉：《企业环境绩效与经济绩效的动态关系模型》，《中国工业经济》2004 年第 4 期。
[98] 杨竞萌、王立国：《我国环境保护投资效率问题研究》，《生态环境与保护》2010 年第 2 期。
[99] 杨云彦主编：《人口、资源与环境经济学》，中国经济出版社 1999 年版。
[100] 杨致行：《环境绩效评估》（CNS/ISO 14031），（台北）中研院化工所，1999 年。
[101] 殷勤凡：《循环经济会计研究》，立信会计出版社 2007 年版。
[102] 于根元主编：《现代汉语新词词典》，北京语言学院出版社 1994 年版。
[103] 詹翠华：《企业环境绩效评价问题研究》，硕士学位论文，西南财经大学，2008 年。
[104] 张承煊、唐建荣：《MatIab 人工神经网络》，《集团经济研究》2006 年第 12 期（下）。
[105] 张宏亮著，耿建新审：《企业资源会计研究——微观与宏观衔接视角下的理论与实证》，经济科学出版社 2009 年版。
[106] 张世兴：《基于环境业绩评价的企业环境信息披露研究》，博士学位论文，中国海洋大学，2009 年。
[107] 张贤善主编：《工业企业采购供应管理》，冶金工业出版社 2009 年版。
[108] 张小羽：《环境会计视角下的企业环境绩效评价研究——基于煤炭企业调研》，硕士学位论文，首都经济贸易大学，2009 年。
[109] 张亚连：《企业环境业绩评价的内涵解析》，《财会通讯》（理财版）2007 年第 2 期。
[110] 张颖越：《关于上市公司环境绩效信息披露及其影响因素的实证研究》，《消费导刊》2010 年第 1 期。
[111] 张祖忻：《绩效技术概论》，上海外国语教育出版社 2005 年版。
[112] 赵红：《基于利益相关者理论的企业效绩评价指标体系研究》，经济科学出版社 2004 年版。

[113] 赵森新主编：《21世纪可持续发展战略的理论基石 中国生态经济理论研究与实践》，中国环境科学出版社1996年版。

[114] 中国环境科学学会编：《中国环境保护优秀论文精选》，中国大地出版社2006年版。

[115] 中国证券监督管理委员会：《上市公司信息披露管理办法》（中国证券监督管理委员会令第40号），http：//www. csrc. gov. cn。

[116] 钟朝宏、干胜道：《全球报告倡议组织及〈其可持续发展报告指南〉》，《社会科学》2006年第9期。

[117] 钟朝宏：《中外企业环境绩效评价规范的比较研究》，《中国人口·资源与环境》2008年第4期。

[118] 仲理峰、时勘：《绩效管理的几个基本问题》，《南开管理评论》2002年第3期。

[119] 周一虹、孙小雁：《中国上市公司环境信息披露的实证分析——以2004年沪市A股827家上市公司为例》，《南京审计学院学报》2006年第11期。

[120] 朱纪红：《环境绩效指标在平衡计分卡中的应用》，《财会通讯》（理财版）2008年第4期。

英文部分

[1] *A Standard to Measure Environmental Progress*, *Measuring Business Excellence*, MCB UP Ltd., Vol. (1) Iss. 4: 60 – 63.

[2] Achimc, Performance Management for Different Employee Groups: A Contribution to Employment System Theory, *Physica – Verlag HD*, Edi. 1, Sep. 2009: 169 – 244.

[3] Adams, W. M., The Future of Sustainability: Re – thinking Environment and Development in the Twenty – first Century [R]. *Report of the IUCN Renowned Thinkers Meeting*, Jan., 2006, Retrieved on: 2009 – 02 – 16: 29 – 31.

[4] Aras, G., Aybars, A., Kuthu, O., Managing corporate performance: investigating the relationship between corporate social responsibility and financial performance in emerging markets. *International Journal of Productivity and Performance Management*, 2010, 59 (3): 229 – 254.

[5] Armstrong, Michael and Angela Baron, *Performance Management*. Lon-

don: The Cromwell Press, 2004, 998, pp. 15. 16, 41, 52.

[6] Barney, J. B., Firm Resources and Sustained Competitive Advantage. *Journal of Management*, 1991, 17 (1): 99 – 120.

[7] Barney, J. B., Organizational Culture: Can It be a Source of Sustained Competitive Advantage? *Academy of Management Review*, 1986b, 11 (3): 656 – 665.

[8] Barney, J. B., Strategic Factor Markets: Expectations, Luck and Business Strategy [J]. *Management Science*, 1986a. 2 (10): 231 – 1241.

[9] Basheer, I. A. and Hajmeer, M., Artificial Neural Networks: Fundamentals, Computing Design, and Application, *Journal of Microbiological Methods*, Vol. 43, 2000, pp. 3 – 31.

[10] Bellesi, F., Lehrer, D., Tal, A., Comparative Advantage: The Impact of ISO 14001 Environmental Certification on Exports. *Environmental Science & Technology*. Apr, 2005, 39 (7): 1943 – 53.

[11] Bennett, ISO 14031 and the future of environmental performance evaluation, *Greener Management International*, Issue21, Spring, 1998.

[12] Berkhout, Frans and Julia Hertin, *Towards environmental performance management*, SPRU, University of Sussex, Brighton, 2001 .

[13] Borman, W. C., Motowidlo, S. J., Expanding the criterion domain to include elements of contextual performance, Personnel Selection, 1993.

[14] Boulding, Kenneth E., "Is Economics Cultural – Bound?" *American Economic Review* (Papers and Proceedings), Vol. 60, No. 2, 1970, pp. 406 – 411.

[15] Boussofiane, A., Dyson, R. G., Thanassoulis, E., Applied Data Envelopment Analysis, *European Journal of the Operational Research*, Vol. 52, 1991, pp. 1 – 15.

[16] Brammer, S., Brooks, C., Pavelin, S., Corporate social performance and stock returns: UK evidence from disaggregate measures [J]. *Financial Management*, Jan. 2005, 35 (3): 97 – 116.

[17] Buckley, J. J., Feuring, T., Yoi, C., Haya, S., Fuzzy, Hierarchical Analysis Revisited. *European Journal of Operational Research*, 2001, 129 (1), pp. 48 – 64.

[18] Bundesumweltministerium, Umweltbundesamt: Leitfaden Betriebliche Umweltkennzahlen. BMU/UBA, 1997.

[19] Calvin Cobb Darlene Schuster, Beth Beloff Dicksen Tanzil, The AIChE Sustainability Index: The Factors in Detail, Jan. 2009, AIChE: 60 - 63, http://www.aiche.org/cep, 2010 - 12 - 15.

[20] Campbell, J. P., Modeling the performance prediction problem in a population of job, *Personnel Psychology*, 1990 (43).

[21] Canada National Round Table on the Environment and the Economy (NRTEE). *Calculating Eco - efficiency Indicators: A Workbook for Industry* [R]. 2001. http://www.nrtee - trnee.ca.

[22] Canada National Round Table on the Environment and the Economy (NRTEE). *Measuring Eco - efficiency in Business: Feasibility of a Core Set of Indicators*, 1999, http://www.nrtee - trnee.ca.

[23] Chao, R., Takahashi, Katsuhiko, Jing W., Enterprise Waste Evaluation Using the Analytic Hierarchy Process and Fuzzy Set Theory, *Production Planning & Control*, Vol. 14, 2003, p. 90.

[24] Chung, S. H., Lee, A. H. I. and Pearn, W. L., Product mix optimization for semiconductor manufacturing based on AHP and ANP analysis, *International Journal of Advanced Manufacturing Technology*, Vol. 25, 2005, pp. 1144 - 1156.

[25] Corbett, Charles J., Jeh - Nan Pan, Evaluating environmental performance using statistical process control techniques, *European Journal of Operational Research*, Vol. 139, 2002, pp. 68 - 83.

[26] Cordeiro, J. J., Sarkis, J., Environmental proactivism and firm performance: Evidence from security analyst earnings forecasts [J]. *Business Strategy and the Environment*, 1997 (6): 104 - 114.

[27] Costanza, Robert, John Cumberland, Herman Daly, Robert Goodland, Richard Norgaard, *An Introduction to Ecological Economics* (e - book), Oct. 1997, St. Lucie Press, ISBN: 1884015727.

[28] Darnall, N., Jolley, G. J., Ytterhus, B., Understanding the relationhip between a facility's environmental and financial performance [J]. *Environmental Policy and Corporate Behaviour.* Cheltenham: Edward Elgar Pub-

lishing. In N. Johnstone, 2007: 213 – 259, http: //papers. ssrn. com/, 2010 – 10 – 20.

[29] David Putnam, P. Eng, ISO 14031: *Environmental Performance Evaluation*, CEA, Draft Submitted to Confederation of Indian Industry for publication in their Journal, September, 2002.

[30] Delmas, M., Measuring Corporate Environmental Performance: The Trade – offs of Sustainability Ratings. March 1, 2009. http: //www. sierraclubfunds. com/.

[31] Diakaki, Christina, Evangelos Grigoroudis, Maria Stabouli, A risk assessment approach in selecting environmental performance indicators, *Management of Environmental Quality: An International Journal*, 2006, Vol. 17, Iss. 2.

[32] Doh, J. P., Howton, S. D., Howton, S. W., Siegel, D. S., Does the market respond to an endorsement of corporate social responsibility? The role of institutions, information and legitimacy [J]. *Journal of Management*. June 1, 2009: 1 – 25.

[33] Douai, Ali., Value, Theory in Ecological Economics: The Contribution of a Political Economy of Wealth Environmental Values, White Horse Press, Vol. 18, No. 3, Aug. 2009, pp. 257 – 284.

[34] Dowell, Glen, Stuart Hart, and Bemard Yeung. Do Corporate Global Environmental Standards Create or Destroy Market Value? [J]. *Management Science*. 2000, Vol. 46: 1059 – 1074.

[35] Edward B. Barbier, *Economics, Natural Resources, Scarcity and Development*, London Earthscan Publ., 1989.

[36] Edward B. Barbier, *The Concept of Sustainable Economic Development. Environmental Conservation.* Cambridge University Press 1987, Vol. 14, No. 2, pp. 101 – 110. doi: 10. 1017/S0376892900011449.

[37] Elsayed, Khaled, David Paton, The impact of environmental perform: Static and dynamic panel data evidence [J]. *Structural Change and Economic Dynamics*, 2005 (16): 395 – 412.

[38] European Green Table, *Environmental performance indicators in industry*, Report 3, Aug. 1993.

[39] Filbeck, G. , Gorman, R. F. , The relationship between environmental and financial performance of public utilities [J]. *Environmental Resource and Economics*, 2004 (29): 137 -157.

[40] Freeman, R. Edward, *Strategic Management: A Stakeholder Approach.* Pitman Publishing Inc. , 1984.

[41] Global Reporting Initiative, Sustainability Reporting Guidelines [R] . 2006.

[42] Goedkoop, Mark, Effting, S. , Coltignon, M. , *The Eco -indicator 99 -A damage oriented method for Life Cycle Impact Assessment. Manual for Designers.* 2000 (Second edition) 17 -4 -2000. PR4 Consultants B. V. , Amersfoort, The Netherlands.

[43] Gray, R. H. , R. Kouhy, S. Lavers, Corporate Social and Environmental Reporting: A Review of the Literature and a Longitudinal Study of U. K. Literature, *Accounting Auditing and Accountability Journal*, Vol. 8, 1995, pp. 47 -77.

[44] Gray, R. H. , *Accounting of Environment*, London: Paul Chaman Publishing Ltd. , 1993, pp. 232 -246.

[45] H. Hotelling, Analysis of a complex of statistical variable into principal components [J] . *Journal of Education. Psyschology*, Vol. 24, 1933, pp. 417 -441.

[46] Hermann, B. G. , Kroeze, C. and Jawjit, W. , Assessing Environmental Performance by Combining Life Cycle Assessment, Multi -criteria Analysis and Environmental Performance Indicators [J] . *Journal of Cleaner Production*, 2006, pp. 1 -10.

[47] Hunt, Herbert G. , D. Jacque Grinnell, Financial Analysis' Views of the Value of Environmental Information [J] . *Advances in Environmental Accounting & Management*, 2003 (2): 101 -120.

[48] Idalina Dias -Sardinha, Lucas Reijnders and Paula Antunes, Developing sustainability balanced scorecards for environmental services: A study of three large Portuguese companies, *Environmental Quality Management*, Vol. 16, Iss. 4, Sum. r 2007, pp. 13 -34.

[49] Idalina Dias -Sardinha, Lucas Reijnders, Paula Antunes, From envi-

ronmental performance evaluation to eco – efficiency and sustainability balanced scorecards, *Environmental Quality Management*, Vol. 12, Iss. 2, 2002, pp. 51 – 64 .

[50] Ilinitch, A. Y. , Soderstrom, N. S. , Thomas, T. E. , Measuring Corporate Environ – mental Performance [J]. *Journal of Accounting and Public Policy*, 1998 (7): 383 – 408.

[51] International Standard: Environmental management – Environmental performance evaluation – Guidelines, First edition, 1999 – 11 – 15, EN ISO 14031: 1999.

[52] Islamoglu, Y. , Kurt, A. and Parmaksizoglu, C. , Performance Prediction for Non – adiabatic Capillary Tube Suction Line Heat Exchanger: an Artificial Neural Network Approach. *Energy Conversion and Management*, Vol. 46, 2005, pp. 223 – 232.

[53] IUCN, The Future of Sustainability: Re – thinking Environment and Development in the Twenty – first Century. Report of the IUCN Renowned Thinkers Meeting, 29 – 31 January 2006 http: //cmsdata. iucn. org/downloads/iucn_ future_ of_ sustana – bility. pdf.

[54] Jacobs, Brian W. , Vinod R. Singhal, Ravi Subramanian An empirical investigation of environmental performance and the market value of the firm [J]. *Journal of Operations Management*. Sep. 2010, Vol. 28: 430 – 441.

[55] Jaggi, Bikki, Freedman, Martin. , An examination of the impact of pollution performance on economic and market performance: pulp and paper firms [J]. *Journal of Business Finance and Accounting*, 1992, 19 (5): 697 – 713.

[56] Janet Ranganathan, Daryl Ditz, Measuring up: Toward a common framework for tracking corporate environmental performance, Jul. 1997, http: //www. wri. org/, 2010 – 12 – 10.

[57] Jasch, C. , Environmental performance evaluation and indicators [J]. *Journal of Cleaner Product*, Vol. 8, 1999, pp. 79 – 88.

[58] Jensen, M. C. , Meckling, W. H. , Theory of the firm: Managerial behavior, agency costs, and ownership structure [J] . *Journal of Financial Economics*, 1976, pp. 305 – 360.

[59] Jianqiang, Y., Qian, W., Dongbin, Z. and John, T. W., BP Neural Network Prediction – based Variable – period Sampling Approach for Networked Control Systems. *Applied Mathematics and Computation*, Vol. 185, 2007, pp. 976 – 988.

[60] Jones, T. M., Instrumental Stakeholder Theory: A Synthesis of Ethics and Economics, *Academy of Management Review*, Vol. 20, No. 2, Apr. 1995, pp. 404 – 437.

[61] Jones, R. R., Meinwen Prydeand Malcolm Cresser, An evaluation of current environmental management systems as indicators of environmental performance, *Management of Environmental Quality: An International Journal*, Vol. 16, Issue. 3, 2005.

[62] Kathuria, V., Informal regulation of pollution in a developing country: Empirical evidence from India. Ecological Economics, 2007, 63 (2 – 3), pp. 403 – 417.

[63] King, Andrew A. and Michael J. Lenox., Does It Really Pay to Be Green? —An Empirical Study of Firm Environmental and Financial Performance [J]. *Journal of Industry Ecology* Vol. 5, No. 1, 2001: 105 – 115.

[64] Kitamura, Masashi, Kanda, Yasuhiro, Hirayama, Kenjiro and Kokubu, Katsuhiko, A Study on the Comparability of the Environmental Reports: Mainly of the Automobile, Beer, and Chemical Industries. IGES Kansai Research Center, 2002 – No. 9E. p. 21.

[65] Klassen, R. D., Whybark, D. C., The impact of environmental technologies on manufacturing performance [J]. *Academy of Management Journal*, 1999, 42 (6): 599 – 615.

[66] Kleine, A., A General Model Framework for DEA. *A. Omega*, 2004, 32 (1), pp. 17 – 20.

[67] Konar, Shameek, Mark A. Cohen, Does the Market Value Environmental Performance? *The Review of Economics and Statistics*, May 2001, 83 (2): 281 – 289.

[68] Leigh Holland Yee Boon Foo, Differences in Environmental Reporting Practices in the UK and the US: the legal and regulatory context [J].

2003, 35: 1 – 18.

[69] Lippman, S. A, Rumelt, D. P. , Uncertain Imitability: An Analysis of Interfirm Differences in Efficiency Under Competition, *The Bell Journal of Economics*, 198), 13, (2), pp. 418 – 438.

[70] López, J. G. , Public disclosure of Industrial pollution: The PROPER approach for Indonesia? *Environment and Development Economics*, Vol. 12, Iss. 6, 2007.

[71] Louise Camilla Dreyer, Anne Louise Niemann and Michael Z. Hauschild, Comparison of Three Different LCIA Methods: EDIP97, CML2001 and Eco – indicator 99, Does it matter which one you choose? *The International Journal of Life Cycle Assessment*, Vol. 8, No. 4, 2003, pp. 191 – 200.

[72] Makadok, R. , Toward a Synthesis of the Resource – Based View and Dynamic – Capability Views of Rent Creation. *Strategic Management Journal*, 2001, 22, (5), pp. 387 – 401.

[73] Maruschke, J. and Rosemann, B. , Measuring Environmental Performance in the Early Phases of Product Design Using Life Cycle Assessment. *Environmentally Conscious Design and Inverse Manufacturing Fourth International Symposium*, 2005, pp. 248 – 249.

[74] Michael, W. T. , Julian, D. M. , Improving Environmental Performance Assessment: A Comparative Analysis of Weighting Methods Used to Evaluate Chemical Release Inventories [J] . *Journal of Industry Ecology*, Vol. 8, 2004, pp. 143 – 172.

[75] Ministry of the Environment (Japan Government): *Environmental Performance Indicators Guideline for Organizations* (Fiscal Year 2002 Version), Tentative Translation, Apr. 2003: 4.

[76] Montabon, Frank, Robert Sroufe, Ram Narasimhan. An examination of corporate reporting, environmental management practices and firm performance [J]. *Journal of Operations Management*, Aug. Vol. 25, Issue 5, 2007: 998 – 1014.

[77] Nawrocka, Dagmara, Finding The Connection: Environmental Management Systems And Environmental Performance [J] . *Journal of Cleaner*

Production, Vol17., 2009 (No.6).

[78] Neely, Andy, *Business Performance Measurement: Theory and Practice*, Cambridge University, 2002.

[79] Norman, M., Stoker, B., *Data Envelopment Analysis: The Assessment of Performance*, N. Y.: John Wiley & Sons, 1991.

[80] OECD, Recommendation of the Council on Material Flows and Resource Productivity, 2004.

[81] Ojea, Elena, Paulo, A. L. D., Nunes and Maria L. Loureiro, Mapping Biodiversity Indicators and Assessing Biodiversity Values in Global Forests [J]. *Environmental Resource Economics* 22 May 2010. http://www.springerlink.com/. 2010-09-19.

[82] Orlitzky, M., Schmidt, F. L., Rynes, S. L., Corporate social and financial performance: A meta-analysis [J]. *Organisation Studies*, 2003, 24 (3): 403-441.

[83] Ott, K., The Case for Strong Sustainability, In: Ott, K. and P. Thapa (eds.), Greifswald's Environmental Ethics. Greifswald: Steinbecker Verlag Ulrich Rose. 2003ISBN 3931483320. Retrieved on: 2009-02-16.

[84] Palmer, K., Oates, W. E., Portney, P. R., Tightening Environmental Standards: The BenefitCost or the No-Cost Paradigm? [J]. *Journal of Economic Perspectives*. 1995, (4): 119-132.

[85] Pearce, David William, Anil Markandya, Edward B. Barbier, Blueprint for a green economy. Great Britain, London Earthscan Publ., 1997: 174.

[86] Pearce, David William, Edward Barbier; Anil Markandya. Sustainable development: Economics and environment in the Third World. London: Earthscan Publ., 1990: 2-3.

[87] Pearson, K., On Lines and Planes of Closest Fit to Systems of Points in Space, *Philosophical Magazine* Vol. 2 (6), 1901, pp. 559-572.

[88] Peng, Z., Kim, L. P. and Beng, W. A. A., Non-radial DEA Approach to Measuring Environmental Performance. *European Journal of Operational Research*, 2007, 178 (1), pp. 1-9.

[89] Porter, M. E. , Vanderlinde, C. , Toward a new conception of the environment – competitiveness relationship [J]. *Journal of Economic Perspectives*, 1995, 9 (4): 97 – 118.

[90] Porter, Green and competitive: Ending the stalemate [J]. *Harvard Business Review*, 1995, 73 (5): 120 – 134.

[91] Rafaschieri, A. , Rapaccini, M. , Manfrida, G. , Life cycle assessment of electricity production from polar energy crops compared with conversion fossil. *Energy Conversion and Management*, Vol. 30, 1999, pp. 1477 – 1493.

[92] Ran Zhang and David Stern, Firms' Environmental and Financial Performance: An Empirical Study. CSR paper 19. 2007, http: //ssrn. com/abstract = 1429886.

[93] Robert D. Mohr, Environmental Performance Standards and the Adoption of Technology. *Ecological Economics*, Vol. 58, Jun. 2006, 2: 238 – 248.

[94] Rumelhart, David E. , Bernard Widrow, Michael A. Lehr, The basic ideas in neural networks. *Communications of the ACM*, Vol. 37, Mar. 1994, pp. 87 – 92.

[95] Russo, M. V. , Fouts, P. A. , A resource – based perspective on corporate environmental performance and profitability [J]. *Academy of Management Journal*, 1997, 40 (3): 534 – 559.

[96] S. C. Chen, C. C. Yang, W. T. Lin, T. M. Yeh, Y. S. Lin, Construction of key model for knowledge management system using AHP – QFD for semiconductor industry in Chinese Taiwan. *Journal of Manufacturing Technology Management*, Vol. 18, No. 5, 2007, pp. 576 – 598.

[97] Saaty, T. L. , Highlights and critical points in the theory and application of the analytic hierarchy process. *European Journal of Operational Research*, Vol. 74, 1994, pp. 426 – 47.

[98] Saaty, T. L. , The Analytic Hierarchy Process, McGraw – Hill, New York, NY, 1980.

[99] Saaty, T. L. , A scaling method for priorities in hierarchical structure, *Journal of Mathematical Psychology*, Vol. 15 , No. 3, 1977, pp. 234 – 81.

[100] Salama, Aly A note on the impact of environmental performance on fi-

nancial performance [J] . *Structural Change and Economic Dynamics*, Vol. 16 , Sep. 2005, Issue 3: 413 – 421.

[101] Sarkis, J. , Gonzalez – Torre, P. , Adenso – Diaz, B. , Stakeholder pressure and the adoption of environmental practices: The mediating effect of training [J]. *Journal of Operations Management*, 2010, (28): 163 – 176.

[102] Sarkis, J. , Cordeiro, J. J. , An empirical evaluation of environmental efficiencies and firm performance: Pollution prevention technologies versus end – of – pipe practice [J]. *European Journal of Operational Research*, 2001, No. 135: 102 – 113.

[103] Schaltegger, S. , Synnestvedt, T. , The link between "green" and economic success: Environmental management as the crucial trigger between environ mental and economic performance [J]. *Journal of Environmental Management*, 2002, 65: 339 – 346.

[104] Shakeb Afsah and Damayanti Ratunanda, Environmental Performance Evaluation and Reporting in Developing Countries – The Case of Indonesia' s Programme for Pollution Control, Evaluation and Rating (PROPER) .

[105] Sjoerd Schenau, Roel Delahaye, Cor Graveland and Maarten van Rossum, The Dutch environmental accounts: present status and future developments, Feb. 2009, Department of National Accounts P. O. Box 24500 2490 HA The Hague.

[106] Spath, J. G. , *The Environment*: *The Greening of Technology*. Oxford : Oxford University Press, 1989.

[107] Spearman, Charles, Edward The Abilities of Man: Their Nature and Measu rement, London, 1927, Macmillan and Co. Ltd.

[108] Stanwick, Peter A. and Sarah D. Stanwick, The Relationship Between Corporate Social Performance, and Organization Size, Financial Performanceand Environmental Performance: An Empirical Examination [J]. *Journal of Business Ethics*, 1998 (17): 195 – 204.

[109] Telle, Kjetil, "It Pays to be Green" – A Premature Conclusion? [J]. *European Association of Environmental and Resource Economists*, 2006,

Nov. Vol. 35 (3): 195 –220.

[110] The Canadian Institute of Chartered Accountants, *Reporting on Environmental Performance* (Toronto, Canada: CICA, 1994, p. xvi, 183) .

[111] The Eco – indicator 95 Final Report, Nov. 1996.

[112] The World Bank, Greening Industry: New Roles for Communities, Markets and Governments. *A World Bank Policy Research Report*, 1999, http: //www. world bank. org/nipr/.

[113] Thomas M. Jones. , Instrumental Stakeholder Theory: A Synthesis of Ethics and Economics [J]. *The Academy of Management Review* Vol. 20, No. 2 Apr. , 1995: 404 –437.

[114] Tom Tietenberg, Henk Folmer, T*he International Yearbook of Environmental and Resource Economics* 2006/2007 – A Survey of Current Issues: Philippines Eco – Watch program, Edward Elgar Publishing, 2007, pp. 101 –105.

[115] Triebswetter, U. , Hitchens, D. , The impact of environmental regulation – on competitiveness in the German manufacturing industry – a comparison with other countries of the European Union [J]. *Journal of Cleaner Production*, 2005, 13 (7): 733 –745.

[116] Triebswetter, U. , Wackerbauer, J. , Integrated environmental product innovation and impacts on company competitiveness: A case study of the automotive industry in the region of Munich [J]. *European Environment* 2008, 18 (1): 30 –44.

[117] Triebswetter, U. , Wackerbauer, J. , Integrated environmental product innovation in the region of Munich and its impact on company competitiveness [J]. *Journal of Cleaner Production*, 2008, 16 (14): 1484 –1493.

[118] Tyteca, Danial, Jercome Carlens, Corporate environmental performance evaluation: Evidence from the MEPI project. *Business Strategy and the Environment*, ol, 2002.

[119] UK Department for Environment Food and Rural Affairs (DEFRA, *Environmental Key Performance Indicators: Reporting Guidelines for UK Business* [R] . 2005. TRUCOST. Crown. http: //www. defra. gov. uk.

[120] United Nations Conference on Trade and Development (UNCTAD) In-

tegrating Environmental and Financial Performance at the Enterprise Level: A Method ology for Standardizing Eco – Efficiency Indicators [R]. 2000.

[121] United Nations Conference on Trade and Development (UNCTAD), *A Manual for the Preparers and Users of Eco – Efficiency Indicators* [R] . 2004.

[122] Vanassche, Stella, Liesbet Vranken, Peter Vercaemst. The impact of environ mental policy on industrial sectors: Empirical evidence from 14 *European Countries* [J]. HUB RESEARCH PAPER. Sep. 2009.

[123] Vinish Kathuria, Public disclosures: Using information to reduce pollution in developing countries. *Environment, Development and Sustainability*, Vol. 11, No. 5, 2009, pp. 955 – 970 .

[124] Wehrmeyer, W. , Tyteca, D. , Measuring Environmental Performance for Industry: From Legitimacy to Sustainability? *The International Journal of Sustainable Development and World Ecology*, 1998, 5: 111 – 124.

[125] Wernerfelt, Birger, A resource – based view of the firm. *Strategic Management Journal*, Vol. 5, 1984: pp. 171 – 180.

[126] World Business Council for Sustainable Development. Eco – efficient Leadership, Geneva: WBCSD, 1996.

[127] World Business Council of Sustainable Development, Measuring Eco – efficiency: A Guide to Reporting Company Performance [R] . Geneva, 2000.

[128] Xie, S. and Hayase, K. , Corporate Environmental Performance Evaluation: A Measurement Model and a New Concept, *Business Strategy and the Environment*, Vol. 16, Iss. 2, 2007, pp. 148 – 168.

[129] Zhou, P. , Ang, B. W. and Poh, K. L. , Measuring Environmental Performance under Different Environmental DEA Technologies. *Energy Economics*, 2006, p. 1.

后　记

拙著脱稿，且得宽余，华灯初放，芸窗伫立。
仰望苍穹，明月清辉，广宇浩瀚，神飞意驰。
呱呱落地，呀呀学语，启蒙应城，登堂入室。
行吟南湖，负笈珞珈，喜续旧约，缔结连理。
天降福荫，宁馨儿生，聪明伶俐，膝下相依。
实践历炼，思园读博，民大执教，忝列高知。
一路跋涉，步步荆棘，得失荣辱，皆寓玄机。
人生无求，玉洁冰清，梅兰竹菊，再添新枝。
父母生我，含辛茹苦，老师教我，耗尽心智。
同事帮我，不离不弃，亲友护我，同舟共济。
款款深情，铭刻肺腑，精卫填海，红叶题诗。
缕缕晨曦，新天开始，赋诗心香，以记今夕。

雏鹰离巢飞四方，搏风击雨写华章。
寸草春晖仍依旧，杏坛桃李更芬芳。
游子不忘桑梓地，圣人犹恋教化乡。
拼将热血润沃土，孕育百花吐心香。

胡曲应甲午仲夏于珞珈山